Equações Diferenciais
Exercícios Resolvidos e Propostos (Volume 1)

Equações Diferenciais
Exercícios Resolvidos e Propostos (Volume 1)

Daniela dos Santos de Oliveira
Edmundo Capelas de Oliveira

2024

Copyright © 2024 os organizadores
1ª Edição

Direção editorial: Victor Pereira Marinho e José Roberto Marinho

Capa: Fabrício Ribeiro

Edição revisada segundo o Novo Acordo Ortográfico da Língua Portuguesa

Dados Internacionais de Catalogação na publicação (CIP)
(Câmara Brasileira do Livro, SP, Brasil)

Oliveira, D. Santos de
Equações diferenciais: exercícios resolvidos e propostos: volume 1 / Daniela dos Santos de Oliveira, Edmundo Capelas de Oliveira. – São Paulo: Livraria da Física, 2024.

Bibliografia.
ISBN 978-65-5563-410-5

1. Álgebra linear 2. Equações diferenciais 3. Equações - Problemas, exercícios etc.
I. Oliveira, E. Capelas de. II. Título.

24-188481   CDD-515.35

Índices para catálogo sistemático:
1. Equações diferenciais: Matemática 515.35

Tábata Alves da Silva - Bibliotecária - CRB-8/9253

Todos os direitos reservados. Nenhuma parte desta obra poderá ser reproduzida sejam quais forem os meios empregados sem a permissão da Editora.
Aos infratores aplicam-se as sanções previstas nos artigos 102, 104, 106 e 107 da Lei Nº 9.610, de 19 de fevereiro de 1998

Editora Livraria da Física
www.livrariadafisica.com.br
(11) 3815-8688 | Loja do Instituto de Física da USP
(11) 3936-3413 | Editora

Sumário

Prefácio iii

1 Equação diferencial ordinária 1
   1.1 Preliminares 2
   1.2 Problema de valor inicial 6
       1.2.1 Existência e unicidade 8
   1.3 A equação linear 8
       1.3.1 Integração direta 9
   1.4 Métodos elementares de integração 11
   1.5 Métodos de substituição 15
   1.6 Equações diferenciais ordinárias de segunda ordem 28
   1.7 Problema de valor inicial 29
   1.8 Equação homogênea 31
   1.9 Método de redução de ordem 34
   1.10 Equação com coeficientes constantes 36
   1.11 Equação não homogênea 40
   1.12 Método dos coeficientes a determinar 41
   1.13 Método de variação de parâmetros 43
       1.13.1 A equação de Euler 47
   1.14 Equação diferencial com coeficientes variáveis 48
       1.14.1 Equação diferencial e a série de Taylor 49
       1.14.2 Método de Frobenius 55
   1.15 Sistema de equações diferenciais 65
       1.15.1 Circuito *RLC* em paralelo 65
       1.15.2 Solução por eliminação 66
   1.16 Álgebra matricial 68
       1.16.1 Matrizes e determinantes 68
       1.16.2 Matrizes transposta, conjugada e adjunta 68

        1.16.3 Propriedades e matriz inversa 69
        1.16.4 Matrizes de funções 74
  1.17 Sistemas lineares com coeficientes constantes 75
        1.17.1 Método de Euler 76
        1.17.2 Variação de parâmetros 81
        1.17.3 Exponencial de uma matriz 84
        1.17.4 Sistemas lineares homogêneos 91
        1.17.5 Sistemas lineares não homogêneos 94
        1.17.6 Sistemas lineares com coeficientes variáveis 99
  1.18 Exercícios resolvidos 107
  1.19 Exercícios propostos 197

2 Série de Fourier   **207**
  2.1 Ortogonalidade das funções trigonométricas 208
  2.2 Preliminares 211
  2.3 Série de Fourier 215
  2.4 Séries de Fourier. Formas alternativas 224
  2.5 Séries de Fourier-Bessel e Fourier-Legendre 227
        2.5.1 Série de Fourier-Bessel 227
        2.5.2 Série de Fourier-Legendre 231
  2.6 Exercícios resolvidos 234
  2.7 Exercícios propostos 288

Referências bibliográficas   **292**

Índice remissivo   **296**

Prefácio

Em princípio, não parece difícil escrever sobre o tema equações diferenciais, pois existem vários textos que discorrem sobre o assunto, tanto em nível introdutório quanto especializado. Encontramos na literatura vários textos que abordam em separado as equações diferenciais ordinárias e as equações diferenciais parciais, bem como aquelas lineares daquelas não lineares e, enfim, livros que abordam apenas técnicas para a possível resolução envolvendo o caráter numérico, isto é, utilizando *softwares* específicos para a discussão da solução.

Esse texto, dividido em dois volumes, difere da grande maioria dos textos, pois aborda as equações diferenciais ordinárias e parciais visando, principalmente, o estudante de engenharia por entender que uma disciplina de equações diferenciais desempenha papel crucial na vida de um futuro engenheiro, uma vez que ele vai se deparar com situações reais onde o tema está presente. Apenas para mencionar, aplicações de equações diferenciais ordinárias, podem ser encontradas em problemas de oscilações (massa-mola) e circuitos elétricos, enquanto aplicações de equações diferenciais parciais, podem ser encontradas em problemas de difusão (equação do calor), na eletrostática (equações de Laplace e Poisson) e propagação de onda (equação da onda), dentre muitos outros.

Como já acenamos, são muitas as possibilidades de uma classificação, pois o tema é amplo e comporta várias frentes de abordagem. Aqui, em sendo um texto introdutório no sentido de fazer com que o estudante se sinta apto a enfrentar problemas similares, temos como objetivo o estudo de métodos analíticos para a resolução de equações diferenciais lineares. Com este norte, não vamos nos preocupar com as equações diferenciais não lineares e nem tampouco com métodos numéricos. Em se tratando de um curso introdutório, sempre que necessário, vamos mencionar uma particular referência, no seguinte sentido, por exemplo, se ao resolvermos uma equação diferencial emergir as chamadas funções especiais da física-matemática indicamos um texto onde o estudante poderá aprofundar seus conhecimentos.

Temos como objetivo principal apresentar métodos analíticos para a resolução de equações diferenciais sendo que os exemplos serão discutidos no que chamamos de passo a passo, isto é, a resolução de um problema será feita com suas passagens intermediárias a fim de que o estudante possa, com uma leitura direcionada para o tema, seguir as passagens que se fazem necessárias de modo que a obtenção da solução do problema seja uma tarefa simplificada no sentido de sedimentar a teoria envolvida. É importante ressaltar que estamos focando na resolução e não na teoria em si, isto é, apresentamos apenas o básico da teoria necessária a fim de que a abordagem do problema seja uma consequência natural da metodologia envolvida. Ainda que tenhamos direcionado nosso foco para as equações diferenciais lineares, várias outras divisões e/ou classificações são possíveis como, por exemplo, equações com coeficientes constantes e equações não homogêneas, dentre outras.

Passemos, então, a ordenação do texto em seus dois volumes para, depois, discorrer sobre o conteúdo específico de cada um dos capítulos. Começamos no primeiro volume com as equações diferenciais lineares e as séries de Fourier enquanto, no segundo volume as transformadas de Fourier e Laplace, como metodologias para a resolução das equações diferenciais ordinárias e parciais. No primeiro capítulo do primeiro volume apresentamos as equações diferenciais ordinárias com destaque para métodos elementares de integração, dentre eles, redução de ordem, coeficientes a determinar e o clássico método de Frobenius. Concluímos o capítulo com sistemas lineares. As séries de Fourier são apresentadas no segundo capítulo, com destaque para as formas alternativas e as séries de Fourier-Bessel e Fourier-Legendre que desempenham papel importante quando da separação de variáveis nos sistemas de coordenadas cilíndrico e esférico, respectivamente.

No primeiro capítulo do segundo volume apresentamos as transformadas de Fourier e Laplace que, também, desempenham papel importante na resolução de equações diferenciais lineares, sejam elas ordinárias ou parciais. Aproveitamos para introduzir o conceito de função degrau e função delta de Dirac que, ainda que não sejam funções no sentido estrito da palavra, merecem um destaque pela sua grande utilidade. O problema da inversão das transformadas é tratado sem o uso das variáveis complexas, tema este que foge do escopo do presente texto. O segundo capítulo conta com o estudo das equações diferenciais parciais lineares destacando aquelas de primeira e segunda ordens. Apresentamos o método das características e o clássico método de separação de variáveis que, com o conteúdo apresentado nos capítulos anteriores, permite discutir e resolver uma equação diferencial parcial linear.

O texto, em dois volumes, conta com uma série ampla e diversificada de exercícios selecionados de modo a cobrir toda a parte teórica apresentada no texto e, ao final, uma lista de exercícios para o estudante resolver os quais contam com respostas e/ou sugestões.

Por fim, gostaríamos de agradecer aos leitores e suas possíveis contribuições.

Os autores.

Capítulo 1

Equação diferencial ordinária

Ainda que tenhamos mais de um tipo de equação diferencial, optamos por deixar o título do capítulo no singular, pois no desenvolver da teoria, vamos apresentar as equações diferenciais ordinárias, homogêneas e não homogêneas, as equações diferenciais de primeira ordem, dentre outras, porém sendo elas, uma particular equação diferencial ordinária.

É bem provável que você já tenha ouvido falar em equação diferencial, eventualmente equação diferencial ordinária e/ou equação diferencial parcial, que, em muitos casos, pode ser reduzida a um conjunto de equações diferenciais ordinárias, porém provavelmente, não associou o conceito com o particular nome. A título de motivação mencionamos, a equação diferencial que descreve a queda de um corpo sob o efeito do campo gravitacional, uma equação diferencial ordinária, e a equação diferencial associada a problemas ondulatórios, neste caso uma equação diferencial parcial.

Visto que o campo de estudo das equações diferenciais é muito extenso, devemos, desde o princípio, restringir nosso estudo. Este capítulo visa introduzir o conceito matemático associado às equações diferenciais ordinárias de primeira e segunda ordens, em particular, as lineares. Atenção especial será dada às equações diferenciais ordinárias, lineares e de segunda ordem com coeficientes constantes e, no caso dos coeficientes não constantes, apresentamos algumas particulares dentre elas a equação tipo Euler.

De modo a concluir a seção envolvendo as equações diferenciais ordinárias, apresentamos o método de Frobenius, introduzido através de uma equação de Bessel, associada a problemas com geometria cilíndrica. A equação de Legendre, uma equação diferencial ordinária com coeficientes não constantes, associada a problemas com geometria esférica, também será abordada. A segunda seção aborda os problemas de valor inicial e de fronteira que serão discutidos especificamente através de aplicações. O conceito de sistema de equações diferenciais ordinárias de primeira ordem, envolvendo o mínimo da álgebra matricial e o conceito de exponencial de uma matriz, concluem o capítulo.

A teoria será apresentada de forma descritiva e operacional, com ênfase em algumas técnicas de resolver uma particular equação diferencial ordinária e um sistema de equações diferenciais ordinárias, em particular visando a obtenção da solução analítica da respectiva equação e/ou do sistema de equações. Sempre que possível, um exemplo seguirá imediatamente após o conceito apresentado. Ainda mais, neste texto não abordamos métodos numéricos nem tampouco métodos computacionais. Ao final do capítulo o estudante encontrará uma lista de exercícios resolvidos bem como uma outra lista para exercitação, todos com resposta e/ou sugestão, a fim de solidificar a teoria brevemente apresentada no texto, bem como uma bibliografia especializada onde pode ser encontrado o material visando um aprofundamento do tema.

Como deve ter ficado claro, apenas com esse mínimo introdutório, a nomenclatura desempenha papel crucial, afinal são vários nomes. Iniciamos o capítulo com uma parte introdutória sobre a nomenclatura e as definições necessárias para o desenvolver do texto.

1.1 Preliminares

Nesta seção, vamos abordar as definições das equações diferenciais ordinárias e parciais, apresentar os conceitos de linearidade e de não linearidade, homogeneidade e não homogeneidade, ordem, domínio de validade, condições inicial e de fronteira, além, é claro, da respectiva notação, dentre outros. Ainda mais, vamos propor uma possível classificação das equações diferenciais, no sentido de restringir a parte teórica ao mínimo indispensável, de modo que nosso estudo seja simples e objetivo, sem que nos preocupemos em demasia com o arcabouço da estrutura matemática formal. Neste livro $\mathbb{R}$ denota o conjunto dos números reais, $\mathbb{R}^*$ o conjunto dos números reais exceto o zero, enquanto $\mathbb{R}_+^*$ o conjunto dos números reais estritamente positivos.

DEFINIÇÃO 1.1.1. EQUAÇÕES DIFERENCIAIS ORDINÁRIA E PARCIAL

Seja $x \in \mathbb{R}$. Chama-se equação diferencial ordinária à relação funcional entre uma função incógnita, denotada por $y(x)$, de uma única variável independente, denotada por x, e suas derivadas, além da própria variável independente. Por outro lado, uma equação diferencial é chamada parcial se contém mais de uma variável independente.

Antes de passarmos a um exemplo, a fim de apresentar a notação, mencionamos que aqui começa a nossa classificação. Neste capítulo não vamos abordar o estudo de equações diferenciais parciais, estudo que terá o Capítulo 2 (volume 2), a ele dedicado.

1.1. PRELIMINARES

EXEMPLO 1.1. NOTAÇÃO

A situação mais geral de uma equação diferencial ordinária é

$$F\left(x, y, \frac{dy(x)}{dx}, \frac{d^2y(x)}{dx^2}, \ldots\right) = 0.$$

Note que x é a única variável independente e y a variável dependente, $\frac{dy(x)}{dx}$ a derivada primeira da variável dependente em relação à variável independente, $\frac{d^2y(x)}{dx^2}$, a derivada segunda da variável dependente em relação à variável independente e F caracteriza a relação funcional, neste caso numa forma implícita.

Por outro lado, para uma equação diferencial parcial, escrevemos

$$F\left(x, y, z, \ldots, w, \frac{\partial w}{\partial x}, \frac{\partial w}{\partial y}, \ldots, \frac{\partial^2 w}{\partial x^2}, \frac{\partial^2 w}{\partial x \partial y}, \ldots\right) = 0.$$

Aqui temos várias variáveis independentes $x, y, z, \ldots$, uma única variável dependente (incógnita) $w = w(x, y, z, \ldots)$, $\frac{\partial w}{\partial x}$ e $\frac{\partial w}{\partial y}$, as derivadas primeiras da variável dependente em relação às variáveis independentes x e y, enquanto $\frac{\partial^2 w}{\partial x^2}$ e $\frac{\partial^2 w}{\partial x \partial y}$, denotam as derivadas segundas da variável dependente em relação às variáveis independentes, x e x, y, respectivamente, e F, na forma implícita, caracteriza a relação funcional. Ainda mais, a notação para a derivada parcial ∂ a fim de distinguir da derivada ordinária, d. Como já mencionamos, as equações diferenciais parciais serão apresentadas no Capítulo 2 (volume 2).

DEFINIÇÃO 1.1.2. ORDEM

Definimos ordem de uma equação diferencial ordinária como sendo aquela da mais alta derivada presente na equação diferencial.

Antes de apresentarmos um exemplo específico relativo ao conceito de ordem de uma equação diferencial ordinária, destacamos a notação $'$ (linha), pois além de não causar confusão, simplifica a notação. Note que a simplificação está por conta de termos uma única variável independente.

EXEMPLO 1.2. ORDEM DE UMA EQUAÇÃO DIFERENCIAL ORDINÁRIA

Uma equação diferencial ordinária de segunda ordem, em sua forma mais geral, é dada por $F(x, y, y', y'') = 0$. Sendo x a variável independente, y a variável dependente, y' e y'' as derivadas da variável dependente em relação à variável independente de ordens um e dois, respectivamente e F a relação funcional.

EXEMPLO 1.3. NOTAÇÃO ALTERNATIVA

Neste texto, salvo menção contrária, $x \in \mathbb{R}$. Admita ser possível colocar a equação diferencial ordinária de primeira ordem, escrita na forma implícita $F(x,y,y') = 0$, na forma

$$\frac{d}{dx}y(x) \equiv y' = f(x,y)$$

chamada forma explícita, isto é, relaciona a derivada primeira da função incógnita, $y(x)$, em termos de uma função que pode, em princípio, depender das variáveis independente e dependente, denotada por $f(x,y)$.

Este caso se constitui no caso padrão, pois na grande maioria dos problemas, encontramos a notação de uma equação diferencial ordinária, com as derivadas explicitadas.

Denotamos por $\mathbb{D}$ o domínio de definição da equação diferencial ordinária, escrita na forma explícita, como sendo o domínio da função $f(x,y)$, admitido contido no plano $\mathbb{R}^2$.

Além de uma possível classificação das equações diferenciais relativamente ao número de variáveis independentes, isto é, equação diferencial ordinária e parcial, a linearidade se constitui numa outra possibilidade, que passamos a definir.

DEFINIÇÃO 1.1.3. LINEARIDADE

Sejam $x \in \mathbb{R}$ e $y = y(x)$. A equação diferencial ordinária de ordem n, $n = 1, 2, \ldots$, na forma implícita

$$F(x, y, y', \ldots, y^{(n)}) = 0$$

é chamada linear se F é uma função linear das variáveis $y, y', \ldots, y^{(n)}$, caso contrário a equação diferencial ordinária de ordem n é dita não linear.

EXEMPLO 1.4. PÊNDULO SIMPLES

Uma notável equação diferencial ordinária não linear é a equação diferencial associada ao movimento do pêndulo simples [1]. Seja $t > 0$. A equação diferencial ordinária não linear

$$\frac{d^2}{dt^2}T(t) + w^2 \operatorname{sen} T(t) = 0$$

onde $w^2 = g/\ell$ sendo ℓ o comprimento do pêndulo e g o módulo da aceleração gravitacional, descreve o movimento do pêndulo simples, a variável dependente $T(t)$ é o ângulo que o pêndulo oscilante forma com a vertical e a constante positiva w é a frequência do oscilador; o termo de não linearidade aparece como argumento da função seno, $\operatorname{sen} T(t)$.

1.1. PRELIMINARES

Se considerarmos o ângulo $T(t)$ como sendo pequeno, para o qual é válida a aproximação $\operatorname{sen} T(t) \simeq T(t)$, a equação diferencial ordinária não linear é conduzida na forma

$$\frac{d^2}{dt^2}T(t) + w^2 T(t) = 0$$

que caracteriza uma equação diferencial ordinária, linear e de segunda ordem.

Aproveitamos esse exemplo para destacar que essa equação diferencial ordinária de segunda ordem e linear tem coeficientes constantes, pois os coeficientes que multiplicam a função e a derivada segunda da função, são constantes, w^2 e 1, respectivamente.

Antes de prosseguirmos cabe um comentário em relação à possível classificação. Como já mencionamos, não vamos nos ocupar com as equações diferenciais parciais e, a partir de agora, vamos estudar apenas as equações diferenciais ordinárias lineares. Exceção fica por contas das equações de Bernoulli e de Riccati, ambas de primeira ordem.

DEFINIÇÃO 1.1.4. SOLUÇÃO

Seja $x \in \mathbb{R}$. Denomina-se solução da equação diferencial ordinária uma função $y = \phi(x)$, definida num intervalo aberto $I = (a,b)$ ou, alternativamente, $a < x < b$, chamado intervalo de definição da solução, tal que a substituição de $y = \phi(x)$, com suas derivadas sucessivas, até a ordem da equação diferencial, inclusive, convertem-na numa identidade em relação à variável independente no intervalo $a < x < b$.

Como vamos ver a seguir, podemos ter soluções que são chamadas de solução geral, solução particular, solução de um problema de valor inicial, dentre outras. Ainda mais, o gráfico de uma solução da equação diferencial ordinária é denominada curva integral da equação.

EXEMPLO 1.5. VERIFICAÇÃO DA SOLUÇÃO

Sejam $c \in \mathbb{R}$, $\alpha \in \mathbb{R}$ e $x \in \mathbb{R}^*$. Determine o(s) possível(is) valor(es) de α a fim de que a função $\phi(x) = c e^{\alpha x^2}$ seja solução da equação diferencial ordinária de primeira ordem e linear

$$\frac{d}{dx}y(x) + xy(x) = 0.$$

Calculando a derivada, substituindo na equação diferencial e simplificando, para $x \neq 0$, temos

$$c 2\alpha + c = 0.$$

Temos duas possibilidades. (i) $c = 0$, neste caso temos uma identidade e a solução é $y(x) \equiv 0$, independente de α, chamada de solução trivial. Em geral, estamos interessados em soluções distintas da solução trivial. (ii) Para $c \neq 0$ temos $2\alpha + 1 = 0$ de onde segue $\alpha = -1/2$.

Temos, então, a solução $y(x) = c\,e^{-x^2/2}$. Visto que a solução contém uma constante arbitrária, dizemos que esta solução é uma solução geral da equação diferencial ordinária de primeira ordem e linear enquanto, no caso em que podemos determinar a constante c, através de uma condição dada, dizemos que essa solução é uma solução particular. Ainda mais, uma equação diferencial ordinária dada junto com alguma(s) condição(ões), como vamos ver, ainda neste capítulo, caracterizam os chamados problema de valor inicial e problema de fronteira, também conhecido como problema de valor no contorno, ou mesmo problema de contorno ou ainda problema na fronteira.

1.2 Problema de valor inicial

Antes de definirmos o conceito de problema de valor inicial, voltamos a destacar que estamos trabalhando no campo dos reais, bem como a partir de agora, vamos discutir, nesta seção, as equações diferenciais ordinárias de primeira ordem e lineares, escritas na forma explícita, isto é, deixando a derivada em função de uma outra função que depende somente da variável independente.

Enfim, vamos introduzir o conceito de homogeneidade/não homogeneidade associado a uma equação diferencial ordinária de ordem $n \in \mathbb{N}$ e linear.

DEFINIÇÃO 1.2.1. HOMOGENEIDADE

Sejam $x \in \mathbb{R}$ e $p(x)$ e $q(x)$ duas funções reais conhecidas. A equação diferencial ordinária de ordem um e linear

$$\frac{d}{dx}y(x) + p(x)y(x) = q(x)$$

é dita homogênea se $q(x) \equiv 0$, caso contrário, não homogênea.

Um breve resumo em relação a uma possível classificação. Começamos com equação (tem um sinal de igualdade) diferencial (apresenta pelo menos uma derivada) ordinária (só uma variável independente)/parcial (mais de uma variável independente), depois, linear (os coeficientes só dependem da variável independente)/não linear (os coeficientes podem depender, além da variável independente, da variável dependente ou de uma ou mais de suas derivadas, dependendo da ordem) e, agora, homogênea (o termo independente é zero)/não homogênea (o termo independente é diferente de zero).

DEFINIÇÃO 1.2.2. PROBLEMA DE VALOR INICIAL

Definimos, o que atende pelo nome de problema de valor inicial, o problema composto por uma equação diferencial ordinária de ordem um, linear e não homogênea e uma condição inicial dada na função, a variável dependente.

1.2. PROBLEMA DE VALOR INICIAL

Sejam $p(x)$ e $q(x)$ duas funções dadas, admitidas definidas e contínuas num intervalo aberto $I = (a,b)$. O problema de valor inicial

$$\begin{cases} \dfrac{d}{dx}y(x) + p(x)y(x) = q(x), \\ y(x_0) = y_0, \end{cases}$$

com $x_0 \in I$ e y_0 um número real arbitrário, tem solução dada por

$$y(x) = \exp\left(-\int_{x_0}^{x} p(\xi)\,d\xi\right) \left\{ \int_{x_0}^{x} \left[q(\xi) \exp\left(\int_{x_0}^{x} p(\xi)\,d\xi\right) \right] d\xi + y_0 \right\}. \quad (1.1)$$

Essa função, dependendo de uma constante, satisfaz a equação diferencial ordinária de ordem um, linear e não homogênea, isto é, substituindo na equação nos conduz a uma identidade, bem como satisfaz a condição inicial, $y(x_0) = y_0$.

EXEMPLO 1.6. SOLUÇÃO DE UM PROBLEMA DE VALOR INICIAL

Sejam $x \in \mathbb{R}$ e $y = y(x)$. Mostre que a solução do problema de valor inicial, composto pela equação diferencial ordinária de ordem um, linear, não homogênea e com coeficientes constantes, satisfazendo a condição inicial,

$$\begin{cases} y' + y = e^x, \quad y = y(x), \\ y(0) = 1, \end{cases}$$

é dada pela função $y(x) = \cosh x$.

Primeiramente devemos verificar que a função $y(x) = \cosh x$ satisfaz à equação diferencial. Para tal calculamos a derivada primeira $y'(x) = \operatorname{senh} x$ e substituindo na equação diferencial ordinária, temos

$$\operatorname{senh} x + \cosh x = \frac{1}{2}\left(e^x - e^{-x}\right) + \frac{1}{2}\left(e^x + e^{-x}\right) = e^x$$

uma identidade enquanto, para a condição inicial temos

$$y(0) = \cosh 0 = 1 \cdot$$

Visto que $y(x) = \cosh x$ satisfaz à equação diferencial ordinária de primeira ordem, linear, não homogênea e com coeficientes constantes, bem como a condição inicial, é a solução do problema de valor inicial, uma solução particular, pois não contém constante arbitrária.

1.2.1 Existência e unicidade

No caso geral de um problema de valor inicial, isto é, onde o segundo membro não é simplesmente uma função da variável independente, conforme apresentado na DEFINIÇÃO 1.2.2, e sim uma função que depende, além da variável independente, também da variável dependente, as questões fundamentais são a existência e unicidade de soluções, bem como o domínio das mesmas, além, se possível, obter uma expressão analítica expressando a solução. Em geral, esse procedimento não é possível, pois em sendo a equação não linear não temos um método geral para resolver a equação diferencial.

O resultado fundamental reside no teorema a seguir, que estabelece, localmente, a existência e unicidade de soluções para o problema de valor inicial com o segundo membro uma função envolvendo as duas variáveis, independente e dependente, impondo algumas condições sobre tal função.

TEOREMA 1.2.1. TEOREMA DA EXISTÊNCIA E UNICIDADE. *Sejam $x \in \mathbb{R}$ e $y = y(x)$. Consideremos o problema de valor inicial*

$$\begin{cases} y' = f(x,y) & (x,y) \in \mathbb{D}, \\ y(x_0) = y_0. \end{cases} \quad (1.2)$$

Admitamos que a função $f(x,y)$ e sua derivada parcial em relação a y, denotada por $\partial f(x,y)/\partial y$, sejam contínuas no domínio $\mathbb{D}$. São válidas as afirmações:
(i) Para todo ponto $(x_0, y_0) \in \mathbb{D}$ existe uma solução $y(x) = \phi(x)$ da equação diferencial ordinária, Eq.(1.2), definida em uma vizinhança de x_0, isto é, $x_0 - \varepsilon < x < x_0 + \varepsilon$, com $\varepsilon > 0$, satisfazendo a condição inicial $\phi(x_0) = y_0$.
(ii) Se duas soluções $y = \phi_1(x)$ e $y = \phi_2(x)$ da equação diferencial ordinária, Eq.(1.2), coincidem para um particular valor de $x = x_0$, ou seja, $\phi_1(x_0) = \phi_2(x_0)$ então estas soluções são identicamente iguais em todos os valores de x pertencente ao domínio de ambas.

A demonstração do teorema, que foge do escopo do presente trabalho, está baseada no chamado método de aproximações sucessivas e uma ideia do mesmo pode ser encontrada na referência [2].

1.3 A equação linear

Sejam $x \in \mathbb{R}$ e $y = y(x)$. A equação diferencial ordinária

$$\frac{dy}{dx} + p(x)y = q(x) \quad (1.3)$$

1.3. A EQUAÇÃO LINEAR

onde $p(x)$ e $q(x)$ são funções definidas no intervalo aberto (a,b), é chamada equação diferencial ordinária linear de primeira ordem em (a,b). A fim de resolvermos esta equação, admitimos que as funções $p(x)$ e $q(x)$ são funções contínuas em (a,b).

Começamos com $p(x) = 0$. A equação diferencial ordinária pode ser resolvida por integração direta, como vamos ver a seguir.

1.3.1 Integração direta

Sejam $x \in \mathbb{R}$ e $y = y(x)$. Consideremos, inicialmente, a equação diferencial ordinária

$$\frac{d}{dx}y(x) = f(x) \tag{1.4}$$

onde $f(x)$ é um termo de não homogeneidade. Note que, como a equação é linear, o segundo membro só depende da variável independente, estando ausente a variável dependente, y. Basta, então, integrar os dois membros, de onde podemos escrever

$$y(x) = \int^x f(\xi)\,d\xi + c \equiv F(x) + c$$

onde c é uma constante arbitrária. Esta expressão é a solução geral para uma equação de primeira ordem, Eq.(1.4). Um raciocínio análogo, a partir de $n \in \mathbb{N}$ integrações, pode ser utilizado, para uma equação diferencial ordinária de ordem n do tipo $\frac{d^n y}{dx^n} = g(x)$. Neste caso a solução geral envolverá n constantes arbitrárias advindas de n integrações sucessivas.

Note que escrevemos apenas o extremo superior (análogo se fosse o inferior) enquanto o segundo, um termo constante, foi incorporado na constante de integração. Com esta notação estaríamos identificando

$$\int^x f(\xi)d\xi + c = \int_a^x f(\xi)d\xi,$$

onde $a = -c$, sendo $F(x)$ sua primitiva, isto é, $f(x) = F'(x)$.

EXEMPLO 1.7. EQUAÇÃO DIFERENCIAL ORDINÁRIA LINEAR

Sejam $t \in \mathbb{R}$ e a e v_0 duas constantes. Resolver o problema de valor inicial

$$\begin{cases} \dfrac{d}{dt}v(t) = a, \\ v(0) = v_0. \end{cases}$$

Integrando diretamente a equação diferencial ordinária, ambos os lados, temos

$$v(t) = at + c$$

onde c é uma constante arbitrária. A fim de que determinemos a constante, c, impondo a condição inicial $v(0) = a \cdot 0 + c = v_0$, de onde segue

$$v(t) = v_0 + at$$

que é a lei (equação) horária da velocidade no movimento retilíneo uniformemente variado.

Passemos ao outro caso, $p(x) \neq 0$. Neste caso, devemos recorrer ao que atende pelo nome de fator integrante de modo a conduzir a equação diferencial ordinária de primeira ordem, linear e não homogênea, em uma forma na qual possamos utilizar à integração direta. De fato, multiplicando-se ambos os membros da Eq.(1.3) pelo fator

$$\mu(x) = \exp\left(\int^x p(\xi)\,\mathrm{d}\xi\right)$$

simplificando e rearranjando, podemos escrever

$$\frac{\mathrm{d}}{\mathrm{d}x}[y(x)\mu(x)] = q(x)\mu(x).$$

Integrando, ambos os membros (integração direta) em relação à variável x e resolvendo para a variável $y(x)$, podemos escrever a solução geral (contém uma constante arbitrária) da equação diferencial linear de primeira ordem e não homogênea

$$y(x) = \frac{1}{\mu(x)}\int^x q(\xi)\mu(\xi)\,\mathrm{d}\xi + \frac{c}{\mu(x)}$$

onde c é uma constante arbitrária. A função $\mu(x)$, capaz de conduzir o membro da esquerda da Eq.(1.3) numa derivada exata é denominado fator integrante para a referida equação.

A resolução do problema de valor inicial linear, composto por uma equação diferencial ordinária de primeira ordem, linear e não homogênea, com coeficientes não constantes, satisfazendo a condição inicial, pode ser colocado na forma de um teorema [2].

EXEMPLO 1.8. PROBLEMA DE VALOR INICIAL

Seja $x \in \mathbb{R}$. Resolva o problema de valor inicial linear

$$\begin{cases} \dfrac{\mathrm{d}}{\mathrm{d}x}y(x) + y(x) = x, \\ y(0) = 0. \end{cases}$$

Temos um problema de valor inicial com o segundo membro da equação diferencial ordinária distinto de zero. Logo, identificando-se com a forma do fator integrante (para mais detalhes ver **Exercício 1.6**) podemos escrever

$$\mu(x) = \exp\left(\int^x 1 \cdot d\xi\right)$$

de onde obtemos $\mu(x) = e^x$. Multiplicando ambos os membros da equação diferencial ordinária pelo fator integrante, $\mu(x)$ e rearranjando temos

$$\frac{d}{dx}[y(x)e^x] = xe^x.$$

Integrando em relação à variável x podemos escrever

$$y(x)e^x = \int^x \xi e^\xi d\xi$$

que, integrando por partes, permite escrever

$$y(x)e^x = xe^x - e^x + c$$

onde c é uma constante arbitrária. Logo, podemos escrever para uma solução geral

$$y(x) = x - 1 + ce^{-x}.$$

Impondo a condição inicial para determinar a constante, temos

$$y(0) = 0 - 1 + ce^{-0} = -1 + c = 0 \quad \Longrightarrow \quad c = 1$$

de onde segue

$$y(x) = x - 1 + e^{-x}$$

que é a solução do problema de valor inicial, pois, ambas equação diferencial e condição inicial, estão satisfeitas.

1.4 Métodos elementares de integração

Vamos apresentar métodos elementares de integração, alguns deles aplicados também para particulares equações diferenciais não lineares. Na medida do possível apresentamos a forma mais geral, deixando para o exemplo característico uma aplicação direta.

DEFINIÇÃO 1.4.1. EQUAÇÕES SEPARÁVEIS

Sejam $x, y \in \mathbb{R}$, $f(x), h(x)$ funções somente de x e $g(y), i(y)$ funções somente de y e distintas de zero. Chama-se equação diferencial ordinária de primeira ordem e separável a toda equação diferencial ordinária que possa ser conduzida a uma das duas formas

$$\frac{dy}{dx} = \frac{f(x)}{g(y)} \quad \text{ou} \quad \frac{dx}{dy} = \frac{h(x)}{i(y)}$$

sendo $g(y) \neq 0$ [$i(y) \neq 0$]. Note que, nada foi afirmado sobre a linearidade da equação diferencial.

Para resolver esta equação diferencial ordinária de primeira ordem, vamos escrevê-la na forma (note que estamos considerando apenas a primeira das formas)

$$g(y) dy = f(x) dx$$

cuja integração fornece

$$G(y) = \int^y g(\eta) d\eta = \int^x f(\xi) d\xi = F(x) + c$$

onde c é uma constante arbitrária. $F(x)$ e $G(y)$ são denominadas primitivas de $f(x)$ e $g(y)$, respectivamente. Em analogia a esta, podemos apresentar uma expressão similar para a segunda forma.

EXEMPLO 1.9. EQUAÇÃO SEPARÁVEL

Seja $y(x) = y \neq 0$. Integre a equação diferencial ordinária de primeira ordem e não linear,

$$\frac{dy}{dx} = \frac{x}{y}.$$

Esta equação diferencial ordinária pode ser escrita na forma

$$y \, dy = x \, dx$$

cuja integração fornece

$$\frac{y^2}{2} = \frac{x^2}{2} + c_1.$$

onde c_1 é uma constante arbitrária. Essa equação pode ser colocada na forma, já simplificando

$$y^2 - x^2 = c_2$$

1.4. MÉTODOS ELEMENTARES DE INTEGRAÇÃO

onde introduzimos uma nova constante arbitrária $c_2 = 2c_1$. Neste caso, devido a simplicidade, as curvas integrais representam famílias de hipérboles.

Definição 1.4.2. Equação exata

Seja $\mathbb{D}$ um domínio tal que $\mathbb{D} = \{(x,y) \in \mathbb{R}^2 / a < x < b, c < y < d\}$. Chama-se equação diferencial ordinária exata à toda equação diferencial que pode ser conduzida à forma

$$M(x,y) + N(x,y)\frac{dy}{dx} = 0 \tag{1.5}$$

satisfazendo a seguinte condição

$$\frac{\partial M}{\partial y} = \frac{\partial N}{\partial x} \tag{1.6}$$

em cada ponto do domínio. $M(x,y)$ e $N(x,y)$ são duas funções reais tendo derivadas parciais de primeira ordem contínuas na região do plano cuja fronteira é uma curva fechada não tendo interseção.

Ainda mais, no caso em que esta condição não é satisfeita, podemos determinar, sob certas condições, um fator integrante de modo que a equação diferencial ordinária se torne exata. Neste caso, quando o fator integrante depende de apenas uma das variáveis, independente ou dependente, é possível obter uma expressão analítica para o fator integrante, caso contrário, no caso geral, não temos uma expressão analítica que fornece o respectivo fator integrante. Para mais detalhes ver **Exercício 1.13**, onde é discutida a condição para uma equação ser considerada exata.

Definição 1.4.3. Equação exata e o fator integrante

Sejam o domínio $\mathbb{D}$ e a notação conforme Definição 1.4.2. Para simplificar a notação, consideramos $M(x,y) \equiv M$ e $N(x,y) \equiv N$. Se as funções $f(x)$ e $g(x)$, são tais que

$$\frac{1}{N}\left(\frac{\partial M}{\partial y} - \frac{\partial N}{\partial x}\right) = f(x) \quad \text{e} \quad \frac{1}{M}\left(\frac{\partial N}{\partial x} - \frac{\partial M}{\partial y}\right) = g(y)$$

então o fator integrante, denotado por μ, é dado pela seguinte expressão

$$\mu(x) = \exp\left(\int^x f(\xi)\,d\xi\right) \quad \text{e} \quad \mu(y) = \exp\left(\int^y g(\xi)\,d\xi\right)$$

respectivamente.

EXEMPLO 1.10. EQUAÇÃO EXATA

Vamos aproveitar esse exemplo para discutir, procedimento análogo ao caso geral desde que a equação seja exata, a maneira de integrar uma equação diferencial ordinária de primeira ordem e, aqui, não linear.

Sejam $x \in \mathbb{R}$ e $y = y(x)$. Determine a função $f(y)$, dependendo explicitamente somente da variável dependente, de modo que a equação diferencial ordinária de primeira ordem,

$$[6xy - f(y)]dx + (4y + 3x^2 - 3xy^2)dy = 0$$

seja exata. Após determinar $f(y)$, integre a equação resultante.

Constatamos, de imediato, que esta equação diferencial ordinária não é linear e nem separável. Vamos verificar se ela é exata. Identificando com a Eq.(1.5) podemos escrever

$$M(x,y) = 6xy - f(y) \quad \text{e} \quad N(x,y) = 4y + 3x^2 - 3xy^2.$$

Calculando as derivadas parciais temos

$$\frac{\partial M}{\partial y} = 6x - f'(y) \quad \text{e} \quad \frac{\partial N}{\partial x} = 6x - 3y^2$$

de onde, utilizando a condição de a equação diferencial ser exata, Eq.(1.6), segue $f'(y) = 3y^2$. A fim de que esta igualdade seja verificada (caso contrário a equação diferencial não será exata) devemos ter $f(y) = y^3$, a menos de uma constante aditiva. Aqui vamos considerar apenas este caso, pois o caso com a constante é similar, $f(y) = y^3$, ou seja, a condição está satisfeita. Assim, podemos escrever

$$\frac{\partial M}{\partial y} = \frac{\partial N}{\partial x} = 6x - 3y^2$$

de onde concluímos que existe uma função $F(x,y)$ tal que

$$\frac{\partial F}{\partial x} = M \quad \text{e} \quad \frac{\partial F}{\partial y} = N$$

que determina implicitamente a solução da equação diferencial ordinária escrita na forma

$$F(x,y) = c$$

onde c é uma constante arbitrária. A fim de determinarmos $F(x,y)$, integramos a primeira das igualdades em relação à variável x, logo

$$F(x,y) = 3x^2y - xy^3 + g(y)$$

onde $g(y)$ é uma função arbitrária que só depende da variável y. Utilizando a outra igualdade, ou seja, derivando a precedente em relação à variável y e usando a outra condição obtemos

$$\frac{\partial F}{\partial y} = 3x^2 - 3xy^2 + g'(y) = N(x,y) = 3x^2 - 3xy^2 + 4y$$

de onde segue

$$g(y) = 2y^2 + c_1$$

sendo c_1 uma outra constante arbitrária. Voltando com este resultado na expressão para $F(x,y)$ e rearranjando temos

$$3x^2y - xy^3 + 2y^2 = C$$

onde C é uma constante arbitrária.

Essa é a forma implícita da solução geral da equação diferencial ordinária de primeira ordem que, com $f(y)$ determinada a partir da condição de a equação ser exata, pois contém uma constante arbitrária. No caso em que conhecemos uma condição inicial, basta voltar nessa solução a fim de que tenhamos a solução particular, determinando a constante arbitrária.

1.5 Métodos de substituição

Em muitos casos é conveniente introduzir uma mudança de variável (substituição) de modo a conduzir a equação diferencial ordinária a uma outra equação diferencial ordinária, em princípio conhecida, ou ainda, mais fácil de ser resolvida, a fim de que tenhamos as curvas integrais. Nesta seção vamos apresentar alguns tipos de substituição, em particular, uma delas, capaz de converter explicitamente uma equação diferencial ordinária de primeira ordem e não linear, a chamada equação de Bernoulli, em uma equação diferencial ordinária linear. Uma outra equação diferencial ordinária de primeira ordem e não linear que será discutida é a chamada equação de Riccati.

PROPRIEDADE 1.5.1. EQUAÇÃO NA FORMA $y' = f(ax+by+c)$

Sejam $y = y(x)$ e $a,b,c \in \mathbb{R}$ e f uma função definida e contínua no domínio de definição da equação. A equação diferencial ordinária de primeira ordem

$$\frac{dy}{dx} = f(ax+by+c)$$

com $b \neq 0$ é integrada (obter as curvas integrais, que é o mesmo, a solução) a partir da mudança de variável $v = ax + by + c$ que nos conduz à seguinte equação diferencial ordinária

$$\frac{dv}{dx} = bf(v) + a,$$

uma equação separável, que pode ser colocada na forma

$$\frac{dv}{bf(v) + a} = dx.$$

Note que reduzimos a equação diferencial ordinária que, em princípio, não tínhamos como resolver com a teoria até então apresentada, numa outra equação diferencial ordinária, agora, conhecida, isto é, uma equação separável cuja integração já sabemos como determiná-la.

EXEMPLO 1.11. EQUAÇÃO NA FORMA $y' = f(ax + by + c)$

Sejam $x \in \mathbb{R}$ e $y = y(x)$. Considere a equação diferencial ordinária

$$\frac{dy}{dx} = (x + y + 1)^2.$$

(i) Classifique-a e (ii) resolva-a.

(i) Esta é uma equação, apresenta o sinal de igualdade, diferencial, conta com uma derivada, ordinária, somente uma variável independente, de primeira ordem, a mais alta ordem da derivada é um e não linear, temos um termo onde a variável dependente está elevada ao quadrado.

(ii) Não temos um método geral para resolver esse tipo de equação diferencial, porém, aqui, temos um caso particular. Para esse caso, introduzimos a seguinte mudança de variável

$$v = x + y + 1$$

com $v = v(x)$ cuja diferencial fornece $dv = dx + dy$, note que y é uma função de x, de onde segue a equação diferencial ordinária

$$\frac{dv}{dx} = 1 + v^2$$

que é uma equação diferencial ordinária e separável. Esta equação diferencial separável já sabemos como integrar, basta efetuar uma integração direta, logo

$$v(x) = \tan(x + c)$$

1.5. MÉTODOS DE SUBSTITUIÇÃO

onde c é uma constante arbitrária. Devemos voltar na variável de partida, y, de onde segue

$$y(x) = -1 - x + \tan(x+c)$$

que é uma solução geral da equação diferencial, pois conta com uma constante arbitrária.

Antes de abordar outros tipos de equações diferenciais ordinárias, vamos introduzir o conceito de função homogênea através de sua definição.

DEFINIÇÃO 1.5.1. FUNÇÃO HOMOGÊNEA

Sejam $x, y \in \mathbb{R}$. Uma função contínua, $f(x,y)$, é dita homogênea de grau n com $n \in \mathbb{N}$, nas variáveis x e y, se para todo número real λ, temos

$$f(\lambda x, \lambda y) = \lambda^n f(x,y).$$

É importante notar que, se a equação diferencial não é uma equação exata e os coeficientes $M(x,y)$ e $N(x,y)$ são funções homogêneas, então através da mudança de variáveis $v = y/x$ a equação diferencial torna-se uma equação diferencial separável, cuja integração já abordamos. Para mais detalhes, ver **Exercícios 1.19, 1.20, 1.21 e 1.22**.

PROPRIEDADE 1.5.2. EQUAÇÃO NA FORMA $y' = f(y/x)$

Sejam $x \in \mathbb{R}^*$, $y = y(x)$ e f uma função definida e contínua no domínio de definição da equação. A equação diferencial ordinária de primeira ordem

$$\frac{dy}{dx} = f\left(\frac{y}{x}\right),$$

às vezes chamada equação do tipo homogêneo, com a substituição de variável $v = y/x$ é conduzida na equação diferencial

$$x\frac{dv}{dx} = f(v) - v$$

ou ainda, na seguinte forma

$$\frac{dv}{f(v)-v} = \frac{dx}{x}$$

que, também, é uma equação diferencial ordinária separável.

EXEMPLO 1.12. EQUAÇÃO DO TIPO HOMOGÊNEO

Sejam $x \in \mathbb{R}$ e $y = y(x)$. Resolva o problema de valor inicial

$$\begin{cases} (2x - y + 4)dy + (x - 2y + 5)dx = 0, \\ y(0) = 2. \end{cases}$$

Apesar de aparentar, pela forma com que foi dada a equação diferencial ordinária, esta equação diferencial ordinária não é exata, como pode ser verificado. Vamos proceder da seguinte maneira: encontrar uma transformação que reduza a equação diferencial ordinária numa outra equação diferencial ordinária, porém do tipo homogêneo. Para tal, considere as seguintes mudanças de variáveis

$$x = z + \alpha \quad \text{e} \quad y = t + \beta$$

onde α e β são constantes reais a serem convenientemente escolhidas. Nas novas variáveis, z e t, a equação diferencial ordinária pode ser colocada na seguinte forma

$$[2z - t + (2\alpha - \beta + 4)]dt + [z - 2t + (\alpha - 2\beta + 5)]dz = 0.$$

Neste ponto cabe uma observação. Nem sempre é imediato propor uma conveniente mudança de variável a fim de conduzir uma particular equação diferencial ordinária numa outra, aparentemente mais simples de ser resolvida, o que exige muito treino, resolver exercícios. Voltemos ao nosso problema de valor inicial. De modo a reduzir esta equação diferencial ordinária numa outra equação diferencial ordinária, porém do tipo homogêneo, devemos determinar as constantes α e β de modo que satisfaçam o seguinte sistema algébrico linear

$$\begin{cases} 2\alpha - \beta = -4, \\ \alpha - 2\beta = -5, \end{cases}$$

de onde concluímos que $\alpha = -1$ e $\beta = 2$, com isso os termos independentes se tornam nulos. Diante do conhecimento das constantes, devemos voltar na equação diferencial ordinária que nos conduz à seguinte equação diferencial ordinária

$$\frac{dt}{dz} = \frac{2t - z}{2z - t}$$

que pode ser reconhecida como uma equação diferencial do tipo homogêneo, como vamos ver a seguir. Introduzindo a mudança de variável $v = t/z$ e rearranjando, temos

$$\frac{v - 2}{1 - v^2} dv = \frac{dz}{z}.$$

Utilizando o método de frações parciais, que conduz, como o nome sugere, a fração inicial numa soma de frações, pois as integrações são conduzidas à integrações mais simples, logo

$$\int \frac{-1/2}{1 - v} dv + \int \frac{-3/2}{1 + v} dv = \int \frac{dz}{z}$$

1.5. MÉTODOS DE SUBSTITUIÇÃO

de onde segue, já efetuando as integrações

$$\frac{1}{2}\ln|1-v| - \frac{3}{2}\ln|1+v| = \ln|z| + c$$

onde c é uma constante arbitrária. Inserimos os módulos a fim de não nos preocuparmos com a definição de logaritmo. Manipulações simples permitem escrever a solução na forma

$$|1-v| = c_1 z^2 |1+v|^3$$

onde c_1 é uma outra constante arbitrária. Voltando às variáveis x e y podemos escrever

$$x - y + 3 = c_1 |x+y-1|^3.$$

Esta é uma solução geral da equação diferencial ordinária de primeira ordem e não linear, pois contém uma constante arbitrária. A fim de resolver o problema de valor inicial, impomos a condição $y(0) = 2$ que nos leva a determinar a constante, $c_1 = 1$, de onde segue

$$x - y + 3 = (x+y-1)^3$$

que é a solução do problema de valor inicial, visto não conter a constante.

PROPRIEDADE 1.5.3. EQUAÇÃO DE BERNOULLI

A equação de Bernoulli é uma importante equação diferencial ordinária não linear que, dentre outras aplicações, aparece num modelo logístico e num modelo de fluxo subsônico estacionário, [18, 25]. Sejam $p(x)$ e $q(x)$ duas funções definidas e contínuas no domínio de definição da equação diferencial ordinária. A equação diferencial ordinária de primeira ordem

$$\frac{dy}{dx} + p(x)y = y^\alpha q(x)$$

com α uma constante real, é conhecida pelo nome de equação de Bernoulli. Dois casos particulares chamam a atenção. Para $\alpha = 0$ e $\alpha = 1$ a equação diferencial ordinária é linear, caso contrário, não linear. A mudança de variável dependente

$$v = y^{1-\alpha}$$

com $\alpha \neq 0$ e $\alpha \neq 1$, conduz a equação diferencial ordinária (não linear) na equação diferencial ordinária (linear), ambas de primeira ordem

$$\frac{dv}{dx} + (1-\alpha)p(x)v = (1-\alpha)q(x).$$

Note que, nos dois casos particulares relativos à constante temos, para $\alpha = 0$,

$$\frac{dv}{dx} + p(x)v = q(x),$$

que é uma equação diferencial ordinária linear em sua forma mais geral, enquanto para $\alpha = 1$ temos uma equação diferencial homogênea

$$\frac{dv}{dx} = 0,$$

com solução imediata.

EXEMPLO 1.13. EQUAÇÃO DE BERNOULLI

Sejam $x \in \mathbb{R}^*$ e $y = y(x)$. Resolva equação diferencial ordinária de primeira ordem

$$\frac{dy}{dx} + \frac{y}{x} = y^2 x.$$

A fim de se certificar da não linearidade, basta ver que temos a incógnita, variável dependente, elevada ao quadrado. Identificando com uma equação de Bernoulli temos $\alpha = 2$, $p(x) = 1/x$ e $q(x) = x$. A fim de conduzir a equação de Bernoulli, uma equação diferencial ordinária não linear, numa equação diferencial ordinária linear, ambas de primeira ordem, introduzimos a mudança de variável dependente

$$v = \frac{1}{y}.$$

Calculando a derivada, substituindo na equação de Bernoulli e simplificando obtemos

$$\frac{dv}{dx} - \frac{v}{x} = -x$$

que é uma equação diferencial ordinária de primeira ordem, linear e não homogênea. A fim de resolver essa equação diferencial, vamos proceder da maneira geral, isto é, a maneira que foi utilizada para obter a forma geral da solução de uma equação diferencial ordinária de primeira ordem e linear, conforme a solução para o problema de valor inicial, Eq.(1.1).

A metodologia a ser empregada ficará mais clara quando estudarmos as equações diferenciais ordinárias de segunda ordem e lineares, onde será apresentado o método que atende pelo nome de redução de ordem. Vamos mostrar que uma equação diferencial ordinária de segunda ordem e linear, sob certas condições, é conduzida numa equação equação diferencial ordinária de primeira ordem e linear que, supostamente, já temos condições de resolver.

1.5. MÉTODOS DE SUBSTITUIÇÃO

Começamos com a respectiva equação diferencial ordinária homogênea,

$$\frac{dv}{dx} - \frac{v}{x} = 0.$$

Esta é uma equação separável com solução geral dada por

$$v(x) = cx$$

onde c é uma constante arbitrária. Vamos procurar uma solução da respectiva equação diferencial não homogênea, denotada por $v(x)$, de tal forma que tenhamos $v(x) = c(x)x$, isto é, fazemos com que, agora, a constante arbitrária seja uma função da variável independente. Calculando a derivada, utilizando a regra da cadeia, substituindo na respectiva equação diferencial ordinária não homogênea e simplificando, obtemos uma equação diferencial para $c(x)$,

$$c'(x) = -1$$

com solução imediata $c(x) = -x + c_1$ onde c_1 é uma outra constante arbitrária.

Voltando com esta solução na expressão para $v(x)$, obtemos $v(x) = x(-x + c_1)$. Enfim, com $v(x)$ conhecido, obtemos, formalmente, a solução geral da equação de Bernoulli na forma

$$y(x) = \frac{1}{x(-x + c_1)}$$

onde c_1 é uma constante arbitrária, determinada a partir de uma condição dada.

Vamos apresentar mais uma importante equação diferencial ordinária de primeira ordem e não linear que atende pelo nome de equação de Riccati. Como é uma equação não linear, não temos um método geral para obter a sua solução geral, dependendo de uma constante arbitrária, porém dois fatos devem ser destacados, a saber: (a) existe uma transformação não linear, envolvendo o coeficiente de não linearidade, que converte a equação de Riccati numa equação diferencial ordinária linear, porém de segunda ordem. (b) se conhecemos uma solução particular da equação de Riccati, existe uma transformação que permite obter a solução geral da equação de Riccati.

Assim como a equação de Bernoulli, a equação de Riccati tem várias aplicações, bem como seu texto a ela dedicado [26].

DEFINIÇÃO 1.5.2. EQUAÇÃO DE RICCATI

Sejam $a(x)$, $b(x)$ e $c(x)$ funções reais apenas da variável independente com $c(x) \neq 0$ e

$y = y(x)$. A equação diferencial ordinária de primeira ordem e não linear

$$\frac{dy}{dx} = a(x) + b(x)y + c(x)y^2$$

é conhecida pelo nome de equação de Riccati. Note que, no caso em que $c(x) = 0$ a equação se torna linear. No caso $c(x) \neq 0$, a transformação não linear

$$y(x) = -\frac{v'(x)}{v(x)c(x)}$$

conduz a equação de Riccati (não linear e de primeira ordem) na seguinte equação

$$c(x)v''(x) - [c'(x) + b(x)c(x)]v'(x) + c^2(x)a(x)v(x) = 0$$

que é uma equação diferencial ordinária linear, porém de segunda ordem. Vamos voltar ao caso das equações diferenciais ordinárias lineares e de segunda ordem, com coeficientes não constantes quando apresentarmos o chamado método de Frobenius.

Aqui, discutimos apenas o caso em que é conhecida uma solução particular da equação de Riccati. Seja, então, $y_1(x)$ uma solução particular da equação de Riccati. Consideramos a mudança de variável

$$y(x) = y_1(x) + \frac{1}{v(x)}$$

na equação de Riccati (não linear) somos levados à equação diferencial (linear) para $v(x)$

$$-\frac{d}{dx}v(x) = [b(x) + 2c(x)y_1(x)]v(x) + c(x)$$

que é uma equação diferencial ordinária de primeira ordem, linear e com coeficientes não constantes. Uma vez resolvida essa equação diferencial, contendo uma constante arbitrária, voltamos na transformação a fim de obter a solução geral da equação de Riccati.

EXEMPLO 1.14. EQUAÇÃO DE RICCATI

Seja $x \in \mathbb{R}$. Considere a equação diferencial ordinária

$$\frac{dy}{dx} = 1 - x^2 + y^2$$

com $y = y(x)$. (i) Classifique-a, (ii) Resolva-a e (iii) Conduza a equação de Riccati a uma equação diferencial ordinária linear e de segunda ordem.

(i) Esta é uma equação diferencial ordinária de primeira ordem e não linear uma vez que a variável dependente aparece elevada ao quadrado. Ainda mais, é uma equação de Riccati.

1.5. MÉTODOS DE SUBSTITUIÇÃO

(ii) Visto que é uma equação de Riccati e que $y_1(x) = x$ é uma solução particular da equação, pode ser verificado por inspeção, ou ainda uma substituição direta, vamos procurar a solução geral na forma

$$y(x) = x + \frac{1}{v}$$

com $v = v(x)$ satisfazendo uma equação diferencial ordinária de primeira ordem e linear contendo uma constante arbitrária. Então, derivando, substituindo na equação de Riccati e simplificando, obtemos

$$\frac{dv}{dx} + 2xv = -1$$

que é uma equação diferencial ordinária de primeira ordem linear e não homogênea.

Procedendo em analogia à equação de Bernoulli, depois de reduzida a uma equação diferencial ordinária de primeira ordem e linear, resolvemos primeiramente a respectiva equação homogênea para depois obter a solução geral da equação não homogênea. Logo, temos

$$v(x) = e^{-x^2} \left(\int^x e^{\xi^2} d\xi + C \right)$$

onde C é uma constante arbitrária.

Voltando com esta solução na mudança de variável dependente, podemos escrever

$$y(x) = x + \frac{e^{x^2}}{\int^x e^{\xi^2} d\xi + C}$$

que é a solução geral da equação de Riccati, pois contém uma constante arbitrária.

(iii) A fim de conduzir a equação de Riccati numa equação diferencial ordinária linear e de segunda ordem, introduzimos a seguinte mudança de variável dependente (note que esta transformação é não linear)

$$y(x) = -\frac{w'}{w}$$

uma vez que $c(x) = 1$ e denotamos $w(x) = w$. Calculando a derivada, substituindo na equação de Riccati e simplificando, podemos escrever

$$\frac{d^2}{dx^2} w(x) + (1 - x^2) w(x) = 0$$

que é uma equação diferencial ordinária de segunda ordem (a mais alta ordem da equação é dois) linear e com coeficientes não constantes.

Em resumo, podemos inferir que: a equação diferencial de Riccati coloca em pé de igualdade uma equação diferencial ordinária não linear de primeira ordem com uma equação diferencial ordinária linear de segunda ordem com coeficientes não constantes.

Ainda que existam outros tipos de equações não lineares, por exemplo, a equação de Clairaut, não é o objetivo do presente texto o estudo de equações não lineares. Passemos a uma próxima mudança de variável.

Às vezes é conveniente introduzir coordenadas polares no plano para resolver uma equação diferencial, a fim de reduzi-la numa equação diferencial mais simples de ser resolvida.

EXEMPLO 1.15. SUBSTITUIÇÃO TRIGONOMÉTRICA

Seja $y = y(x)$. Classifique e resolva a equação diferencial ordinária

$$x + yy' = \sqrt{x^2 + y^2}.$$

É uma equação diferencial ordinária de primeira ordem e não linear, uma vez que contém a variável dependente como um radicando, bem como multiplicando o termo de derivada.

Como já destacamos, a prática na resolução de exercícios ajuda a propor esta ou aquela substituição, ou mudança de variável, conveniente. Neste caso, o termo $\sqrt{x^2+y^2}$ pode ser simplificado através da introdução de coordenadas polares no plano. Então, consideremos $x = r\cos\theta$ e $y = r\,\text{sen}\,\theta$ com $r > 0$ e $0 < \theta < 2\pi$.

Note que, com esta mudança de variável temos $\sqrt{x^2+y^2} = r$. Calculando os diferenciais dy e dx em função de dr e $d\theta$, substituindo na equação diferencial e simplificando, temos uma equação diferencial ordinária de primeira ordem e separável

$$\frac{dr}{r} = -\frac{\text{sen}\,\theta}{1 - \cos\theta}d\theta.$$

Integrando nas variáveis r e θ, rearranjando e simplificando, obtemos

$$r\,\text{sen}^2(\theta/2) = c$$

onde c é uma constante arbitrária. Voltando nas variáveis x e y, obtemos

$$y = 2\sqrt{c(c+x)}$$

que é a solução geral da equação diferencial, pois contém uma constante arbitrária.

PROPRIEDADE 1.5.4. EQUAÇÃO REDUTÍVEL

Seja $y = y(x)$. A equação diferencial ordinária de segunda ordem $y'' = f(x, y')$ pode ser reduzida a uma equação diferencial ordinária de primeira ordem por meio da mudança de variável $y' = z$, isto é, $z' = f(x,z)$ com $z = z(x)$. Se a função z puder ser determinada, obtemos

1.5. MÉTODOS DE SUBSTITUIÇÃO

$y(x)$ por uma integração direta. Esse procedimento pode ser estendido para ordens maiores da derivada.

EXEMPLO 1.16. EQUAÇÃO REDUTÍVEL

Sejam $x \in \mathbb{R}$ e $y = y(x)$. Resolva a equação diferencial $y''' = 1 + y''$. Seja a mudança de variável $y'' = z$. Temos uma equação diferencial na variável $z = z(x)$,

$$z' = 1 + z$$

cuja integração fornece $z = -1 + c\,e^x$ onde c é uma constante arbitrária. Devemos, agora, resolver a equação

$$y'' = -1 + c\,e^x$$

que, após a primeira integração direta, fornece

$$y' = -x + c\,e^x + \alpha$$

sendo α uma constante arbitrária. Enfim, mais uma integração direta, obtemos

$$y(x) = -\frac{x^2}{2} + c\,e^x + \alpha x + \beta$$

com β uma outra constante arbitrária. Essa solução é a solução geral da equação diferencial ordinária de terceira ordem, pois contém três constantes arbitrárias.

APLICAÇÃO 1.1. LEI DO RESFRIAMENTO DE NEWTON

A lei de Newton do resfriamento afirma: A temperatura superficial de um objeto varia numa taxa proporcional à diferença entre a temperatura do objeto e a temperatura do meio. Seja $T(t) = T$ a temperatura de um corpo no tempo t. A lei de resfriamento de Newton é descrita pela equação diferencial ordinária

$$\frac{dT}{dt} = -k(T - T_a),$$

sendo T_a a temperatura do meio ambiente, admitida constante e $k > 0$ a condutividade térmica do material que constitui o corpo, também constante. Imponha a condição $T(0) = T_0$, temperatura inicial do corpo, a fim de determinar a evolução temporal da temperatura no tempo.

Especificamente, consideramos um dia em que a temperatura ambiente é de 20°C. Uma garçonete nos traz uma xícara de café, a uma temperatura de 80°C. Um minuto mais tarde, tempo suficiente para beber um copo de água com gás, a temperatura já diminuiu para

50°C. Pergunta-se: qual é o período de tempo decorrido até que a temperatura atinja 35°C? Constata-se que essa temperatura permite que bebamos o café sem queimar a língua.

Visto que é uma equação diferencial ordinária separável, pode ser reescrita na forma

$$\frac{\mathrm{d}T}{T - T_a} = -k\,\mathrm{d}t$$

cuja integração em ambos os membros, fornece a solução geral

$$\ln|T - T_a| = -kt + \ln c$$

onde $c > 0$ é uma constante arbitrária, com o logaritmo inserido por conveniência. Impondo a condição inicial para o problema em questão e rearranjando, obtemos

$$T(t) = T_a + (T_0 - T_a)\,\mathrm{e}^{-kt}$$

que é a solução do problema de valor inicial.

Considere $T_a = 20°C$, $T_0 = 80°C$ de onde segue para a solução

$$T(t) = 20 + 60\,\mathrm{e}^{-kt}$$

que, com a imposição dada que $T(1) = 50°C$, obtemos $\mathrm{e}^{-k} = 1/2$. Substituindo na solução, obtemos como a temperatura varia no tempo, para estes particulares dados,

$$T(t) = 20 + 60 \cdot 2^{-t}.$$

Para responder a pergunta devemos determinar t de modo que tenhamos $T(t) = 35°C$. Substituindo na equação precedente e resolvendo uma simples equação exponencial, concluímos que o tempo é de $t = 2$ minutos.

Vamos concluir esta seção discutindo a integração de uma particular equação diferencial ordinária de primeira ordem e não homogênea, considerando o termo de não homogeneidade uma função não contínua.

APLICAÇÃO 1.2. FUNÇÃO DESCONTÍNUA NO TERMO DE NÃO HOMOGENEIDADE

Sejam $x \in \mathbb{R}$ e $y = y(x)$. Obtenha a solução contínua do problema de valor inicial

$$\begin{cases} y' - y = f(x), \\ y(0) = 0, \end{cases}$$

1.5. MÉTODOS DE SUBSTITUIÇÃO

onde o termo de não homogeneidade é dado por

$$f(x) = \begin{cases} 0, & \text{se } x < -1, \\ e^x, & \text{se } -1 \leq x \leq 1, \\ 0, & \text{se } x > 1. \end{cases}$$

Visto que o termo de não homogeneidade é uma função descontínua, começamos por dividir a resolução em três intervalos distintos. Primeiramente para $x < -1$. Temos $f(x) = 0$, logo devemos resolver a equação diferencial ordinária de primeira ordem, linear e homogênea

$$y' - y = 0$$

que é uma equação diferencial separável cuja integração fornece

$$y_1(x) = A\,e^x$$

com A uma constante. Para o segundo intervalo, $-1 \leq x \leq 1$, temos $f(x) = e^x$. Devemos resolver uma equação diferencial ordinária de primeira ordem, linear e não homogênea

$$y' - y = e^x.$$

Como a solução da respectiva equação diferencial homogênea é conhecida, procuramos uma solução particular da equação não homogênea impondo variar a constante, isto é,

$$y(x) = A(x)\,e^x$$

de onde, inserindo na equação diferencial não homogênea e simplificando, obtemos

$$y_2(x) = (B+x)\,e^x$$

onde B é uma outra constante de integração. Enfim, para o terceiro intervalo, similar ao primeiro, podemos escrever para a solução da equação diferencial ordinária e homogênea

$$y_3(x) = C\,e^x$$

onde C é uma outra constante de integração.

Coletando os três resultados, a solução em cada um dos três intervalos, podemos escrever

$$y(x) = \begin{cases} A e^x, & \text{se } x < -1, \\ (B+x) e^x, & \text{se } -1 \leq x \leq 1, \\ C e^x, & \text{se } x > 1 \cdot \end{cases}$$

Para determinar as constantes, primeiro, impomos a condição $y(0) = 0$ de onde segue $B = 0$. As outras duas são determinadas de modo que nas duas fronteiras as soluções sejam iguais, continuidade da solução. Com isso, concluímos que $A = -1$ e $C = 1$, logo

$$y(x) = \begin{cases} -e^x, & \text{se } x < -1, \\ x e^x, & \text{se } -1 \leq x \leq 1, \\ e^x, & \text{se } x > 1 \end{cases}$$

que é a solução contínua do problema de valor inicial, composto por uma equação diferencial, uma condição e cujo termo de não homogeneidade não é uma função contínua.

1.6 Equações diferenciais ordinárias de segunda ordem

Vamos considerar apenas equações diferenciais ordinárias lineares de segunda ordem. Sejam $x \in \mathbb{R}$, $y = y(x)$ e $A(x), B(x), C(x)$ e $F(x)$ funções reais. A foma mais geral de uma equação diferencial ordinária linear de segunda ordem é

$$A(x) \frac{d^2 y}{dx^2} + B(x) \frac{dy}{dx} + C(x) y = F(x).$$

Nos intervalos $\mathbb{I}$, onde $A(x) \neq 0$, esta equação diferencial se reduz, após divisão membro a membro por $A(x)$, na seguinte forma

$$\frac{d^2 y}{dx^2} + p(x) \frac{dy}{dx} + q(x) y = f(x), \qquad \text{para} \qquad x \in \mathbb{I}, \tag{1.7}$$

sendo

$$p(x) = \frac{B(x)}{A(x)}; \qquad q(x) = \frac{C(x)}{A(x)} \quad \text{e} \quad f(x) = \frac{F(x)}{A(x)},$$

onde as funções $p(x)$, $q(x)$ e $f(x)$, consideradas de valores reais, são contínuas no intervalo $\mathbb{I} = (a, b)$, os casos $a = -\infty$ e $b = \infty$ incluídos.

Os pontos onde $A(x) = 0$ são as chamadas singularidades da equação. A determinação do comportamento de suas soluções na vizinhança destes pontos requer um tratamento especial e algumas noções serão vistas ainda neste capítulo.

1.7. PROBLEMA DE VALOR INICIAL

O respectivo problema de valor inicial, composto de uma equação diferencial ordinária linear e de segunda ordem com, agora, duas condições iniciais, uma na função e outra na derivada primeira, tem abordagem similar ao caso de uma equação de primeira ordem.

1.7 Problema de valor inicial

Lembremos que o problema de valor inicial, associado a uma equação diferencial ordinária linear de primeira ordem, requer uma condição inicial. Aqui, no caso de uma equação diferencial ordinária linear de segunda ordem, devemos fornecer, além do valor da função num ponto, também devemos fornecer o valor da derivada primeira nesse ponto.

DEFINIÇÃO 1.7.1. PROBLEMA DE VALOR INICIAL

Definimos o que atende pelo nome de problema de valor inicial ao problema composto por uma equação diferencial ordinária de segunda ordem, linear e não homogênea e duas condições, uma dada na função e outra na derivada.

Sejam $x_0 \in \mathbb{I}$, y_0 e y'_0 dois números reais arbitrários. Considere $p(x)$, $q(x)$ e $f(x)$ três funções dadas, admitidas definidas e contínuas num intervalo aberto $\mathbb{I} = (a,b)$. O problema de valor inicial é dado por

$$\begin{cases} y'' + p(x)y'(x) + q(x)y &= f(x), \\ y(x_0) &= y_0, \\ y'(x_0) &= y'_0. \end{cases}$$

A função $y(x)$ satisfaz a equação diferencial ordinária de ordem dois, linear e não homogênea logo, substituindo-a na equação somos conduzidos a uma identidade, bem como são válidas as condições iniciais, $y(x_0) = y_0$ e $y'(x_0) = y'_0$.

TEOREMA 1.7.1. (EXISTÊNCIA E UNICIDADE) *Sejam $p(x)$, $q(x)$ e $f(x)$ três funções definidas e contínuas num intervalo aberto $\mathbb{I} = (a,b)$. A fim de conduzir a Eq.(1.7) a um sistema de primeira ordem, introduzimos duas funções $z_1 \equiv z_1(x) = y(x)$ e $z_2 \equiv z_2(x) = y'(x)$ de onde obtemos o sistema linear*

$$\begin{cases} z'_1 &= z_2, \\ z'_2 &= -p(x)z_1 - q(x)z_1 + f(x), \end{cases}$$

que, expresso na forma matricial, pode ser escrito como

$$z' = \mathsf{A}(x)z + \mathsf{f}(x) \tag{1.8}$$

onde z é um vetor coluna com duas linhas e a matriz $A(x)$ é dada por

$$A(x) = \begin{pmatrix} 0 & 1 \\ -q(x) & -p(x) \end{pmatrix}$$

enquanto, o vetor $f(x)$ é dado por

$$f(x) = \begin{pmatrix} 0 \\ f(x) \end{pmatrix}.$$

Visto que as Eq.(1.7) e Eq.(1.8) são equivalentes, então a solução da Eq.(1.7) é equivalente a solução da Eq.(1.8), logo podemos elaborar a demonstração utilizando a Eq.(1.8) em analogia ao problema de valor inicial, composto por uma equação diferencial ordinária, linear e de primeira ordem e uma condição inicial.

Vamos voltar aos sistemas lineares de primeira ordem imediatamente após o estudo das equações diferenciais ordinárias, lineares e de segunda ordem. Ainda mais, vamos mostrar que a solução de uma equação diferencial ordinária, linear, de segunda ordem e não homogênea, é dada em termos de uma soma de duas soluções, a solução geral da respectiva equação homogênea e uma solução particular da equação não homogênea. Com isso, é notório que a solução da respectiva equação diferencial ordinária, linear, de segunda ordem e homogênea desepenha papel crucial.

EXEMPLO 1.17. EQUAÇÃO COM COEFICIENTES CONSTANTES

Seja $x \in \mathbb{R}$. Mostre que $y(x) = x^2 + 4x + 6$ é solução da equação $y'' - 2y' + y = x^2$ com $y = y(x)$, enquanto a função $y_H(x) = c\,e^x$, com c uma constante arbitrária, é uma solução da respectiva equação homogênea.

Derivando a primeira vez, temos $y' = 2x + 4$ e a segunda $y'' = 2$. Substituindo na equação diferencial temos

$$2 - 2(2x+4) + (x^2 + 4x + 6) = x^2$$

que é uma identidade, logo $y(x)$ é solução. Para a respectiva equação homogênea, temos as igualdades $y'' = y' = y = c\,e^x$ que substituindo na equação diferencial fornece

$$c\,e^x - 2c\,e^x + c\,e^x = 0$$

uma identidade, logo é solução da equação homogênea.

Como já mencionamos, a respectiva equação diferencial homogênea desempenha papel crucial no estudo de um problema de valor inicial, onde o segundo membro da equação diferencial não é zero. Como a equação é de segunda ordem, a solução geral da equação diferencial ordinária linear de segunda ordem deve conter duas constantes arbitrárias.

1.8 Equação homogênea

A equação diferencial ordinária linear de segunda ordem é dita homogênea, não confundir com equação do tipo homogêneo, quando o segundo membro é zero, isto é, em relação a Eq.(1.7) devemos ter $f(x) = 0$ de onde segue

$$\frac{d^2 y}{dx^2} + p(x)\frac{dy}{dx} + q(x)y = 0. \qquad (1.9)$$

A propriedade principal desta equação é que o conjunto de suas soluções constitui um espaço vetorial sobre o corpo dos reais. Isto é, se $y_1 = y_1(x)$ e $y_2 = y_2(x)$ são soluções linearmente independentes da equação diferencial homogênea então a combinação linear

$$y(x) = c_1 y_1(x) + c_2 y_2(x)$$

é também solução da equação homogênea, para quaisquer números reais, c_1 e c_2. Ainda mais, como contém duas constantes arbitrárias é a solução geral da equação homogênea.

Esta propriedade é conhecida como princípio de superposição e pode ser verificada pela substituição direta na equação homogênea.

EXEMPLO 1.18. VERIFICAÇÃO. SOLUÇÃO GERAL

Mostramos no EXEMPLO 1.17 que $y_1(x) = c_1 e^x$, com c_1 uma constante arbitrária, é solução da respectiva equação diferencial ordinária homogênea $y'' - 2y' + y = 0$. Mostre que $y_2(x) = c_2 x e^x$ também é solução. Obtenha a respectiva solução geral.

Derivando a primeira vez, $y_2' = c_2 e^x + c_2 x e^x$, agora a segunda $y_2''(x) = 2c_2 e^x + c_2 x e^x$. Substituindo na equação diferencial ordinária obtemos

$$2c_2 e^x + c_2 x e^x - 2(c_2 e^x + c_2 x e^x) + c_2 x e^x = 0$$

que é uma identidade, logo também é solução. Visto que temos duas soluções, cada uma delas contendo uma constante arbitrária, podemos escrever a solução geral

$$y(x) = c_1 e^x + c_2 x e^x$$

onde c_1 e c_2 são constantes arbitrárias.

Antes de prosseguirmos, agora com a maneira de se obter a solução geral da equação diferencial ordinária, devemos apresentar três definições e um teorema.

DEFINIÇÃO 1.8.1. INDEPENDÊNCIA LINEAR

Seja $x \in \mathbb{R}$. Duas soluções $y_1 = y_1(x)$ e $y_2 = y_2(x)$ da Eq.(1.9) num intervalo $\mathbb{I}$ são ditas linearmente dependentes, se existirem constantes c_1 e c_2, não simultaneamente nulas, tais que

$$y(x) = c_1 y_1(x) + c_2 y_2(x) = 0, \quad \text{para} \quad x \in \mathbb{I}.$$

Caso contrário, se a equação anterior só for válida para todo $x \in \mathbb{I}$ e as constantes c_1 e c_2 forem ambas nulas, dizemos que as soluções são linearmente independentes.

DEFINIÇÃO 1.8.2. WRONSKIANO

Uma condição necessária e suficiente para que duas soluções, supostas funções diferenciáveis, $y_1 = y_1(x)$ e $y_2 = y_2(x)$ da Eq.(1.9) sejam linearmente dependentes é que o Wronskiano ou determinante Wronski, denotado por $W[y_1(x), y_2(x)]$, destas soluções, definido por

$$W[y_1(x), y_2(x)] = \begin{vmatrix} y_1(x) & y_2(x) \\ y_1'(x) & y_2'(x) \end{vmatrix}$$

se anule em algum $x_0 \in \mathbb{I}$.

TEOREMA 1.8.1. (WRONSKIANO) *Se $y_1 = y_1(x)$ e $y_2 = y_2(x)$ são soluções da Eq.(1.9) em $\mathbb{I}$, então o Wronskiano é dado por*

$$W[y_1(x), y_2(x)] = C \exp\left\{ -\int^x p(\xi)\, d\xi \right\}$$

onde C é uma constante que depende das soluções $y_1(x)$ e $y_2(x)$ mas não da variável x.

DEMONSTRAÇÃO. *Para mostrar que o Wronskiano $W(x) \equiv W[y_1(x), y_2(x)]$ de duas soluções $y_1(x)$ e $y_2(x)$ da equação diferencial ordinária, linear, de segunda ordem e homogênea, vamos mostrar que $W(x)$ satisfaz uma equação diferencial ordinária, linear e de primeira ordem. Resolvendo esta equação diferencial de primeira ordem, segue o resultado.*

Por definição, o Wronskiano é dado por

$$W(x) = y_1(x) y_2'(x) - y_2(x) y_1'(x).$$

Derivando esta expressão em relação à variável x temos

$$\frac{dW}{dx} = y_1(x) y_2''(x) - y_2(x) y_1''(x).$$

1.8. EQUAÇÃO HOMOGÊNEA

Visto que as duas soluções $y_1(x)$ e $y_2(x)$ satisfazem a equação diferencial homogênea, Eq.(1.9), podemos escrever, isolando o termo da derivada segunda

$$y_1''(x) = -p(x)y_1'(x) - q(x)y_1(x),$$
$$y_2''(x) = -p(x)y_2'(x) - q(x)y_2(x).$$

Substituindo estas duas equações para a derivada segunda na expressão para a derivada do Wronskiano obtemos

$$\frac{dW}{dx} = -y_1(x)[p(x)y_2'(x) + q(x)y_2(x)] + y_2(x)[p(x)y_1'(x) + q(x)y_1(x)]$$

$$= -p(x)[y_1(x)y_2'(x) - y_2(x)y_1'(x)] = -p(x)W$$

de onde segue, após simplificação

$$\frac{d}{dx}W(x) + p(x)W(x) = 0$$

uma equação diferencial ordinária linear, de primeira ordem e separável. Integrando-a temos

$$W(x) = C \exp\left\{-\int^x p(\xi)\,d\xi\right\}$$

onde C é uma constante. ∎

EXEMPLO 1.19. EQUAÇÃO DIFERENCIAL PARA O WRONSKIANO

A fim de mostrar que o Wronskiano $W(x) \equiv W[y_1(x), y_2(x)]$ de duas soluções $y_1(x)$ e $y_2(x)$ da equação diferencial ordinária, linear, de segunda ordem e homogênea, vamos mostrar que $W(x)$ satisfaz uma equação diferencial ordinária, linear e de primeira ordem. Resolvendo esta equação diferencial de primeira ordem segue o resultado.

Note que, como uma consequência deste teorema, ou $W[y_1(x), y_2(x)] = 0$ em $\mathbb{I}$ (se $C = 0$), ou $W[y_1(x), y_2(x)] \neq 0$ em $\mathbb{I}$ (se $C \neq 0$). Portanto, para decidirmos se duas soluções da Eq.(1.9) são linearmente independentes, basta calcularmos o seu Wronskiano em algum ponto de $\mathbb{I}$. Em resumo, a igualdade nos leva a duas soluções linearmente dependentes, caso contrário, duas soluções linearmente independentes:

$$W = 0 \iff \text{linearmente dependentes},$$
$$W \neq 0 \iff \text{linearmente independentes}.$$

EXEMPLO 1.20. SOLUÇÕES LINEARMENTE INDEPENDENTES

Mostre que as duas soluções da equação diferencial linear e homogênea do EXEMPLO 1.17, $y_1(x) = c_1 e^x$ e $y_2(x) = c_2 x e^x$, são linearmente independentes.

Para tal, devemos calcular o respectivo Wronskiano, isto é,

$$W[y_1(x), y_2(x)] = \begin{vmatrix} c_1 e^x & c_2 x e^x \\ c_1 e^x & c_2 e^x + c_2 x e^x \end{vmatrix} = c_1 c_2 e^{2x}$$

e, como c_1 e c_2 não são zero, pelo teorema do Wronskiano, as duas soluções são linearmente independentes.

DEFINIÇÃO 1.8.3. CONJUNTO FUNDAMENTAL DE SOLUÇÕES

Sejam $y_1 = y_1(x)$ e $y_2 = y_2(x)$ duas soluções da equação diferencial linear e homogênea, Eq.(1.9). Se essas duas soluções são linearmente independentes, temos o que atende pelo nome de conjunto fundamental de soluções. Então, se $y_1(x)$ e $y_2(x)$ formam um conjunto fundamental de soluções da Eq.(1.9), é natural denominar a expressão

$$y(x) = c_1 y_1(x) + c_2 y_2(x)$$

com c_1 e c_2 constantes arbitrárias, de solução geral desta equação diferencial.

A solução geral da equação diferencial ordinária linear e homogênea fica completamente especificada pelo conhecimento de duas soluções linearmente independentes. Ainda mais, como vamos ver com o chamado método de redução de ordem, o conhecimento de apenas uma solução, digamos $y_1(x)$, da equação diferencial homogênea permite a determinação de uma segunda solução, $y_2(x)$, com a propriedade que as duas soluções $y_1(x)$ e $y_2(x)$ sejam linearmente independentes.

Como já havíamos adiantado, passemos, agora, a discutir um método que fornece uma segunda solução linearmente independente de uma equação diferencial ordinária linear, de segunda ordem e homogênea, a partir do conhecimento de uma das duas soluções.

1.9 Método de redução de ordem

Um procedimento geral para a obtenção de uma segunda solução linearmente independente para a equação diferencial linear de segunda ordem e homogênea, Eq.(1.9), a partir do conhecimento de uma solução, digamos $y_1 = y_1(x)$, responde pelo nome de método de

1.9. MÉTODO DE REDUÇÃO DE ORDEM

redução de ordem. Este método parte do princípio que uma segunda solução linearmente independente pode ser procurada na forma $y_2(x) = u(x)y_1(x)$ onde $u(x)$ é uma função que deve ser determinada.

Seja $y_1(x) \neq 0$ uma solução da Eq.(1.9). Substituindo $y_2(x) = u(x)y_1(x)$, na Eq.(1.9) e usando o fato que $y_1(x)$ é solução da equação diferencial, obtemos a seguinte expressão (ver **Exercício 1.36**)

$$u(x) = \int^x \frac{\exp\left\{-\int^\xi p(\eta)d\eta\right\}}{[y_1(\xi)]^2} d\xi, \cdot$$

É importante notar que, no lugar de memorizar esta expressão é mais conveniente estudar caso a caso, proceder como acima porém individualmente, como vamos ver no exemplo a seguir. Uma vez determinada $u(x)$, basta voltar com esse valor na expressão que fornece a outra solução linearmente independente, $y_2(x) = u(x)y_1(x)$, sendo $y_1(x)$ uma solução conhecida.

EXEMPLO 1.21. REDUÇÃO DE ORDEM

Sabendo que $y_1(x) = e^{-x}$ é solução da equação diferencial ordinária homogênea

$$\frac{d^2}{dx^2}y(x) + 2\frac{d}{dx}y(x) + y(x) = 0$$

determine uma segunda solução $y_2(x)$. Verifique que $y_1(x)$ e $y_2(x)$ são duas soluções linearmente independentes.

Como a expressão que fornece a função de $u(x)$ é geral, podemos substituir o valor de $p(x)$, neste caso igual a 2, diretamente e calcular as integrais, porém, aqui, não vamos simplesmente utilizá-la a fim de justificar o nome do método de redução de ordem.

Então, vamos procurar uma função $u(x)$ de modo que $y_2(x) = u(x)e^{-x}$ seja solução da equação diferencial homogênea. Impondo esta condição podemos escrever para as derivadas

$$\begin{aligned} y_2'(x) &= u'(x)e^{-x} - u(x)e^{-x} \\ y_2''(x) &= u''(x)e^{-x} - 2u'(x)e^{-x} + u(x)e^{-x} \end{aligned}$$

e substituindo na equação diferencial, já simplificando o termo da exponencial, temos

$$u''(x) - 2u'(x) + u(x) + 2u'(x) - 2u(x) + u(x) = 0$$

de onde segue $u''(x) = 0$. Esta é uma equação diferencial ordinária de segunda ordem redutível, pois a substituição $u'(x) = v(x)$, conduz essa equação numa equação diferencial ordinária de primeira ordem (daí o nome redução de ordem) cuja integração é imediata. Temos, então, $v'(x) = 0$ de onde segue $v(x) = C$ sendo C uma constante arbitrária. Voltando na variável de partida, $u(x)$, podemos escrever

$$u(x) = Cx + D$$

onde D é uma outra constante arbitrária, logo

$$y_2(x) = (Cx + D)e^{-x}.$$

Visto que e^{-x} e De^{-x} são duas soluções linearmente dependentes (verifique), concluímos que uma segunda solução linearmente independente é tal que

$$y_2(x) = xe^{-x}$$

onde, por simplicidade, omitimos a constante multiplicativa.

A fim de verificar que as duas soluções são linearmente independentes, basta mostrar que o Wronskiano é diferente de zero. Então, pela definição do Wronskiano, temos

$$W(x) = \begin{vmatrix} e^{-x} & xe^{-x} \\ -e^{-x} & e^{-x} - xe^{-x} \end{vmatrix} = e^{-2x} \neq 0$$

logo, as duas soluções, $y_1(x) = e^{-x}$ e $y_2(x) = xe^{-x}$ são linearmente independentes.

Em analogia ao caso das equações de primeira ordem, aqui, também, merecem destaque as equações diferenciais ordinárias, lineares, homogêneas e com os coeficientes constantes. Ainda mais, vamos reduzir a equação diferencial à discussão de uma equação algébrica de segundo grau, especificamente, à análise do sinal de seu discriminante.

1.10 Equação com coeficientes constantes

Sejam $x \in \mathbb{R}$ e $y = y(x)$. A forma mais geral de uma equação diferencial ordinária, linear, de segunda ordem, homogênea, com coeficientes constantes, é

$$\frac{d^2y}{dx^2} + a\frac{dy}{dx} + by = 0$$

com a e b duas constantes reais.

Em analogia à equação diferencial ordinária, linear, de primeira ordem, usamos o fato de que a derivada da função exponencial $y(x) = e^{\lambda x}$, com $\lambda \in \mathbb{C}$, é, quando muito, um múltiplo

1.10. EQUAÇÃO COM COEFICIENTES CONSTANTES

dela mesma, podemos conduzir a equação diferencial ordinária a uma equação algébrica,

$$\lambda^2 + a\lambda + b = 0$$

conhecida pelo nome de equação característica.

Visto que esta equação algébrica é quadrática, temos três possibilidades para as raízes, a saber: (a) reais e distintas, (b) reais e iguais ou (c) complexas, neste caso, conjugadas. Passemos a discutir, em separado, cada uma das possibilidades, apresentando na sequência, um particular exemplo.

(a) Raízes reais e distintas. Neste caso a solução geral da equação diferencial é

$$y(x) = c_1 e^{\lambda_1 x} + c_2 e^{\lambda_2 x}$$

com λ_1 e λ_2 as raízes da equação caracterítica e c_1 e c_2 constantes arbitrárias.

EXEMPLO 1.22. RAÍZES REAIS E DISTINTAS

Sejam $x \in \mathbb{R}$ e $y = y(x)$. Obter a solução geral da equação diferencial $y'' + 5y' + 4y = 0$. Seja λ uma constante. Procurando solução da equação diferencial na forma $y(x) = e^{\lambda x}$ e já simplificando o fator da exponencial, obtemos para a equação característica

$$\lambda^2 + 5\lambda + 4 = 0$$

que é uma equação algébrica cujas raízes são $\lambda_1 = -4$ e $\lambda_2 = -1$. Logo, as duas soluções linearmente independentes da equação diferencial são dadas por

$$y_1(x) = e^{-4x} \quad \text{e} \quad y_2(x) = e^{-x}$$

de onde segue para a solução geral da equação diferencial

$$y(x) = c_1 e^{-4x} + c_2 e^{-x}$$

sendo c_1 e c_2 duas constantes arbitrárias.

(b) Raízes reais e iguais. As raízes são $\lambda_1 = \lambda_2 = \lambda$. Utilizando o método de redução de ordem para obter uma outra solução linearmente independente, podemos escrever a solução geral na forma

$$y(x) = (c_1 + c_2 x)e^{\lambda x}$$

onde c_1 e c_2 são constantes arbitrárias.

EXEMPLO 1.23. RAÍZES REAIS E IGUAIS

Sejam $x \in \mathbb{R}$ e $y = y(x)$. Obter a solução geral da equação diferencial $y'' - 4y' + 4y = 0$. Seja λ uma constante. Procurando solução da equação diferencial na forma $y(x) = e^{\lambda x}$ e já simplificando o fator da exponencial, obtemos para a equação característica

$$\lambda^2 - 4\lambda + 4 = 0$$

que é uma equação algébrica cujas raízes são $\lambda_1 = \lambda_2 = 2$. Logo, uma solução da equação diferencial é dada por $y_1(x) = c_1 e^{2x}$ onde c_1 é uma constante arbitrária. Vamos procurar a segunda solução linearmente independente a partir de (redução de ordem)

$$y_2(x) = u(x) e^{2x}$$

onde $u(x)$ deve ser determinado. Derivando, substituindo na equação diferencial homogênea, cancelando o fator da exponencial e simplificando, temos

$$u''(x) = 0$$

cuja integração é dada por $u(x) = Ax + B$ com A e B constantes arbitrárias. Voltando, obtemos

$$y_2(x) = (Ax + B) e^{2x}$$

mas, como $B e^{2x}$ é linearmente dependente, pois $y_1(x) = c_1 e^{2x}$, temos para as duas soluções linearmente independentes da equação diferencial homogênea

$$y_1(x) = e^{2x} \quad \text{e} \quad y_2(x) = x e^{2x}.$$

Diante disso, podemos escrever para a solução geral da equação diferencial homogênea

$$y(x) = c_1 e^{2x} + c_2 x e^{2x}$$

sendo c_1 e c_2 duas constantes arbitrárias.

(c) Raízes complexas. Neste caso as raízes são complexas conjugadas, isto é, têm a mesma parte real e as partes imaginárias têm o sinal trocado [3]. Consideremos duas constantes reais α e β. As raízes da equação característica tomam a forma

$$\lambda_1 = \alpha + i\beta \quad \text{e} \quad \lambda_2 = \alpha - i\beta$$

1.10. EQUAÇÃO COM COEFICIENTES CONSTANTES

com $\alpha, \beta \in \mathbb{R}$, de onde segue a solução geral da equação diferencial homogênea

$$y(x) = c_1 e^{(\alpha+i\beta)x} + c_2 e^{(\alpha-i\beta)x}$$

com c_1 e c_2 duas constantes arbitrárias.

Utilizando a relação de Euler envolvendo a exponencial complexa e as funções trigonométricas, a expressão anterior pode ser colocada na forma, ver EXEMPLO 1.39.

$$y(x) = [A\,\text{sen}(\beta x) + B\cos(\beta x)]\,e^{\alpha x}$$

onde A e B são duas outras constantes arbitrárias, relacionadas com c_1 e c_2.

EXEMPLO 1.24. RAÍZES COMPLEXAS

Sejam $x \in \mathbb{R}$ e $y(x) = y$. Resolva o seguinte problema de valor inicial

$$\begin{cases} y'' - 6y' + 13y = 0, \\ y(0) = 2 \quad \text{e} \quad y'(0) = 4. \end{cases}$$

Consideremos $y(x) = e^{\lambda x}$, onde λ é uma constante. A equação característica é dada por

$$\lambda^2 - 6\lambda + 13 = 0$$

com raízes $\lambda_1 = 3 + 2i$ e $\lambda_2 = 3 - 2i$. As raízes são complexas conjugadas, como no caso (c).

A solução geral da equação diferencial homogênea é

$$y(x) = [c_1 \text{sen}\, 2x + c_2 \cos 2x]\,e^{3x}$$

com c_1 e c_2 duas constantes arbitrárias. A fim de resolver o problema de valor inicial, devemos calcular as constantes a partir das condições iniciais, logo

$$y(0) = c_2 = 2 \quad \text{e} \quad y'(0) = 2c_1 + 3c_2 = 4$$

de onde segue a solução do sistema algébrico $c_1 = -1$ e $c_2 = 2$.

Voltando na solução geral da equação diferencial, obtemos

$$y(x) = [-\text{sen}\, 2x + 2\cos 2x]\,e^{3x}$$

que é a solução do problema de valor inicial.

Após esgotarmos os casos relativos à equação diferencial ordinária, linear, de segunda ordem, homogênea e com coeficientes constantes, vamos abordar a respectiva equação não homogênea, ainda que não necessariamente com coeficientes constantes, pois a discussão vale para uma equação diferencial ordinária, linear, de segunda ordem e não homogênea, independentemente de os coeficientes serem constantes ou não. Vamos obter uma expressão que forneça a solução geral da equação diferencial não homogênea a partir das duas soluções linearmente independentes da respectiva equação homogênea. A solução geral da equação não homogênea parte do princípio que se $y_1(x)$ e $y_2(x)$ são duas soluções da equação não homogênea, a diferença delas satisfaz a respectiva equação homogênea.

1.11 Equação não homogênea

Sejam $x \in \mathbb{R}$ e $y = y(x)$. Considere a equação diferencial ordinária, linear, de segunda ordem e não homogênea

$$\frac{d^2 y}{dx^2} + p(x)\frac{dy}{dx} + q(x)y = f(x), \quad \text{para} \quad x \in \mathbb{I} \tag{1.10}$$

onde, como anteriormente, $\mathbb{I}$ é um intervalo aberto e as funções de variáveis reais $p(x)$, $q(x)$ e $f(x)$ são contínuas em $\mathbb{I}$.

Admitamos que $y_1 = y_1(x)$ e $y_2 = y_2(x)$ são duas soluções da equação diferencial ordinária, linear e não homogênea. Com isso, podemos garantir que a diferença dessas soluções da equação não homogênea, $y_1(x) - y_2(x)$, é solução da respectiva equação homogênea. Diante disso, podemos escrever a solução geral da equação não homogênea na forma (ver **Exercício 1.42**)

$$y(x) = c_1 y_1(x) + c_2 y(x) + y_p(x)$$

onde $y_1(x)$ e $y_2(x)$ constituem um conjunto fundamental de soluções para a equação homogênea associada, pois o Wronskiano é diferente de zero, c_1 e c_2 são duas constantes arbitrárias e $y_p(x)$ é uma solução particular da equação diferencial não homogênea.

Em resumo, conhecida a solução geral da respectiva equação diferencial homogênea, contendo duas constantes arbitrárias, e uma solução particular da respectiva equação diferencial não homogênea, a soma destas duas soluções se constitui na solução geral da equação diferencial ordinária não homogênea.

EXEMPLO 1.25. SOLUÇÕES GERAL E PARTICULAR

Sabendo que $y_1(x) = \cos(2x)\,e^{3x}$ e $y_2(x) = \text{sen}(2x)\,e^{3x}$ são duas soluções linearmente independentes da equação diferencial homogênea

$$\frac{d^2}{dx^2}y(x) - 6\frac{d}{dx}y(x) + 13y(x) = 0$$

determine a solução geral da equação diferencial não homogênea

$$\frac{d^2}{dx^2}y(x) - 6\frac{d}{dx}y(x) + 13y(x) = 26 \cdot$$

Do exposto, devemos determinar uma solução particular da equação diferencial não homogênea. Neste particular caso, por inspeção, isto é, basta que substituamos na equação diferencial não homogênea e verifiquemos que somos levados a uma igualdade, de onde segue que $y_p(x) = 2$ é uma solução particular.

Visto que conhecemos a solução geral da respectiva equação diferencial homogênea e uma solução particular da equação diferencial não homogênea, podemos escrever

$$y(x) = 2 + [c_1 \cos 2x + c_2 \operatorname{sen} 2x] e^{3x}$$

com c_1 e c_2 duas constantes arbitrárias. Esta solução se constitui na solução geral da equação diferencial ordinária, linear e não homogênea.

Uma vez que já sabemos como obter a solução geral da respectiva equação diferencial homogênea, devemos nos preocupar como determinar uma solução particular da respectiva equação diferencial não homogênea. Vamos apresentar apenas dois métodos específicos para determinar uma solução particular da equação diferencial não homogênea que, muitas vezes, pode ser obtida por inspeção, como no EXEMPLO 1.25.

Vamos apresentar, primeiramente, o método dos coeficientes a determinar, um método bastante simples, porém limitado para, depois, discutir um método mais geral o chamado variação dos parâmetros. O primeiro método se limita a termos coeficientes constantes e que o termo de não homogeneidade tenha uma forma conveniente, enquanto o segundo método é completamente geral, no sentido de certas restrições.

1.12 Método dos coeficientes a determinar

O método dos coeficientes a determinar consiste em conhecer, a priori, uma forma particular para a solução $y_p(x)$, porém com coeficientes não especificados. A vantagem principal deste método é sua simplicidade e sua maior limitação é a necessidade de se conhecer antecipadamente a forma da solução. Por esta razão, este método só é efetivo para procurar solução de equações com coeficientes constantes e com termos não homogêneos pertencentes a uma classe relativamente pequena de funções, a saber: polinômios, exponenciais, senos e cossenos, bem como possíveis combinações lineares destas funções. A justificativa para esses tipos do termo de não homogeneidade é que polinômios têm derivada ainda um polinômio; exponenciais têm derivada, quando muito, um múltiplo dela mesma enquanto as derivadas da função seno (cosseno) são ou cosseno (seno) ou seno (cosseno).

De modo a exemplificar a metodologia, vamos apresentar apenas o caso envolvendo uma particular função exponencial. O caso geral pode ser encontrado na referência [2].

EXEMPLO 1.26. MÉTODO DOS COEFICIENTES A DETERMINAR

Sejam $x \in \mathbb{R}$ e $y = y(x)$. Utilizar o método dos coeficientes a determinar de modo a obter uma solução particular da equação diferencial ordinária, linear e não homogênea

$$y'' + y = 2xe^x.$$

Temos para o termo não homogêneo uma combinação de um polinômio de grau um e uma função exponencial. A solução geral da respectiva equação diferencial ordinária, linear e homogênea é dada por $y(x) = C\operatorname{sen} x + D\cos x$, com C e D constantes arbitrárias. Note que, se o segundo membro fosse ou um seno ou um cosseno, isto é, uma (ou as duas como soma) solução da respectiva equação diferencial ordinária, linear e homogênea, o método falharia.

Vamos procurar uma solução particular da equação diferencial não homogênea na forma

$$y_p(x) = (Ax + B)e^x$$

onde A e B são constantes que devem ser determinadas com a imposição de que $y_p(x)$ satisfaça a equação diferencial ordinária não homogênea. Justificamos a forma $Ax + B$ visto ser a forma mais geral de um polinômio de grau um, uma vez que no segundo membro o polinômio também é do primeiro grau. Calculando as derivadas primeira e segunda, e substituindo na equação diferencial ordinária, linear e não homogênea, obtemos

$$2Ae^x + (Ax + B)e^x + (Ax + B)e^x = 2xe^x.$$

Simplificando e rearranjando (identidade de polinômios) temos o sistema algébrico

$$\begin{cases} 2A + 2B = 0, \\ 2Ax = 2x, \end{cases}$$

com solução dada por $A = -B = 1$. Logo, uma solução particular da equação diferencial

1.13. MÉTODO DE VARIAÇÃO DE PARÂMETROS

ordinária, linear e não homogênea pode ser escrita na seguinte forma

$$y_p(x) = (x-1)e^x.$$

Note que, uma solução particular não carrega consigo nenhuma constante arbitrária. Note, também, que, com este exemplo, pode-se verificar a simplicidade dos cálculos.

1.13 Método de variação de parâmetros

Passemos ao segundo método dedicado à obtenção de uma solução particular da equação diferencial ordinária, linear e não homogênea, mais poderoso que o método dos coeficientes a determinar, pois não requer o conhecimento prévio da forma do termo de não homogeneidade. A grande vantagem do método de variação de parâmetros é a sua aplicabilidade. Em princípio, ele pode ser utilizado em qualquer equação diferencial ordinária, linear e não homogênea, e não exige nenhum conhecimento prévio sobre a forma da solução, bem como da constância, ou não, dos coeficientes da equação diferencial.

A ideia básica deste método consiste em substituir as constantes (ou parâmetros) c_1 e c_2 que aparecem na solução geral da respectiva equação diferencial ordinária, linear e homogênea, por funções $u(x)$ e $v(x)$, respectivamente, que devem ser determinadas de modo a garantir que a expressão

$$y_p(x) = u(x)y_1(x) + v(x)y_2(x)$$

seja solução da equação diferencial não homogênea, com $y_1(x)$ e $y_2(x)$ as duas soluções linearmente independentes da respectiva equação diferencial homogênea.

Vamos obter uma expressão final para essa particular solução da equação diferencial ordinária, linear e não homogênea, porém, como já mencionamos, não é necessário decorar tal expressão, pois as passagens que vamos apresentar, designam, exatamente, a maneira de proceder para obter esta solução particular da equação diferencial, linear e não homogênea.

Começamos introduzindo $y_p(x)$ na Eq.(1.10). Disto obtemos, após simplificação e rearranjo, uma condição que deve ser satisfeita pelas duas funções $u(x)$ e $v(x)$, a saber,

$$u'(x)y_1'(x) + v'(x)y_2'(x) = f(x). \tag{1.11}$$

Notemos que, com apenas uma só condição, conforme Eq.(1.11), não conseguimos determinar a forma das duas funções $u(x)$ e $v(x)$, o que nos permite uma grande liberdade para a escolha destas funções. Ora, para obter a Eq.(1.11) impusemos uma condição arbitrária no sentido de não ganharmos duas derivadas de ordem dois, pelo contrário, não queremos derivadas de ordem dois, afinal a equação diferencial é de segunda ordem. Então, devido a esta particular liberdade de escolha, consideramos

$$u'(x)y_1(x) + v'(x)y_2(x) = 0 \cdot \qquad (1.12)$$

É importante destacar que, com essa escolha, garantimos não haver termos envolvendo a derivada segunda das funções a serem determinadas, as funções $u(x)$ e $v(x)$.

Em resumo, com as condições impostas, conforme Eq.(1.11) e Eq.(1.12), estamos convertendo uma equação diferencial ordinária, linear, de segunda ordem e não homogênea, em um sistema de equações diferenciais ordinárias, lineares e de primeira ordem nas variáveis $u'(x)$ e $v'(x)$, dado por

$$\begin{cases} u'(x)y_1(x) + v'(x)y_2(x) &= 0, \\ u'(x)y_1'(x) + v'(x)y_2'(x) &= f(x) \cdot \end{cases}$$

Uma vez resolvido o sistema linear nas variáveis $u'(x)$ e $v'(x)$, após uma integração, obtemos as funções $u(x)$ e $v(x)$, a menos de uma constante de integração que, em nosso caso, não nos importa, pois estamos a procura de uma solução particular da equação diferencial ordinária, linear e não homogênea. A resolução do sistema linear nas variáveis $u'(x)$ e $v'(x)$ não é tarefa complicada portanto, começamos por introduzir o determinante associado à matriz incompleta deste sistema, o Wronskiano

$$W(x) \equiv W[y_1(x), y_2(x)] = \begin{vmatrix} y_1(x) & y_2(x) \\ y_1'(x) & y_2'(x) \end{vmatrix}$$

que é diferente de zero, visto que $y_1(x)$ e $y_2(x)$ são linearmente independentes, logo resolvendo o sistema para $u'(x)$ e $v'(x)$ e integrando para obter $u(x)$ e $v(x)$ podemos escrever para uma solução particular

$$y_p(x) = \int^x [y_1(\xi)y_2(x) - y_2(\xi)y_1(x)] \frac{f(\xi)}{W(\xi)} d\xi$$

em termos das duas soluções linearmente independentes da respectiva equação diferencial ordinária, linear e homogênea. Essa expressão fornece uma solução particular da equação diferencial, ordinária, linear e não homogênea. Ainda que já tenhamos mencionado, mais de uma vez, ressaltamos que não é conveniente memorizar essa expressão geral e sim proceder com cada caso, individualmente, como vamos fazer a seguir, a fim de reforçar a metodologia.

1.13. MÉTODO DE VARIAÇÃO DE PARÂMETROS

EXEMPLO 1.27. MÉTODO DE VARIAÇÃO DE PARÂMETROS

Sejam $x \in \mathbb{R}$ e $y = y(x)$ e $f(x)$ uma função contínua no intervalo $\mathbb{I}$. Utilizar o método de variação de parâmetros para resolver o seguinte problema (equação diferencial + condições) de valor inicial

$$\begin{cases} y'' + y = f(x), \\ y(x_0) = 0 = y'(x_0), \quad x_0 \in \mathbb{I}. \end{cases}$$

A solução geral da respectiva equação diferencial ordinária, linear e homogênea é

$$y(x) = A\,\text{sen}\,x + B\cos x$$

com A e B constantes arbitrárias. Vamos procurar uma solução particular da equação diferencial ordinária, linear e não homogênea na seguinte forma

$$y_p(x) = u(x)\,\text{sen}\,x + v(x)\cos x$$

onde $u(x)$ e $v(x)$ devem ser determinadas, de modo que $y_p(x)$ satisfaça a equação diferencial ordinária, linear e não homogênea. Derivando, em relação à variável x, temos

$$y'_p(x) = u'(x)\,\text{sen}\,x + u(x)\cos x + v'(x)\cos x - v(x)\,\text{sen}\,x.$$

Aqui fica claro o por quê de impormos uma conveniente condição, ainda que arbitrária,

$$u'(x)\,\text{sen}\,x + v'(x)\cos x = 0.$$

Caso não o fizéssemos, ao derivar a segunda vez iria aparecer a derivada segunda de duas funções desconhecidas, isto é, $u''(x)$ e $v''(x)$ o que, em vez de simplificar, dificultaria a resolução do problema de partida.

Derivando a segunda vez, introduzindo na equação diferencial ordinária, linear e não homogênea, rearranjando e simplificando, podemos escrever

$$u'(x)\cos x - v'(x)\,\text{sen}\,x = f(x).$$

Devemos, agora, resolver o sistema linear nas variáveis $u'(x)$ e $v'(x)$, a saber

$$\begin{cases} u'(x)\,\text{sen}\,x + v'(x)\cos x &= 0, \\ u'(x)\cos x - v'(x)\,\text{sen}\,x &= f(x). \end{cases}$$

O Wronskiano é $W = -1$. Utilizando o que atende por regra de Cramer, podemos escrever

$$u'(x) = -\begin{vmatrix} 0 & \cos x \\ f(x) & -\operatorname{sen} x \end{vmatrix} = f(x)\cos x$$

enquanto, para a outra coluna, na forma

$$v'(x) = -\begin{vmatrix} \operatorname{sen} x & 0 \\ \cos x & f(x) \end{vmatrix} = -f(x)\operatorname{sen} x.$$

A fim de obter as funções $u(x)$ e $v(x)$, devemos integrar $u'(x)$ e $v'(x)$, de onde segue

$$u(x) = \int_{x_0}^{x} f(\xi)\cos\xi\, d\xi \quad \text{e} \quad v(x) = \int_{x_0}^{x} f(\xi)\operatorname{sen}\xi\, d\xi.$$

Note que expressamos o limite inferior das integrais como sendo x_0 de modo que tenhamos satisfeitas as condições iniciais. Enfim, basta voltar com as expressões para $u(x)$ e $v(x)$ na solução particular, $y_p(x)$, de onde segue, já simplificando, a expressão

$$y_p(x) = \int_{x_0}^{x} G(x|\xi)\, f(\xi)\, d\xi$$

onde introduzimos a notação $G(x|\xi) = \operatorname{sen}(x-\xi)$ para $x, \xi \in \mathbb{I}$.

Antes de abordarmos as equações diferenciais ordinárias, lineares de segunda ordem e com coeficientes variáveis, devemos enfatizar que: para obtermos a solução geral de uma equação diferencial ordinária, linear, de segunda ordem, não homogênea e com coeficientes constantes, basta conhecermos uma solução da respectiva equação diferencial ordinária, linear e homogênea. Diante do conhecimento dessa solução, utilizando o método de redução de ordem para obtermos a outra solução linearmente independente da respectiva equação diferencial ordinária, linear e homogênea e, através do método de superposição, segue a solução geral da respectiva equação homogênea, contendo duas constantes arbitrárias.

De posse da solução geral da respectiva equação diferencial, ordinária, linear e homogênea, podemos determinar uma solução particular da equação diferencial, ordinária, linear e não homogênea através, por exemplo, do método de variação de parâmetros. A soma da solução geral da respectiva equação diferencial, ordinária, linear e homogênea com uma solução particular da equação diferencial, ordinária, linear e não homogênea fornece a solução geral da equação diferencial, ordinária, linear e não homogênea. Ainda que não tenhamos mencionado, tal procedimento também é válido para uma equação diferencial ordinária de segunda ordem, linear, não homogênea cujos coeficientes não são constantes.

1.13. MÉTODO DE VARIAÇÃO DE PARÂMETROS

1.13.1 A equação de Euler

Vamos concluir a seção com a chamada equação diferencial do tipo Euler, também conhecida com o nome de equação de Euler-Cauchy, ainda que seja uma equação com coeficientes variáveis. Esta é uma equação diferencial ordinária, de segunda ordem, linear, homogênea e com os coeficientes não constantes, também conhecida como equação equidimensional, pois o coeficiente da derivada segunda é um monômio do segundo grau, o coeficiente da derivada primeira é um monômio do primeiro grau, enquanto o termo independente conta apenas com uma constante multiplicativa.

Sejam $x \in \mathbb{R}$ e $y = y(x)$. A equação diferencial do tipo Euler, tem a seguinte forma

$$x^2 y'' + axy' + by = 0$$

com a e b constantes reais. De modo a resolver esta equação diferencial, propõe-se uma solução na forma $y(x) = x^\lambda$ onde λ é um parâmetro. Então, substituindo $y(x) = x^\lambda$ na equação diferencial, obtém-se a chamada equação auxiliar ou característica, uma equação algébrica

$$\lambda^2 - (1-a)\lambda + b = 0.$$

Em analogia à equação diferencial ordinária, de segunda ordem, linear, homogênea e com coeficientes constantes, podemos ter três possibilidades, a saber: (i) duas raízes reais e distintas; (ii) duas raízes reais e iguais; (iii) duas raízes complexas, correspondendo, respectivamente, a duas soluções, uma solução e duas soluções linearmente independentes da equação diferencial, (ver **Exercício 1.53**).

EXEMPLO 1.28. EQUAÇÃO DE EULER

Sejam $x \in \mathbb{R}^*$ e $y = y(x)$. Resolva a equação diferencial ordinária, de segunda ordem, linear, não homogênea e com coeficientes não constantes $x^2 y'' - 4xy' + 6y = x$.

Comecemos resolvendo a respectiva equação homogênea $x^2 y'' - 4xy' + 6y = 0$, que é uma equação do tipo Euler. Vamos propor uma solução na forma $y = x^\lambda$ com λ uma constante. Derivando duas vezes, substituindo na equação homogênea, rearranjando e simplificando, temos a equação auxiliar

$$\lambda^2 - 5\lambda + 6 = 0$$

com raízes $\lambda_1 = 2$ e $\lambda_2 = 3$. Visto que as raízes são reais e distintas, podemos escrever a solução geral da equação diferencial homogênea, na seguinte forma

$$y_h(x) = c_1 x^2 + c_2 x^3$$

onde c_1 e c_2 são constantes arbitrárias. A fim de determinar uma solução particular da equação diferencial não homogênea podemos utilizar o método de variação de parâmetros, porém, como o segundo membro é um monômio de grau um, é mais conveniente procurar uma solução particular na forma $y_p(x) = \mu x$, onde $\mu \in \mathbb{R}$ deve ser determinado, impondo que $y_p(x)$ satisfaça a equação não homogênea.

Calculando as derivadas primeira e segunda, substituindo na equação diferencial não homogênea e simplificando, temos $\mu = 1/2$. Coletando as duas soluções, geral da equação homogênea e particular da equação não homogênea, podemos escrever a solução geral da equação diferencial ordinária não homogênea

$$y(x) = \frac{x}{2} + c_1 x^2 + c_2 x^3$$

onde c_1 e c_2 são duas constantes arbitrárias.

1.14 Equação diferencial com coeficientes variáveis

Até o presente momento, salvo uma ou outra particular equação diferencial ordinária de primeira ordem, discutimos as equações diferenciais ordinárias, de primeira e segunda ordens, lineares e com os coeficientes constantes, tanto a homogênea quanto a não homogênea.

Nesta seção nos propomos a estudar o chamado método de Frobenius para obtermos uma solução de equações diferenciais na forma de uma série. Este método é muito importante porque é a ferramenta fundamental para discutir se a solução de uma equação diferencial ordinária, linear e de segunda ordem, independentemente de os coeficientes serem ou não constantes, pode ser representada em termos de uma série de potências. O método de Frobenius possibilita a obtenção de pelo menos uma solução da equação diferencial ordinária o que é fundamental, uma vez que a outra pode, por exemplo, ser determinada através do método de redução de ordem. Em alguns casos, como vamos ver, o método possibilita a obtenção de uma solução geral, isto é, de duas soluções linearmente independentes.

À guisa de revisão, iniciamos esta seção resolvendo uma equação diferencial ordinária, ainda com os coeficientes constantes, utilizando o desenvolvimento em série de Taylor ou expansão em série de Taylor. O próximo passo é verificar que existem equações diferenciais ordinárias que não podem ser solucionadas através do desenvolvimento em série de Taylor. A partir deste fato introduzimos o método de Frobenius, utilizando-se a chamada equação de Bessel de ordem $\mu \in \mathbb{C}$ uma vez que esta equação nos proporciona discutir todos os possíveis casos envolvendo o método de Frobenius.

1.14. EQUAÇÃO DIFERENCIAL COM COEFICIENTES VARIÁVEIS

1.14.1 Equação diferencial e a série de Taylor

A metodologia da série de Taylor (uma série de Maclaurin quando o centro da série é $x_0 = 0$) se resume em propor a solução como uma série de potências, admitida diferenciável, de modo a conduzir o problema numa relação envolvendo os coeficientes da série. A partir da análise dessa relação, se possível, voltamos e determinamos a solução, ainda expressa em termos de uma série de potências.

Começamos discutindo duas equações diferenciais ordinárias, através da metodologia do desenvolvimento em série de Taylor, uma delas com os coeficientes constantes e a outra com coeficientes variáveis. A primeira delas é uma simples equação associada ao problema massa-mola enquanto a segunda é a já discutida equação de Euler, uma equação equidimensional.

Com estes dois exemplos discutidos, estamos aptos a introduzir o poderoso método de Frobenius, a fim de discutir uma equação diferencial ordinária de segunda ordem, linear, homogênea e com coeficientes sendo funções racionais da variável independente.

EXEMPLO 1.29. EQUAÇÃO COM COEFICIENTES CONSTANTES

Seja $x \in \mathbb{R}$. Utilize a metodologia da série de Maclaurin, expansão em série em torno do ponto $x_0 = 0$, para discutir a seguinte equação diferencial ordinária linear e homogênea

$$\frac{d^2}{dx^2}y(x) + \omega^2 y(x) = 0$$

onde ω é uma constante real positiva.

Suponhamos que a solução possa ser escrita em termos de uma série de Maclaurin,

$$y(x) = \sum_{n=0}^{\infty} a_n x^n$$

sendo a_n os coeficientes com $a_0 \neq 0$. Suponhamos ainda que a série possa ser derivada termo a termo. Obtemos para a derivada primeira

$$\frac{d}{dx}y(x) = \frac{d}{dx}\sum_{n=0}^{\infty} a_n x^n = \sum_{n=1}^{\infty} n a_n x^{n-1}$$

enquanto, para a derivada segunda temos a expressão

$$\frac{d^2}{dx^2}y(x) = \frac{d^2}{dx^2}\sum_{n=0}^{\infty} a_n x^n = \sum_{n=2}^{\infty} n(n-1) a_n x^{n-2}.$$

Note que o índice no somatório associado à derivada primeira começa, agora, em $n = 1$ enquanto aquele associado à derivada segunda começa em $n = 2$, em contraste com aquele de partida, $n = 0$, pois os que foram excluídos a_0 na primeira derivada quando derivado é zero e $a_0 + a_1 x$ na segunda derivada, quando calculamos a derivada segunda não contribuem.

Introduzindo estes dois últimos resultados na equação diferencial ordinária temos

$$\sum_{n=2}^{\infty} n(n-1)a_n x^{n-2} + \omega^2 \sum_{n=0}^{\infty} a_n x^n = 0.$$

Efetuando um deslocamento do índice no primeiro somatório do tipo $n \to n+2$, temos

$$\sum_{n=0}^{\infty} [(n+2)(n+1)a_{n+2} + \omega^2 a_n] x^n = 0$$

que resulta válida se tivermos satisfeita a igualdade

$$(n+2)(n+1)a_{n+2} + \omega^2 a_n = 0$$

com $n = 0, 1, 2, \ldots$ Esta expressão é chamada de fórmula de recorrência ou relação de recorrência, pois relaciona um de seus termos com um outro termo. Em nosso caso, o termo de ordem $(n+2)$ está expresso (relacionado) com o enésimo termo, de ordem n.

Ressaltamos, no entanto, que poderíamos, também, ter deslocado o índice de soma no segundo somatório, escrevendo $n \to n-2$ e, neste caso, teríamos uma fórmula de recorrência para o enésimo termo e o termo de ordem $n-2$. Desta fórmula resulta evidente que se se conhece a_0 todos os outros coeficientes pares são conhecidos enquanto se se conhece a_1 todos os coeficientes ímpares estarão determinados.

Consideremos somente os coeficientes pares visto que, por hipótese, a_0 é diferente de zero. Então,

$$n = 0 \quad a_2 = -\omega^2 \frac{a_0}{1 \cdot 2} = -\omega^2 \frac{a_0}{2!}$$

$$n = 2 \quad a_4 = -\omega^2 \frac{a_2}{3 \cdot 4} = \omega^4 \frac{a_0}{4!}$$

$$n = 4 \quad a_6 = -\omega^2 \frac{a_4}{5 \cdot 6} = -\omega^6 \frac{a_0}{6!}$$

$$\vdots \qquad \vdots$$

$$n = 2m \quad a_{2m+2} = (-1)^{m+1} \frac{\omega^{2m+2}}{(2m+2)!} a_0$$

onde $m = 0, 1, 2, \ldots$

1.14. EQUAÇÃO DIFERENCIAL COM COEFICIENTES VARIÁVEIS

Por outro lado, podemos escrever para os termos com n um número ímpar

$$n = 1 \qquad a_3 = -\omega^2 \frac{a_1}{3 \cdot 2} = -\omega^2 \frac{a_1}{3!}$$

$$n = 3 \qquad a_5 = -\omega^2 \frac{a_3}{5 \cdot 4} = \omega^4 \frac{a_1}{5!}$$

$$n = 5 \qquad a_7 = -\omega^2 \frac{a_5}{7 \cdot 6} = -\omega^6 \frac{a_1}{7!}$$

$$\vdots \qquad \qquad \vdots$$

$$n = 2m - 1 \qquad a_{2m+1} = (-1)^m \frac{\omega^{2m}}{(2m+1)!} a_1$$

onde $m = 1, 2, 3, \ldots$

Então, voltando ao índice de partida podemos escrever

$$y(x) = \sum_{m=0}^{\infty} (-1)^m \frac{\omega^{2m}}{(2m)!} x^{2m} a_0 + \sum_{m=0}^{\infty} (-1)^m \frac{\omega^{2m}}{(2m+1)!} x^{2m+1} a_1$$

onde a_0 e a_1 são constantes, ou ainda, numa outra forma, reordenando,

$$y(x) = a \sum_{m=0}^{\infty} (-1)^m \frac{(\omega x)^{2m}}{(2m)!} + b \sum_{m=0}^{\infty} (-1)^m \frac{(\omega x)^{2m+1}}{(2m+1)!},$$

onde a e b são ainda constantes arbitrárias. E visto que a_0 é diferente de zero por hipótese, temos determinado pelo menos uma solução da equação diferencial. Por outro lado, se se considera a_0 e a_1 ambos diferentes de zero temos duas constantes arbitrárias e, assim, obtemos uma solução geral, contendo duas constantes, a qual pode ser reescrita como

$$y(x) = c_1 \cos(\omega x) + c_2 \operatorname{sen}(\omega x)$$

onde c_1 e c_2 são constantes arbitrárias, e identificamos $\cos \omega x$ e $\operatorname{sen} \omega x$ pelas série de potências

$$\cos x = \sum_{n=0}^{\infty} (-1)^n \frac{x^{2n}}{(2n)!} \qquad \text{e} \qquad \operatorname{sen} x = \sum_{n=0}^{\infty} (-1)^n \frac{x^{2n+1}}{(2n+1)!},$$

aqui com $x \to \omega x$. Esta solução pode ser obtida procurando-a na forma de uma exponencial, obtendo uma equação indicial com duas raízes complexas conjugadas e daí utilizar a relação entre as exponenciais com argumento imaginário puro e as funções trigonométricas, conforme discutida no EXEMPLO 1.24.

EXEMPLO 1.30. EQUAÇÃO COM COEFICIENTES NÃO CONSTANTES

Seja $x \in \mathbb{R}$. Discutir a seguinte equação diferencial ordinária, equação tipo Euler

$$x^2 \frac{d^2}{dx^2} y(x) + 4x \frac{d}{dx} y(x) + 2y(x) = 0$$

utilizando o desenvolvimento em série de Taylor, no caso expansão de Maclaurin.

Aqui, como vamos ver mais adiante, temos um ponto singular em $x = 0$. Como visto no problema precedente vamos propor para uma solução

$$y(x) = \sum_{n=0}^{\infty} a_n x^n$$

com $a_0 \neq 0$. Calculando as derivadas e introduzindo na equação diferencial, obtemos

$$\sum_{n=2}^{\infty} n(n-1) a_n x^n + 4 \sum_{n=1}^{\infty} n a_n x^n + 2 \sum_{n=0}^{\infty} a_n x^n = 0$$

que, após rearranjar os termos, pode ser escrita na seguinte forma

$$\sum_{n=2}^{\infty} [n(n-1) + 2(1+2n)] a_n x^n + [4a_1 x + 2a_0 + 2a_1 x] = 0.$$

Desta igualdade obtemos, de imediato, identidade de polinômios

$$a_0 = a_1 = 0$$

e

$$(n^2 + 3n + 2) a_n = 0$$

com $n = 0, 1, 2, \ldots$ e visto que $n^2 + 3n + 2 \neq 0$ quando $n = 0, 1, 2, \ldots$ podemos concluir

$$a_n = 0$$

e, assim, todos os coeficientes serão zero, logo obtemos somente a solução trivial, $y(x) = 0$.

Este exemplo deixa claro que, nem sempre é possível encontrar uma solução geral da equação diferencial ordinária, via desenvolvimento em série de Maclaurin (Taylor). Então, depois destes dois exemplos emerge, naturalmente, uma pergunta, a saber: Quando o desenvolvimento em série de Taylor (Maclaurin) é conveniente para procurarmos uma solução de uma equação diferencial ordinária?

1.14. EQUAÇÃO DIFERENCIAL COM COEFICIENTES VARIÁVEIS

A fim de responder esta pergunta, vamos considerar a equação diferencial escrita na forma

$$\frac{d^2}{dx^2}y(x) + p(x)\frac{d}{dx}y(x) + q(x)y(x) = 0, \quad (1.13)$$

sendo $p(x)$ e $q(x)$ consideradas funções racionais, ou ainda um quociente de dois polinômios.

Antes da discussão, através de um exemplo, vamos apresentar uma definição e um teorema que fornecem condições a serem impostas a fim de que tenhamos uma solução em série de potências. Com isso, introduzimos os conceitos de ponto ordinário e ponto singular associados a uma equação diferencial ordinária, de segunda ordem, linear, homogênea e os coeficientes considerados funções racionais.

DEFINIÇÃO 1.14.1. PONTOS ORDINÁRIO E SINGULAR

Se os coeficientes $p(x)$ e $q(x)$ são funções racionais da Eq.(1.13) e se os limites

$$\lim_{x \to x_0} p(x) \quad e \quad \lim_{x \to x_0} q(x)$$

existem, então $x = x_0$ é chamado ponto ordinário da equação diferencial ordinária. No caso em que um dos limites não exista, o ponto $x = x_0$ é chamado ponto singular.

TEOREMA 1.14.1. (CONDIÇÃO SUFICIENTE) *Se x_0 é um ponto ordinário da equação diferencial ordinária*

$$\frac{d^2}{dx^2}y(x) + p(x)\frac{d}{dx}y(x) + q(x)y(x) = 0$$

então existem duas soluções linearmente independentes obtidas a partir do desenvolvimento em série de Taylor. Estas séries convergem no intervalo $|x - x_0| < R$ onde $R > 0$ [2].

EXEMPLO 1.31. EQUAÇÃO HIPERGEOMÉTRICA CONFLUENTE

Sejam $x \in \mathbb{R}$ e $y = y(x)$. Considere a equação diferencial ordinária, de segunda ordem, linear, homogênea e com os coeficientes constantes, a chamada equação diferencial hipergeométrica confluente

$$x\frac{d^2y}{dx^2} + (c - x)\frac{dy}{dx} - ay = 0 \quad (1.14)$$

sendo $a, c \in \mathbb{R}$ parâmetros constantes. Discuta se $x_0 = 0$ é ponto ordinário ou singular.

Seja $x \neq 0$. Identificando os coeficientes temos

$$p(x) = \frac{c - x}{x} \quad e \quad q(x) = -\frac{a}{x}.$$

Vamos separar em dois casos. Admitamos a e c distintos de zero. Tomando os limites

$$\lim_{x \to 0} \frac{c-x}{x} \quad \text{e} \quad \lim_{x \to 0} \left(-\frac{a}{x}\right)$$

concluímos que, ambos não existem, logo o ponto $x_0 = 0$ é um ponto singular. Por outro lado, no caso em que $a = 0 = c$, a equação diferencial passa a ser uma equação diferencial (redutível) com os coeficientes constantes e o ponto $x_0 = 0$ é um ponto ordinário.

A fim de abordar o caso geral, começamos com uma breve discussão relativa ao conceito de convergência das séries e a definição de função real analítica. Logo após, introduzimos o conceito de ponto singular regular para, depois, apresentar o poderoso método de Frobenius. O método de Frobenius vai ser formalizado a partir de uma equação de Bessel, de uma particular equação hipergeométrica e, ao final, um teorema envolvendo todas as possibilidades.

Vamos apresentar apenas o conceito de convergência num ponto e a convergência absoluta a fim de discutir o intervalo onde uma série de potências converge ou diverge. Introduzimos o conceito de função real analítica, ainda que este conceito seja melhor caracterizado no estudo das variáveis complexas [3], que foge ao escopo do presente trabalho, bem como a definição de ponto singular regular, visando o método de Frobenius.

DEFINIÇÃO 1.14.2. CONVERGÊNCIA NUM PONTO

Sejam $x, x_0 \in \mathbb{R}$ e $N \in \mathbb{N}$. Uma série de potências $\sum_{k=0}^{\infty} a_k (x - x_0)^k$ é convergente num ponto x quando existe o limite

$$\lim_{N \to \infty} \sum_{k=0}^{N} a_k (x - x_0)^k.$$

Para $x = x_0$, chamado centro da série, a série de potências converge e o seu limite é a_0.

DEFINIÇÃO 1.14.3. CONVERGÊNCIA ABSOLUTA

Sejam $x, x_0 \in \mathbb{R}$. A série de potências $\sum_{k=0}^{\infty} a_k (x - x_0)^k$ converge absolutamente num ponto x quando a série formada pelos valores absolutos dos seus termos $\sum_{k=0}^{\infty} |a_k (x - x_0)^k|$ converge.

É importante ressaltar que, se uma série (de potências) converge absolutamente, então ela converge. Por outro lado, a recíproca não é necessariamente verdadeira.

DEFINIÇÃO 1.14.4. INTERVALO DE CONVERGÊNCIA

Seja $R > 0$ o raio de convergência da série (de potências). Uma série (de potência) converge absolutamente se $|x - x_0| < R$ e diverge se $|x - x_0| > R$. Se a série converge apenas para $x = x_0$, o raio de convergência é zero e se converge para todo x, o raio é infinito.

1.14. EQUAÇÃO DIFERENCIAL COM COEFICIENTES VARIÁVEIS

DEFINIÇÃO 1.14.5. FUNÇÃO REAL ANALÍTICA

Se uma função $f(x)$ admite a representação em série de potências com centro em $x = x_0$ e raio de convergência $R > 0$, então os coeficientes da série são únicos. A série que representa a função $f(x)$ é a série de Taylor (uma série de Maclaurin se $x_0 = 0$)

$$f(x) = \sum_{k=0}^{\infty} \frac{f^{(k)}(x_0)}{k!}(x-x_0)^k$$

para $|x - x_0| < R$. A série é determinada pelos valores da função e de todas as suas derivadas de ordem $k \in \mathbb{N}$ num único ponto, o centro da série. Neste caso dizemos que $f(x)$ é uma função real analítica no ponto x_0.

DEFINIÇÃO 1.14.6. PONTO SINGULAR REGULAR

Sejam $x, x_0 \in \mathbb{R}$. Um ponto $x = x_0$ associado à equação diferencial ordinária, de segunda ordem, linear e homogênea

$$A(x)\frac{d^2}{dx^2}y(x) + B(x)\frac{d}{dx}y(x) + C(x)y(x) = 0$$

onde $A(x)$, $B(x)$ e $C(x)$ são funções polinomiais, é chamado ponto singular regular se os dois limites

$$\lim_{x \to x_0}(x-x_0)\frac{B(x)}{A(x)} \quad \text{e} \quad \lim_{x \to x_0}(x-x_0)^2\frac{C(x)}{A(x)}$$

são finitos. Caso contrário, o ponto é chamado ponto singular irregular.

Neste trabalho, vamos discutir apenas equações diferenciais ordinárias, de segunda ordem, lineares, homogêneas e com coeficientes funções racionais, que apresentam pontos singulares regulares, visto que a análise envolvendo pontos singulares irregulares, foge ao escopo do presente trabalho [3].

EXEMPLO 1.32. PONTO SINGULAR

Classifique o ponto $x_0 = 0$ relativo à Eq.(1.14), equação hipergeométrica confluente.

Identificando os coeficientes temos $A(x) = x$, $B(x) = c - x$ e $C(x) = -a$. Visto que os limites para $x \to 0$, envolvendo os quocientes, $x[B(x)/A(x)]$ e $x^2[C(x)/A(x)]$ são finitos, o ponto $x_0 = 0$ é um ponto singular regular.

1.14.2 Método de Frobenius

O método de Frobenius consiste fundamentalmente em procurar uma solução da equação diferencial ordinária de segunda ordem, linear e homogênea, na forma de série em torno do ponto $x = x_0$, com um parâmetro livre, denotado por s, na seguinte forma

$$y(x) = \sum_{n=0}^{\infty} a_n (x - x_0)^{n+s}$$

sendo $a_0 \neq 0$. É sempre possível deslocar a singularidade sem mudar, essencialmente, a equação diferencial logo, é suficiente considerar $x = x_0 + z$ e restringirmos, sem perda de generalidade, nosso estudo ao caso do ponto $z = 0$. Então, vamos considerar somente a seguinte série, voltando novamente em x,

$$y(x) = \sum_{n=0}^{\infty} a_n x^{n+s}$$

com $a_0 \neq 0$ e s um parâmetro, em princípio arbitrário. No caso em que tenhamos que estudar a solução em torno do ponto no infinito, devemos efetuar primeiro uma mudança de variável do tipo $x = 1/\xi$ e estudar em termos de $\xi = 0$.

Como já mencionamos, vamos apresentar a metodologia através de dois exemplos, o primeiro uma equação de Bessel e o segundo uma equação hipergeométrica confluente.

EXEMPLO 1.33. EQUAÇÃO DE BESSEL DE ORDEM μ

Consideremos a equação diferencial ordinária, de segunda ordem, linear e homogênea, que atende pelo nome de equação de Bessel de ordem μ, dada por

$$x^2 \frac{d^2}{dx^2} y(x) + x \frac{d}{dx} y(x) + (x^2 - \mu^2) y(x) = 0$$

onde μ é um parâmetro, em princípio arbitrário.

Visto que a equação de Bessel contém um parâmetro, justificamos a conveniência desta escolha por podermos especificar esse parâmetro de modo a conseguir englobar, numa só equação, as diferentes possibilidades advindas do método de Frobenius.

Vamos procurar uma solução, válida em uma vizinhança da origem, na forma de uma série de potências do seguinte tipo, com $a_0 \neq 0$,

$$y(x) = \sum_{n=0}^{\infty} a_n x^{n+s}$$

sendo a primeira derivada (admitindo que a derivação seja possível) escrita como

$$\frac{d}{dx} y(x) = \sum_{n=0}^{\infty} (n+s) a_n x^{n+s-1}$$

1.14. EQUAÇÃO DIFERENCIAL COM COEFICIENTES VARIÁVEIS

enquanto, a derivada segunda é dada por

$$\frac{d^2}{dx^2}y(x) = \sum_{n=0}^{\infty}(n+s)(n+s-1)a_n x^{n+s-2}.$$

Introduzindo as duas últimas expressões, derivadas primeira e segunda, na equação de Bessel obtemos, já rearranjando, a igualdade

$$\sum_{n=0}^{\infty}[(n+s)(n+s-1)+(n+s)-\mu^2]a_n x^{n+s} + \sum_{n=0}^{\infty} a_n x^{n+s-2} = 0.$$

É imediato notar que existem duas diferenças fundamentais relativamente ao desenvolvimento em série de Taylor: (i) os índices no somatório da primeira e da segunda derivadas não mudaram e (ii) somente se s é igual a zero obtemos exatamente a série de Maclaurin.

Começamos nossa análise a partir dos índices. Mudando o índice no segundo somatório, considerando $n \to n-2$ (note que estamos mantendo a mesma letra para o índice) temos

$$\sum_{n=0}^{\infty}[(n+s)(n+s-1)+(n+s)-\mu^2]a_n x^{n+s} + \sum_{n=2}^{\infty} a_{n-2} x^{n+s} = 0.$$

A fim de termos os índices de partida iguais devemos tomar os dois primeiros termos no primeiro somatório, em separado, de modo que possamos rearranjar os demais num único somatório, sempre que possível,

$$[s(s-1)+s-\mu^2]a_0 x^s + [s(s+1)+(s+1)-\mu^2]a_1 x^{s+1}$$
$$+ \sum_{n=2}^{\infty}\{[(n+s)^2-\mu^2]a_n + a_{n-2}\}x^{n+s} = 0.$$

Visto que $a_0 \neq 0$, podemos escrever, em separado (identidade de polinômios), as igualdades

(a) $\quad s^2 - \mu^2 = 0, \quad a_0 \neq 0$
(b) $\quad [(s+1)^2 - \mu^2]a_1 = 0,$
(c) $\quad [(n+s)^2 - \mu^2]a_n + a_{n-2} = 0, \quad n \geq 2.$

A equação em (a) é chamada equação indicial ou equação auxiliar, dependendo só do índice e, aqui, do parâmetro, não envolve nenhum dos coeficientes, enquanto a terceira (c), para um particular valor de s, é a chamada fórmula de recorrência que, neste caso, relaciona o enésimo termo com o termo de ordem $n-2$. A segunda equação, (b), aquela envolvendo o coeficiente a_1 não é conhecida por nenhum nome específico.

Destas três equações, parece natural começar com a primeira, pois não envolve nenhum coeficiente e nos fornece, diretamente, os possíveis valores do parâmetro s, até então arbitrário. Começamos por estudar os possíveis casos, ou seja, a partir da equação indicial obtemos,

$$s = \pm \mu,$$

também chamados expoentes.

Substituindo esses valores de s na segunda equação, (b), temos

$$[(\pm\mu+1)^2 - \mu^2]a_1 = 0$$

ou ainda, escrevendo a equação algébrica, uma equação envolvendo um produto, na forma

$$(1 \pm 2\mu)a_1 = 0 \cdot$$

Do acima exposto temos duas possibilidades satisfazendo essa equação algébrica,

(i) $\mu = \pm\frac{1}{2}$ $\Rightarrow$ $\forall a_1$
(ii) $\mu \neq \pm\frac{1}{2}$ $\Rightarrow$ $a_1 = 0 \cdot$

Enfim, substituindo estes resultados na terceira equação, (c), fórmula de recorrência, temos

$$[(n \pm \mu)^2 - \mu^2]a_n + a_{n-2} = 0$$

ou ainda, explicitando a_n em função de a_{n-2}, na forma

$$a_n = -\frac{a_{n-2}}{n(n \pm 2\mu)}$$

com $n \geq 2$. É evidente que, se o parâmetro μ, ainda arbitrário, é um número inteiro ou semi-inteiro, vamos ter problemas, pois o denominador pode se anular.

Agora é necessário fazer uma escolha relativamente ao parâmetro μ, até então arbitrário. Vamos escolhê-lo, além de uma maneira conveniente, de forma didática, no sentido de considerar as diferentes possibilidades, advindas do método de Frobenius. Aqui, neste particular exemplo, vamos estudar, em separado, quatro casos distintos envolvendo o parâmetro μ.

(i) Consideramos $\mu = \frac{1}{4}$. As raízes da equação auxiliar são distintas, $s_1 = \frac{1}{4}$ e $s_2 = -\frac{1}{4}$. E, visto que $\mu \neq \pm\frac{1}{2}$ temos, da segunda equação, $a_1 = 0$ e da relação de recorrência obtemos $a_n = 0$ para todo n ímpar. Diante disso, podemos escrever, a partir da relação de recorrência

$$a_n = -\frac{a_{n-2}}{n(n \pm \frac{1}{2})}, \qquad n = 2, 4, 6, \ldots$$

1.14. EQUAÇÃO DIFERENCIAL COM COEFICIENTES VARIÁVEIS

e, ainda mais, como n é par, na seguinte forma

$$a_{2n} = -\frac{a_{2n-2}}{n(4n \pm 1)}$$

com $n = 1, 2, \ldots$ Então, como temos duas possibilidades (dois sinais distintos) obtemos duas soluções linearmente independentes da equação diferencial, uma associada à raiz $s_1 = 1/4$ e a outra associada à raiz $s_2 = -1/4$. Por enquanto, não vamos nos preocupar, aqui, em escrever os coeficientes a_{2n} como função de $a_0 \neq 0$, o que será efeito mais adiante.

(ii) Seja $\mu = 0$. A equação indicial admite somente uma raiz (dupla), $s = 0$. Mais uma vez $\mu \neq \pm\frac{1}{2}$ e então $a_1 = 0$ bem como os demais ímpares. A relação de recorrência fornece

$$a_{2n} = -\frac{a_{2n-2}}{4n^2}$$

com $n = 1, 2, \ldots$ de onde obtemos uma só solução da equação diferencial. Uma outra solução linearmente independente pode ser procurada através do método de redução de ordem.

(iii) Consideramos agora $\mu = \frac{1}{2}$. As raízes da equação indicial são $s_1 = \frac{1}{2}$ e $s_2 = -\frac{1}{2}$. No particular caso em que $s = \frac{1}{2}$ temos $a_1 = 0$, de onde todos os termos de índices ímpares são nulos, e da relação de recorrência podemos escrever

$$a_n = -\frac{a_{n-2}}{n(n+1)}$$

com $n = 2, 3, \ldots$ e obtemos uma solução da equação diferencial. Por outro lado, no caso em que $s = -\frac{1}{2}$ temos a_1 arbitrário e a fórmula de recorrência é dada por

$$a_n = -\frac{a_{n-2}}{n(n-1)}$$

com $n = 2, 3, \ldots$ Visto que temos duas constantes arbitrárias a_0 e a_1, diferentes de zero, esta raiz, a menor raiz, fornece uma solução geral da equação diferencial ordinária, ou ainda duas soluções linearmente independentes, Wronskiano diferente de zero, da equação diferencial ordinária, obtidas com o desenvolvimento em série de potências. Pode-se mostrar que a solução obtida com a outra raiz, a maior raiz, é um caso particular daquela obtida com a outra raiz, a menor. Verifique com este exemplo.

(iv) Consideramos $\mu = 1$. As raízes da equação indicial são $s_1 = 1$ e $s_2 = -1$. No caso em que $s = 1$ concluímos que $a_1 = a_3 = \cdots = 0$ logo, da relação de recorrência obtemos

$$a_n = -\frac{a_{n-2}}{n(n+2)}$$

com $n = 2, 3, \ldots$ Então, temos somente uma solução. Por outro lado, relativamente ao caso em que $s = -1$ temos, ainda, $a_1 = a_3 = \cdots = 0$ e da relação de recorrência, a seguinte expressão

$$n(n-2)a_n = -a_{n-2}$$

que, para $n = 2$ implica $a_0 = 0$, contrariando a hipótese $a_0 \neq 0$. Tal expoente não fornece uma solução para a equação diferencial.

Diante dessas possiblidades, façamos um breve resumo. O método de Frobenius nos fornece pelo menos uma solução da equação diferencial ordinária, escrita por meio de uma série de potências. A outra solução, em princípio, pode ser obtida através do método de redução de ordem. Existem casos em que o método de Frobenius fornece duas soluções linearmente independentes e em outros casos a relação de recorrência nem mesmo é válida. Mostra-se que nos casos em que o método de Frobenius não fornece duas soluções linearmente independentes emerge naturalmente um termo logarítmico, uma vez que a função $\ln x$ não pode ser expressa em termos de uma série de Frobenius.

Como já mencionamos, para a análise em torno de um ponto singular regular no infinito, basta introduzir, no procedimento descrito, uma mudança de variável independente do tipo $z = 1/\xi$ e estudar a equação diferencial resultante em torno do ponto $\xi = 0$, a origem.

EXEMPLO 1.34. EQUAÇÃO HIPERGEOMÉTRICA CONFLUENTE

Seja $x \in \mathbb{R}$. Consideremos a particular equação hipergeométrica confluente

$$x\frac{d^2}{dx^2}y(x) + (1-x)\frac{d}{dx}y(x) - y(x) = 0 \cdot$$

(i) Utilize o método de Frobenius para obter, explicitamente, uma solução da equação. (ii) Analise o comportamento da singularidade em torno de um ponto no infinito.

(i) Seja (note que $x = 0$ é uma singularidade) a seguinte série de potências

$$y(x) = \sum_{n=0}^{\infty} a_n x^{n+s}$$

com $a_0 \neq 0$ que, substituída na equação diferencial ordinária, fornece

$$\sum_{n=0}^{\infty} [(n+s)(n+s-1) + (n+s)] a_n x^{n+s-1} - \sum_{n=0}^{\infty} [(n+s)+1] a_n x^{n+s} = 0$$

1.14. EQUAÇÃO DIFERENCIAL COM COEFICIENTES VARIÁVEIS

ou ainda, rearranjando e simplificando, na seguinte forma,

$$\sum_{n=0}^{\infty}(n+s)^2 a_n x^{n+s-1} - \sum_{n=0}^{\infty}(n+s+1)a_n x^{n+s} = 0.$$

Deslocando o índice no segundo somatório, $n \to n-1$, temos

$$\sum_{n=0}^{\infty}(n+s)^2 a_n x^{n+s-1} - \sum_{n=1}^{\infty}(n+s)a_{n-1} x^{n+s-1} = 0$$

que nos conduz à seguinte equação indicial, uma equação algébrica,

$$s^2 a_0 x^{s-1} = 0$$

bem como a fórmula de recorrência

$$a_n = \frac{a_{n-1}}{n+s}$$

válida para $n = 1, 2, \ldots$

A equação indicial admite raiz dupla, $s_1 = s_2 = s = 0$ de onde segue

$$a_n = \frac{a_{n-1}}{n}$$

com $n = 1, 2, \ldots$ e, assim, o método de Frobenius fornece somente uma solução. Vamos procurar, explicitamente, tal solução, escrevendo alguns poucos termos,

$$a_1 = \frac{a_0}{1}, \quad a_2 = \frac{a_1}{2} = \frac{a_0}{2!}, \quad a_3 = \frac{a_2}{3} = \frac{a_0}{3!}, \quad \ldots, \quad a_n = \frac{a_0}{n!}$$

e, voltando no somatório obtemos para a solução

$$y(x) = a_0 \sum_{n=0}^{\infty} \frac{x^n}{n!} = a_0 e^x$$

a qual pode ser verificada diretamente como sendo solução da equação diferencial ordinária.

Para a outra solução, através do método de redução de ordem, consideramos

$$y(x) = e^x v(x)$$

onde $v(x)$ deve ser determinado. Calculando as derivadas temos

$$\frac{d}{dx}y(x) = e^x \left[\frac{d}{dx}v(x) + v(x)\right] \quad \text{e} \quad \frac{d^2}{dx^2}y(x) = e^x \left[\frac{d^2}{dx^2}v(x) + 2\frac{d}{dx}v(x) + v(x)\right]$$

de onde segue, substituindo na equação diferencial, sem o termo da exponencial

$$x\frac{d^2}{dx^2}v(x) + 2x\frac{d}{dx}v(x) + xv(x) + \frac{d}{dx}v(x) + v(x) - x\frac{d}{dx}v(x) - xv(x) - v(x) = 0$$

ou ainda, já simplificando, na seguinte forma

$$x\frac{d^2}{dx^2}v(x) + (1+x)\frac{d}{dx}v(x) = 0.$$

Introduzindo-se a mudança de variável dependente, $dv(x)/dx = w(x)$ podemos escrever

$$x\frac{d}{dx}w(x) + (1+x)w(x) = 0$$

que é uma equação diferencial ordinária de primeira ordem, linar e homogênea. Por isso que este método é conhecido como método de redução de ordem, como já mencionamos.

A equação diferencial de primeira ordem pode ser escrita como (separável)

$$\frac{dw(x)}{w(x)} = -\frac{1+x}{x}dx$$

cuja integração fornece

$$\ln w(x) = -\ln x - x + \ln A$$

onde $A > 0$ é uma constante. Segue que

$$w(x) = A\frac{e^{-x}}{x}$$

da qual obtemos

$$\frac{d}{dx}v(x) = A\frac{e^{-x}}{x}$$

e, por isso, podemos escrever para $v(x)$, após integração

$$v(x) = A\int^x \frac{e^{-x'}}{x'}dx' + B$$

onde B é uma outra constante arbitrária. A segunda solução linearmente independente da equação diferencial ordinária é dada por

$$y_2(x) = Ae^x\int^x \frac{e^{-x'}}{x'}dx' + Be^x$$

e, visto que, esta contém a outra solução, aquela obtida diretamente a partir da série de

1.14. EQUAÇÃO DIFERENCIAL COM COEFICIENTES VARIÁVEIS

Frobenius, podemos considerar, sem perda de generalidade $B = 0$, de onde obtemos

$$y_2(x) = A e^x \int^x \frac{e^{-x'}}{x'} dx'.$$

(ii) Para efetuarmos a análise do comportamento da solução em torno do ponto no infinito, começamos por introduzir a mudança de variável independente $x = 1/\xi$ e proceder a análise na equação resultante em torno de $\xi = 0$.

A equação diferencial ordinária na variável independente ξ é dada por

$$\xi^3 \frac{d^2}{d\xi^2} y(\xi) + (\xi^2 + \xi) \frac{d}{d\xi} y(\xi) - y(\xi) = 0,$$

de onde segue $\xi = 0$ é um ponto singular.

Uma vez que os limites

$$\lim_{\xi \to 0} \xi \left(\frac{\xi^2 + 1}{\xi^3} \right) \quad e \quad \lim_{\xi \to 0} \xi^2 \left(-\frac{1}{\xi^3} \right)$$

não são finitos, segue que o ponto singular é um ponto singular irregular.

Concluímos este capítulo com um teorema que engloba todas as possibilidades, associadas às raízes da equação indicial, advindas da aplicação do método de Frobenius.

Teorema 1.14.2. (Ponto singular. Frobenius generalizado) *Sejam $x = 0$ um ponto singular regular da equação diferencial ordinária*

$$\frac{d^2}{dx^2}y(x) + p(x)\frac{d}{dx}y(x) + q(x)y(x) = 0$$

com $p(x)$ e $q(x)$ funções racionais e s_1 e s_2 as raízes da equação indicial com $s_2 \geq s_1$, sem perda de generalidade.

(i) *Se $s_1 = s_2 = s$, então duas soluções linearmente independentes para $|x| > 0$ são dadas por*

$$y_1(x) = |x|^s \sum_{n=0}^{\infty} a_n x^n \quad \text{e} \quad y_2(x) = y_1(x)\ln|x| + |x|^s \sum_{n=1}^{\infty} b_n x^n.$$

(ii) *Se $s_2 - s_1 = N$, onde N é um número inteiro e positivo, então duas soluções linearmente independentes da equação diferencial são dadas por*

$$y_1(x) = |x|^{s_2} \sum_{n=0}^{\infty} a_n x^n \quad \text{e} \quad y_2(x) = Cy_1(x)\ln|x| + |x|^{s_1} \sum_{n=0}^{\infty} b_n x^n$$

onde a constante C pode eventualmente ser também nula.

(iii) *Se $s_2 - s_1 \neq N$, então temos duas soluções linearmente independentes da forma*

$$y_1(x) = |x|^{s_1} \sum_{n=0}^{\infty} a_n x^n \quad \text{e} \quad y_2(x) = |x|^{s_2} \sum_{n=0}^{\infty} a_n x^n.$$

Visto que ambas as soluções podem ser encontradas com o método de Frobenius, diferentemente dos casos discutidos nos dois últimos exemplos, chamamos este método de método de Frobenius generalizado [2], no qual as duas séries das partes (i) e (ii) convergem em todo intervalo $0 < |x| < R$ para algum $R > 0$. Em todos os outros casos, relativamente aos índices associados às raízes da equação indicial, obtemos duas soluções linearmente independentes.

Apenas para mencionar a importância das equações diferenciais cujos coeficientes não são constantes, somos levados a uma outra classe de funções, as chamadas funções especiais, dentre as quais citamos as funções cilíndricas, mais especificamente as funções de Bessel, que aparecem em problemas com simetria cilíndrica, por exemplo, condução de corrente num fio, bem como as funções esféricas, mais especificamente as funções de Legendre, que se apresentam em problemas com simetria esférica, por exemplo, o estudo do potencial em torno de uma superfície esférica [4]. As funções de Bessel representam um caso particular da chamada equação hipergeométrica confluente enquanto as funções de Legendre se constituem num caso particular da chamada equação hipergeométrica, uma equação diferencial ordinária, linear, de segunda ordem e coeficientes variáveis. A equação hipergeométrica pode ser considerada o caso geral de uma equação diferencial de segunda ordem com três pontos singulares regulares e três parâmetros, incluindo um ponto singular no infinito, enquanto da confluência de dois destes pontos, obtemos a equação hipergeométrica confluente, com dois parâmetros [1, 4].

1.15 Sistema de equações diferenciais

Iniciamos o capítulo discutindo a teoria associada às equações diferenciais ordinárias, lineares e de primeira e segunda ordens, homogêneas e não homogêneas. Nada mais natural que estudar, na sequência, um (conjunto) sistema de equações diferenciais ordinárias. Aqui, vamos nos concentrar apenas em sistemas de ordens 2×2 e 3×3, compostos por duas e três equações diferenciais ordinárias, lineares e de primeira ordem, respectivamente. Vamos mostrar que um sistema de duas equações diferenciais ordinárias, lineares e de primeira ordem, sob certas condições, pode ser reduzido a uma equação diferencial ordinária, linear e de segunda ordem. Como um exemplo específico de um sistema de duas equações diferenciais ordinárias, lineares e de primeira ordem, com coeficientes constantes, discutimos o chamado circuito RLC (resistor-indutor-capacitor).

Introduzimos o conceito de sistema de equações diferenciais ordinárias, lineares e de primeira ordem, deixando para o Capítulo 1 (volume 2) uma possível maneira de abordar a resolução, em particular, a metodologia da transformada (linear) de Laplace. Concluímos o capítulo discutindo o método de variação de parâmetros, em completa analogia às equações diferenciais ordinárias, lineares, com coeficientes constantes e não homogêneas, apresentando o caso geral de um sistema de ordem $n \times n$.

1.15.1 Circuito RLC em paralelo

A fim de motivarmos o estudo de um sistema de equações diferenciais ordinárias lineares e de primeira ordem, vamos apresentar o chamado circuito RLC, onde R é a resistência (em ohm), C a capacitância (em farad) e L a indutância (em henry).

Denotemos por I a corrente total, I_C, I_R e I_L a corrente em cada elemento do circuito, capacitor, resistor e indutor, respectivamente. O estudo dos circuitos elétricos está baseado nas leis de Kirchhoff e na relação entre corrente (em ampère) através de cada elemento do circuito e a queda de voltagem (em volt) através do respectivo elemento.

Apenas para recordar e justificar, as leis de Kirchhoff afirmam: (a) Lei dos nós. O fluxo de corrente resultante através de cada nó é nulo e (b) Lei das malhas. A queda de voltagem resultante em torno de cada malha fechada é nula. Para mais detalhes ver referência [5].

Ainda mais, a relação entre corrente e voltagem em cada elemento é

$$V = RI, \quad C\frac{dV}{dt} = I \quad e \quad L\frac{dI}{dt} = V$$

resistor, capacitor e indutor, respectivamente.

Utilizando a lei das malhas no circuito RLC em paralelo, podemos escrever

$$V_C - V_R = 0 \quad e \quad V_R - V_L = 0$$

de onde $V_C = V_R = V_L$, enquanto a lei dos nós fornece $I_C + I_R + I_L = 0$. A partir da relação corrente-voltagem, para cada elemento, temos

$$V_R = R I_R, \quad C\frac{dV_C}{dt} = I_C \quad e \quad L\frac{dI_L}{dt} = V_L.$$

Eliminando V_R, V_L, I_C e I_R obtemos

$$C\frac{dV_C}{dt} = -\frac{V_C}{R} - I_L \quad e \quad L\frac{dI_L}{dt} = V_C$$

duas equações diferenciais ordinárias de primeira ordem, lineares, relacionando voltagem e corrente, neste caso no elemento capacitor. Visto serem duas equações relacionadas, utilizamos o termo sistema de equações, o qual pode ser colocado na forma matricial

$$\frac{d}{dt}\begin{pmatrix} V_C \\ I_L \end{pmatrix} = \begin{pmatrix} -1/RC & -1/C \\ 1/L & 0 \end{pmatrix} \begin{pmatrix} V_C \\ I_L \end{pmatrix}.$$

É importante notar que, neste caso, explicitamos, devido a eliminação, a relação entre a voltagem no capacitor, que é a mesma no indutor, e a corrente no indutor. Determinada a voltagem no capacitor, também no indutor, e a corrente no indutor, podemos determinar os outros elementos, a corrente no resistor e no indutor, pois a voltagem no resistor é a mesma, visto estarem os elementos em paralelo. Com este exemplo, vamos introduzir a teoria, sempre acompanhada de um exemplo elucidativo, relativa aos sistemas de equações diferenciais.

1.15.2 Solução por eliminação

Visto estarmos interessados em apenas sistemas com duas e três equações de primeira ordem com coeficientes constantes, o método conhecido pelo nome de eliminação aparenta ser o mais conveniente pela simplicidade. Este método de eliminação se resume em eliminar sucessivamente as variáveis dependentes de modo a obter, eventualmente, uma única equação

1.15. SISTEMA DE EQUAÇÕES DIFERENCIAIS

diferencial de ordem superior com apenas uma variável dependente. No caso geral, um sistema com mais de três equações é conveniente introduzir a álgebra de matrizes. Um ótimo resumo da álgebra de matrizes, destinado ao estudo dos sistemas de equações diferenciais, pode ser encontrado na referência [5].

Aqui vamos aproveitar o sistema de equações diferenciais ordinárias de primeira ordem, associado ao circuito *RLC* em paralelo, conforme apresentado na seção anterior, de modo a transformá-lo em uma equação diferencial ordinária de segunda ordem.

Uma vez que o circuito contém os três elementos em paralelo, podemos eliminar tanto $V_C (= V_L)$ quanto I_L, pois vamos obter a mesma equação diferencial ordinária. Primeiramente, derivando em relação ao parâmetro t (aqui o tempo), a equação que explicita a derivada de V_L, temos

$$C\frac{d^2}{dt^2}V_L = -\frac{1}{R}\frac{d}{dt}V_C - \frac{d}{dt}I_C$$

e, utilizando a outra equação diferencial, aquela que explicita a derivada da corrente, obtemos

$$C\frac{d^2}{dt^2}V_L = -\frac{1}{R}\frac{d}{dt}V_L - \frac{1}{L}V_L$$

ou ainda, na seguinte forma

$$\frac{d^2}{dt^2}V_L + a\frac{d}{dt}V_L + bV_L = 0$$

onde introduzimos as constantes $a \equiv 1/RC$ e $b \equiv 1/LC$. Esta é uma equação diferencial ordinária de segunda ordem (note que as equações eram de primeira ordem), linear, homogênea com coeficientes constantes.

Agora, vamos obter uma outra equação diferencial para a corrente. Para tal, derivamos, em relação a t, a equação que explicita a derivada primeira da corrente, logo

$$L\frac{d^2}{dt^2}I_L = \frac{d}{dt}V_C.$$

Substituindo na precedente a outra equação diferencial, aquela que explicita a derivada primeira da voltagem, podemos escrever

$$L\frac{d^2}{dt^2}I_L = -\frac{V_C}{RC} - \frac{1}{C}L.$$

Novamente, inserindo V_C nesta equação obtemos

$$L\frac{d^2}{dt^2}I_L = -\frac{L}{RC}\frac{d}{dt}I_L - \frac{1}{C}L,$$

ou ainda, na seguinte forma

$$\frac{d^2}{dt^2}I_L + a\frac{d}{dt}I_L + bI_L = 0,$$

exatamente a mesma forma da equação diferencial para a voltagem, sendo a e b como acima.

1.16 Álgebra matricial

Vamos fazer um pequeno parágrafo a fim de recuperar alguns conceitos envolvendo a álgebra de matrizes, ou álgebra matricial. De maneira a introduzir uma metodologia que possa ser empregada independentemente da ordem do sistema de equações diferenciais, vamos recuperar apenas as principais propriedades envolvendo as matrizes e os determinantes. Ressaltamos que apesar de a metodologia ser válida para um sistema de equações de ordem maior que dois, vamos nos concentrar apenas nos sistemas de segunda e terceira ordens, como já mencionado.

1.16.1 Matrizes e determinantes

Definimos matriz, denotada por A, como sendo um arranjo retangular de números, chamados elementos de matriz, denotados por a_{ij}, dispostos em m linhas e n colunas,

$$A = \begin{pmatrix} a_{11} & a_{12} & \cdots & a_{1n} \\ a_{21} & a_{22} & \cdots & a_{2n} \\ \vdots & \vdots & \vdots & \vdots \\ a_{m1} & a_{m2} & \cdots & a_{mn} \end{pmatrix}$$

onde a_{ij}, com $i = 1, 2, \ldots, m$ e $j = 1, 2, \ldots, n$ denota o elemento posicionado na i-ésima linha e na j-ésima coluna. A ordem da matriz é dada pelo produto $m \times n$.

Uma matriz em que $m = n$ é chamada matriz quadrada. Uma matriz de ordem $m \times 1$ é dita matriz coluna ou vetor coluna, enquanto a matriz de ordem $1 \times n$ é dita matriz linha ou vetor linha.

1.16.2 Matrizes transposta, conjugada e adjunta

Seja A uma matriz de ordem $m \times n$. A esta matriz associamos a chamada matriz transposta, denotada por A^t, de ordem $n \times m$, trocamos linhas por colunas (colunas por linhas). Chama-se matriz conjugada, denotada por $\overline{A}$, a matriz obtida a partir de A com a troca dos elementos por seus complexos conjugados, respectivamente. Enfim, chama-se matriz ad-

1.16. ÁLGEBRA MATRICIAL

junta, também conhecida como transposta-conjugada, denotada por A*, aquela que se obtém tomando a transposta da matriz conjugada, $\overline{A^t} \equiv A^*$.

EXEMPLO 1.35. MATRIZES TRANSPOSTA, CONJUGADA E ADJUNTA

Considere a matriz A de ordem 2 por 3

$$A = \begin{pmatrix} 1 & 2 & 3 \\ 4 & 5 & 6 \end{pmatrix}.$$

Determine as matrizes transposta, conjugada e adjunta, relativas a A.

Para a matriz transposta, basta que troquemos linha por coluna e coluna por linha, logo

$$A^t = \begin{pmatrix} 1 & 4 \\ 2 & 5 \\ 3 & 6 \end{pmatrix}.$$

A matriz conjugada, denotada por $\overline{A}$, neste caso, é exatamente a matriz A, pois todos os seus elementos de matriz são números reais, logo $\overline{A} = A$. Enfim, para a matriz adjunta, denotada por A*, neste caso, é exatamente a matriz transposta, pois todos elementos de matriz são números reais, logo $A^* = A^t$.

1.16.3 Propriedades e matriz inversa

Vamos apresentar algumas definições e propriedades, em particular, associadas às operações básicas envolvendo matrizes a fim de concluir, devido a importância também nos sistemas de equações diferenciais, com a matriz inversa.

PROPRIEDADE 1.16.1. IGUALDADE DE MATRIZES

Duas matrizes A e B, de mesma ordem, são iguais se, e somente se, elementos correspondentes forem iguais, $a_{ij} = b_{ij}$ para todo i e j, com $i, j \in \mathbb{N}$.

PROPRIEDADE 1.16.2. MATRIZ NULA

Matriz em que todos os elementos são iguais a zero.

DEFINIÇÃO 1.16.1. ADIÇÃO E SUBTRAÇÃO DE MATRIZES

Define-se a adição (subtração) de duas matrizes de mesma ordem como a matriz obtida pela soma (subtração) de elementos correspondentes.

DEFINIÇÃO 1.16.2. PRODUTO DE MATRIZES

Define-se o produto de duas matrizes A, (a_{ij}) por B, (b_{jk}), nesta ordem, se, e somente se, o número de colunas de A é igual ao número de linhas de B. Sendo C, (c_{ik}), a matriz produto e denotando pela justaposição de letras, temos C = AB, cujo elemento de matriz é dado por

$$c_{ik} = \sum_{j=1}^{n} a_{ij} b_{jk}.$$

Note que o produto BA pode nem estar definido. Para que os dois produtos existam é necessário que A e B sejam matrizes tais que: o número de linhas da primeira deve ser igual ao número de colunas da segunda e o número de colunas da primeira igual ao número de linhas da segunda. Caso particular é de matrizes quadradas de mesma ordem. Enfim, mesmo neste caso, os dois produtos não são necessariamente iguais, isto é, o produto matricial não é comutativo.

DEFINIÇÃO 1.16.3. MATRIZ IDENTIDADE

Chama-se matriz identidade, denotada por I_n, à matriz quadrada formada por 1 para $i = j$ e 0 para $i \neq j$. Da definição de produto temos AI = IA = A.

DEFINIÇÃO 1.16.4. MATRIZ INVERSA

Seja A uma matriz quadrada de ordem $n \times n$ que, para simplificar, dizemos que é de ordem n. Define-se matriz inversa de A, denotada por A^{-1}, desde que exista, pela relação

$$AA^{-1} \equiv A^{-1}A = I_n.$$

Neste caso A é dita matriz não singular, caso contrário matriz singular.

Visto que estamos interessados em apenas sistemas 2×2 e 3×3, apresentamos a maneira que envolve o conceito de determinante para calcular a inversa de uma matriz não singular. Uma outra maneira é a chamada redução de linhas, que faz uso de operações elementares sobre linhas [5].

DEFINIÇÃO 1.16.5. DETERMINANTE

Chama-se determinante, associado a uma matriz quadrada, A, denotado por $D = |A| \equiv \det A$, ao número igual à soma de todos os termos possíveis da forma a seguir

$$n = 1 \quad D = \det A = a_{11}$$
$$n \geq 2 \quad D = a_{j1}c_{j1} + a_{j2}c_{j2} + \cdots + a_{jn}c_{jn} \quad (j = 1, 2, \ldots, n)$$

1.16. ÁLGEBRA MATRICIAL

sendo c_{ij} o cofator de a_{ij} em D, definido por

$$c_{jk} = (-1)^{j+k} M_{jk}$$

onde M_{jk}, chamado menor de a_{ij} em D, é um determinante de ordem $n-1$, o determinante da matriz obtida pela eliminação da linha j e da coluna k. Poderíamos desenvolver pela k-ésima coluna, obtendo o mesmo resultado. Em resumo, para calcular o determinante associado à uma matriz quadrada basta escolher e desenvolver por uma linha (ou uma coluna) qualquer.

DEFINIÇÃO 1.16.6. TRAÇO

Chama-se traço de uma matriz quadrada A de ordem n, à soma dos elementos da sua diagonal principal. Se $A = (a_{ij})$ com $i = 1, 2, \ldots, n$ e $j = 1, 2, \ldots, n$, então

$$\mathrm{tr}(A) = a_{11} + a_{22} + a_{33} + \cdots + a_{nn}.$$

PROPRIEDADE 1.16.3. TRAÇO DO PRODUTO

Sejam A e B duas matrizes quadradas de mesma ordem. O traço do produto AB e o traço do produto BA são iguais, isto é,

$$\mathrm{tr}(AB) = \mathrm{tr}(BA).$$

PROPRIEDADE 1.16.4. CÁLCULO DA INVERSA

Seja A uma matriz quadrada não singular de ordem n e B a sua inversa. O elemento geral da matriz inversa é dado por

$$b_{ij} = \frac{c_{ij}}{\det A}$$

onde c_{ij} é dado pela DEFINIÇÃO 1.16.5.

Antes de passarmos ao estudo das funções matriciais, vamos esboçar um cálculo, associado a uma matriz 3×3, envolvendo as definições e propriedades anteriormente apresentadas.

EXEMPLO 1.36. MATRIZ QUADRADA. TRANSPOSTA, INVERSA E PRODUTO

Considere a matriz quadrada de ordem três, dada por

$$A = \begin{pmatrix} 0 & 1 & 2 \\ 1 & 2 & 3 \\ 1 & 3 & 2 \end{pmatrix}$$

(a) Justifique se esta matriz é singular. (b) Obtenha as matrizes transposta, conjugada e adjunta. (c) Calcule a matriz dos cofatores. (d) Obtenha a matriz inversa e o produto AA^{-1}.

(a) A fim de justificar se a matriz é não singular devemos mostrar que o produto $AA^{-1} = I$ (identidade) ou, que é o mesmo, mostrar que o determinante é diferente de zero. O produto AA^{-1} será discutido no item (d) enquanto o determinante será discutido, conforme o texto, no item (c). Aqui, visto que a matriz é de ordem 3 vamos usar uma regra prática, a saber: duplicar as duas primeiras colunas ao lado da última, calcular os duplos produtos, à direita mantendo o sinal e à esquerda trocando o sinal do produto e adicionar estas seis parcelas, conforme segue

$$\det A = \begin{vmatrix} 0 & 1 & 2 & 0 & 1 \\ 1 & 2 & 3 & 1 & 2 \\ 1 & 3 & 2 & 1 & 3 \end{vmatrix}$$

de onde, desenvolvendo os duplo produtos

$$\det A = 0 \cdot 2 \cdot 2 + 1 \cdot 3 \cdot 1 + 2 \cdot 1 \cdot 3 - 2 \cdot 2 \cdot 1 - 0 \cdot 3 \cdot 3 - 1 \cdot 1 \cdot 2 = 3 + 6 - 4 - 2 = 3.$$

Visto ser o determinante diferente de zero, a matriz é não singular, ou ainda, admite inversa.

(b) Seja A^t a respectiva matriz transposta. Basta trocar linhas por colunas, a saber,

$$A^t = \begin{pmatrix} 0 & 1 & 1 \\ 1 & 2 & 3 \\ 2 & 3 & 2 \end{pmatrix}.$$

Uma vez que os elementos de matriz são todos reais, a conjugada é igual a ela mesma, $\overline{A} = A$. Com o mesmo argumento, a matriz adjunta é tal que $A^* = A^t$.

(c) A matriz dos cofatores é tal que seus elementos são dados por $c_{jk} = (-1)^{j+k} M_{jk}$. Devemos calcular nove determinantes de ordem 2 (uma ordem a menos), a saber:

$$c_{11} = M_{11} = \begin{vmatrix} 2 & 3 \\ 3 & 2 \end{vmatrix} = -5, \qquad c_{12} = -M_{12} = -\begin{vmatrix} 1 & 3 \\ 1 & 2 \end{vmatrix} = +1$$

$$c_{13} = M_{13} = \begin{vmatrix} 1 & 2 \\ 1 & 3 \end{vmatrix} = +1, \qquad c_{21} = -M_{21} = -\begin{vmatrix} 1 & 2 \\ 3 & 2 \end{vmatrix} = +4$$

$$c_{22} = M_{22} = \begin{vmatrix} 0 & 2 \\ 1 & 2 \end{vmatrix} = -2, \qquad c_{23} = -M_{23} = -\begin{vmatrix} 0 & 1 \\ 1 & 3 \end{vmatrix} = +1$$

$$c_{31} = M_{31} = \begin{vmatrix} 1 & 2 \\ 2 & 3 \end{vmatrix} = -1, \qquad c_{32} = -M_{32} = -\begin{vmatrix} 0 & 2 \\ 1 & 3 \end{vmatrix} = +2$$

1.16. ÁLGEBRA MATRICIAL

$$c_{33} = M_{33} = \begin{vmatrix} 0 & 1 \\ 1 & 2 \end{vmatrix} = -1.$$

Coletando os resultados anteriores podemos escrever para a matriz dos cofatores

$$C = \begin{pmatrix} -5 & 1 & 1 \\ 4 & -2 & 1 \\ -1 & 2 & -1 \end{pmatrix}.$$

(d) A matriz inversa é tal que

$$A^{-1} = \frac{C^t}{\det A}$$

sendo C^t a matriz dos cofatores transposta, de onde segue

$$A^{-1} = \frac{1}{3} \begin{pmatrix} -5 & 4 & -1 \\ 1 & -2 & 2 \\ 1 & 1 & -1 \end{pmatrix}.$$

O cálculo do produto AA^{-1} é tal que:

$$AA^{-1} = \frac{1}{3} \begin{pmatrix} 0 & 1 & 2 \\ 1 & 2 & 3 \\ 1 & 3 & 2 \end{pmatrix} \begin{pmatrix} -5 & 4 & -1 \\ 1 & -2 & 2 \\ 1 & 1 & -1 \end{pmatrix} = \frac{1}{3} \begin{pmatrix} 3 & 0 & 0 \\ 0 & 3 & 0 \\ 0 & 0 & 3 \end{pmatrix} = I_3,$$

como era de se esperar, pois uma é o inverso da outra.

Convém notar que poderíamos, aqui também não é muito complicado, porém trabalhoso, ter considerado a matriz inversa na forma

$$A^{-1} = \begin{pmatrix} a & b & c \\ d & e & f \\ g & h & i \end{pmatrix}$$

e então determinar os elementos da matriz, resolvendo três sistemas lineares com três incógnitas cada um deles, a partir da relação

$$AA^{-1} = A^{-1}A = I_3$$

onde I_3 é a matriz identidade de ordem três.

1.16.4 Matrizes de funções

No estudo dos sistemas lineares, em particular de ordens 2×2 e 3×3 é conveniente considerar vetores ou matrizes cujos elementos dependem de uma variável real t. A extensão dos conceitos de continuidade, derivada e integral para as matrizes é dado diretamente para cada elemento de matriz.

DEFINIÇÃO 1.16.7. CONTINUIDADE

A matriz $A \equiv A(t)$ é contínua em $t = t_0$ (ou no invervalo $a < t < b$) se todo elemento de A for uma função contínua em $t = t_0$ (ou no invervalo $a < t < b$).

DEFINIÇÃO 1.16.8. DIFERENCIABILIDADE

A matriz $A(t)$ é diferenciável se cada um de seus elementos for diferenciável, logo

$$\frac{d}{dt}A(t) = \frac{d}{dt}\left(a_{ij}(t)\right) = \left(\frac{d}{dt}a_{ij}(t)\right).$$

DEFINIÇÃO 1.16.9. INTEGRABILIDADE

A integral da matriz $A(t)$, no intervalo $a < t < b$ é tal que integramos elemento a elemento,

$$\int_a^b A(t)\,dt = \left(\int_a^b a_{ij}(t)\,dt\right).$$

As demais regras do cálculo real podem ser estendidas para as funções matriciais [5].

EXEMPLO 1.37. DIFERENCIABILIDADE E INTEGRABILIDADE

Seja $t \neq 0$ um parâmetro real. Consideremos a matriz

$$A(t) = \begin{pmatrix} 2t & 0 \\ 3t^2 & 2t \end{pmatrix}$$

Calcule: (a) $\dfrac{d}{dt}A(t)$ e $\displaystyle\int_0^1 A(t)\,dt$ e (b) o determinante das matrizes $A(t)$, da sua derivada e da sua integral.

(a) A fim de calcularmos a derivada, basta derivar todos os elementos de matriz, logo

$$\frac{d}{dt}A(t) = \begin{pmatrix} 2 & 0 \\ 6t & 2 \end{pmatrix}$$

enquanto para a integral definida temos

$$\int_0^1 A(t)\,dt = \int_0^1 \begin{pmatrix} 2t & 0 \\ 3t^2 & 2t \end{pmatrix} dt = \begin{pmatrix} t^2 & 0 \\ t^3 & t^2 \end{pmatrix}\bigg|_0^1 = \begin{pmatrix} 1 & 0 \\ 1 & 1 \end{pmatrix}.$$

(b) Para os determinantes, basta utilizar a regra prática, a saber: para a matriz $A(t)$

$$\det A(t) = \begin{vmatrix} 2t & 0 \\ 3t^2 & 2t \end{vmatrix} = 2t \cdot 2t - 0 \cdot 3t^2 = 4t^2$$

enquanto para a derivada da matriz $A(t)$, temos

$$\det A'(t) = \begin{vmatrix} 2 & 0 \\ 6t & 2 \end{vmatrix} = 2 \cdot 2 - 0 \cdot 6t = 4$$

enfim, para a integral de $A(t)$ obtemos

$$\det\left(\int_0^1 A(t)\,dt\right) = \begin{vmatrix} 1 & 0 \\ 1 & 1 \end{vmatrix} = 1 \cdot 1 - 0 \cdot 1 = 1$$

que é o resultado desejado.

1.17 Sistemas lineares com coeficientes constantes

Como já mencionamos, estamos interessados apenas em sistemas de ordens 2×2 e 3×3. Apesar da teoria geral, envolvendo os chamados autovalores e autovetores, não apresentar grandes dificuldades, vamos, aqui, discutir apenas os sistemas já mencionados, isto é, 2×2 e 3×3 e, além do mais, de primeira ordem e coeficientes constantes.

DEFINIÇÃO 1.17.1. SISTEMA DE EQUAÇÕES DIFERENCIAIS

Chama-se sistema de equações diferenciais ordinárias, lineares, de primeira ordem e coeficientes constantes, sistemas da forma

$$\frac{d}{dt}x_i = \sum_{j=1}^n a_{ij}x_j + f_i(t) \quad \text{com} \quad i = 1, 2, \ldots, n$$

onde a_{ij} são coeficientes dados e $f_i(t)$ funções conhecidas.

Em relação a esse sistema de equações diferenciais ordinárias, dizemos que é um sistema linear homogêneo se $f_i(t) = 0$ para todo $i = 1, 2, \ldots, n$, caso contrário, $f_i(t) \neq 0$, temos um sistema linear não homogêneo. Ainda mais, o conjunto de funções

$$x_1 = \phi_1(t), \quad x_2 = \phi_2(t), \ldots, x_n = \phi_n(t)$$

diferenciáveis, com derivadas contínuas, no intervalo (a,b) é chamado solução do sistema neste intervalo se estas funções convertem as equações do sistema em identidades. Enfim, análogo às equações diferenciais ordinárias e condições iniciais, constituindo um problema de valor inicial, é tal que a solução do sistema satisfaça todas as equações e todas as condições iniciais. Após a introdução dos sistemas lineares com coeficientes constantes, bem como a nomenclatura com o intuito de caracterizar um sistema, passamos agora a apresentar uma metodologia para a resolução visando obter a solução do particular sistema. Começamos com o método de Euler.

1.17.1 Método de Euler

Visto que já apresentamos o método de eliminação (ou redução à uma equação diferencial de ordem superior a um), vamos apresentar um outro método, o chamado método de Euler para discutir um sistema de equações diferenciais ordinárias, lineares, homogêneas e com coeficientes constantes, a partir de um sistema com três equações, a saber

$$\frac{d}{dt}x_i = A_{ij}x_i$$

com $i,j = 1,2,3$, sendo A_{ij} uma matriz quadrada de ordem 3 e x_i um vetor coluna de três linhas. Escrevemos, de modo a explicitar a notação, na forma de um sistema de equações diferenciais lineares

$$\begin{cases} \dfrac{dx}{dt} = ax + by + cz \\[6pt] \dfrac{dy}{dt} = a_1 x + b_1 y + c_1 z \\[6pt] \dfrac{dz}{dt} = a_2 x + b_2 y + c_2 z \end{cases} \quad (1.15)$$

onde $x = x(t)$, $y = y(t)$ e $z = z(t)$, que, escrito na forma matricial, é tal que

$$\frac{d}{dt}\begin{pmatrix} x \\ y \\ z \end{pmatrix} = \begin{pmatrix} a & b & c \\ a_1 & b_1 & c_1 \\ a_2 & b_2 & c_2 \end{pmatrix}\begin{pmatrix} x \\ y \\ z \end{pmatrix}.$$

1.17. SISTEMAS LINEARES COM COEFICIENTES CONSTANTES

Note que, neste caso, a matriz quadrada de ordem três é

$$A_3 \equiv A_{33} \equiv \begin{pmatrix} a & b & c \\ a_1 & b_1 & c_1 \\ a_2 & b_2 & c_2 \end{pmatrix}$$

enquanto o vetor coluna, uma matriz com três linhas, é

$$x_i \equiv \begin{pmatrix} x \\ y \\ z \end{pmatrix}.$$

Em completa analogia às equações diferenciais ordinárias homogêneas de primeira ordem e coeficientes constantes, vamos procurar uma solução do sistema na forma

$$x = \alpha e^{\lambda t}, \quad y = \beta e^{\lambda t} \quad \text{e} \quad z = \mu e^{\lambda t} \tag{1.16}$$

onde α, β, μ e λ são parâmetros independentes de t.

Introduzindo as equações dadas na Eq.(1.16) no sistema de equações, Eq.(1.15), e simplificando as exponenciais, temos o seguinte sistema de equações algébricas

$$\begin{cases} (a-\lambda)\alpha + \beta b + \mu c = 0, \\ a_1\alpha + (b_1-\lambda)\beta + \mu c_1 = 0, \\ a_2\alpha + b_2\beta + (c_2-\lambda)\mu = 0. \end{cases}$$

A fim de que o sistema possua solução não nula, o determinante

$$D \equiv \begin{vmatrix} a-\lambda & b & c \\ a_1 & b_1-\lambda & c_1 \\ a_2 & b_2 & c_2-\lambda \end{vmatrix}$$

deve ser igual a zero. A equação algébrica na variável λ é uma equação algébrica do terceiro grau. Denotemos por λ_1, λ_2 e λ_3 as raízes da equação, aqui consideradas reais e distintas.

No caso de as raízes não serem reais e distintas o tratamento é similar às equações diferenciais ordinárias, ou seja, devemos separar quando temos raízes complexas e raízes iguais.

Voltemos ao sistema de ordem três. Substituindo no sistema λ por λ_1 e resolvendo-o, agora para $\lambda = \lambda_1$ obtemos α_1, β_1 e μ_1. Análogo para λ_2 e λ_3 obtemos, respectivamente, α_2,

β_2, μ_2 e α_3, β_3, μ_3. Enfim, para os parâmetros α, β e μ, obtemos os três sistemas de soluções,

$$x_1 = \alpha_1 e^{\lambda_1 t}, \quad y_1 = \beta_1 e^{\lambda_1 t} \quad \text{e} \quad z_1 = \mu_1 e^{\lambda_1 t},$$

$$x_2 = \alpha_2 e^{\lambda_2 t}, \quad y_2 = \beta_2 e^{\lambda_2 t} \quad \text{e} \quad z_2 = \mu_2 e^{\lambda_2 t},$$

$$x_3 = \alpha_3 e^{\lambda_3 t}, \quad y_3 = \beta_3 e^{\lambda_3 t} \quad \text{e} \quad z_3 = \mu_3 e^{\lambda_3 t}.$$

Coletando os resultados, obtemos a solução geral do sistema na forma

$$\begin{aligned} x &= k_1 x_1 + k_2 x_2 + k_3 x_3 \\ y &= k_1 y_1 + k_2 y_2 + k_3 y_3 \\ z &= k_1 z_1 + k_2 z_2 + k_3 z_3 \end{aligned}$$

onde k_1, k_2 e k_3 são constantes arbitrárias. Se tivéssemos um problema de valor inicial, seriam necessárias três condições iniciais, de modo que pudéssemos determinar estas três constantes e, com isso, solucionar o problema.

EXEMPLO 1.38. MÉTODO DE EULER. RAÍZES DISTINTAS

Resolver o seguinte problema de valor inicial, constituído pelo sistema

$$\begin{cases} \dfrac{dx}{dt} = 2x + y, \\[2mm] \dfrac{dy}{dt} = x + 2y, \end{cases}$$

com $x = x(t)$ e $y = y(t)$ e as condições iniciais $x(0) = 2$ e $y(0) = 0$.

Vamos procurar uma solução em termos de exponenciais. Sejam

$$x = \alpha e^{\lambda t} \quad \text{e} \quad y = \beta e^{\lambda t}$$

onde α, β e λ devem ser determinados. Então, derivando e substituindo no sistema obtemos o respectivo sistema de equações algébricas

$$\begin{cases} (2 - \lambda)\alpha + \beta = 0, \\ \alpha + (2 - \lambda)\beta = 0. \end{cases}$$

Começamos impondo a condição de que o determinante associado à matriz incompleta é

1.17. SISTEMAS LINEARES COM COEFICIENTES CONSTANTES

zero, de onde obtemos a respectiva equação característica

$$D = \begin{vmatrix} 2-\lambda & 1 \\ 1 & 2-\lambda \end{vmatrix} = (\lambda-2)^2 - 1 = \lambda^2 - 4\lambda + 3 = 0$$

cujas raízes são $\lambda_1 = 1$ e $\lambda_2 = 3$. Primeiramente, para $\lambda_1 = 1$. Temos o sistema

$$\begin{cases} \alpha + \beta = 0, \\ \alpha + \beta = 0, \end{cases}$$

de onde segue $\beta = -\alpha$, logo a solução é dada por

$$x_1 = \alpha e^t \quad \text{e} \quad y_1 = -\alpha e^t$$

onde α é uma constante arbitrária. Por outro lado, para $\lambda_2 = 3$ obtemos

$$\begin{cases} -\alpha + \beta = 0, \\ \alpha - \beta = 0, \end{cases}$$

de onde segue $\beta = \alpha$, logo podemos escrever

$$x_2 = \alpha e^{3t} \quad \text{e} \quad y_2 = \alpha e^{3t}$$

onde α é uma constante arbitrária.

A solução geral do sistema de equações diferenciais é dada por

$$\begin{aligned} x(t) &= c_1 x_1(t) + c_2 x_2(t) \\ y(t) &= c_1 y_1(t) + c_2 y_2(t) \end{aligned}$$

que, substituindo as exponenciais, permite escrever

$$\begin{aligned} x(t) &= c_1 e^t + c_2 e^{3t} \\ y(t) &= -c_1 e^t + c_2 e^{3t} \end{aligned}$$

com c_1 e c_2 constantes arbitrárias. A fim de determinarmos estas duas constantes, impomos as condições iniciais $x(0) = 2$ e $y(0) = 0$ de onde segue $c_1 = c_2 = 1$. Logo,

$$\begin{aligned} x(t) &= e^t + e^{3t} \\ y(t) &= -e^t + e^{3t} \end{aligned}$$

que é a solução do problema de valor inicial. Podemos verificar que essa solução, composta por duas equações, $x(t)$ e $y(t)$ satisfaz o sistema de equações diferenciais inicial, bem como as condições iniciais.

EXEMPLO 1.39. MÉTODO DE EULER. RAÍZES COMPLEXAS

Aqui também, em analogia às equações diferenciais ordinárias, lineares e de primeira ordem, o procedimento é análogo ao discutido no EXEMPLO 1.38, com a ressalva que devemos utilizar a relação de Euler envolvendo as funções trigonométricas,

$$e^{i\theta} = \cos\theta + i\,\mathrm{sen}\,\theta.$$

Não vamos discutir explicitamente este caso. Passemos a discutir, através de um exemplo específico, o caso onde as raízes são múltiplas, em particular duas raízes reais e iguais.

EXEMPLO 1.40. MÉTODO DE EULER. RAÍZES IGUAIS

Resolva o seguinte sistema de equações diferenciais ordinárias

$$\begin{cases} \dfrac{dx}{dt} = x+y, \\ \dfrac{dy}{dt} = -x+3y. \end{cases}$$

Primeiramente calculamos o determinante que fornece a equação característica,

$$D = \begin{vmatrix} 1-\lambda & 1 \\ -1 & 3-\lambda \end{vmatrix} = (1-\lambda)(3-\lambda)+1 = (\lambda-2)^2 = 0$$

de onde segue $\lambda_1 = \lambda_2 = 2$. Vamos, neste caso, procurar uma solução na forma

$$\begin{aligned} x(t) &= (\alpha_1 + \beta_1 t)\,e^{2t} \\ y(t) &= (\alpha_2 + \beta_2 t)\,e^{2t} \end{aligned}$$

onde α_1, α_2, β_1 e β_2 são constantes arbitrárias. Compare com o caso de uma só equação.

A fim de determinar estas constantes basta voltar em qualquer uma das equações do sistema. Escolhamos a primeira. Calculando a derivada e simplificando a exponencial obtemos

$$\beta_1 + 2(\alpha_1 + \beta_1 t) = \alpha_1 + \beta_1 t + \alpha_2 + \beta_2 t$$

1.17. SISTEMAS LINEARES COM COEFICIENTES CONSTANTES

e utilizando identidade de polinômios, podemos escrever

$$\beta_1 + 2\alpha_1 = \alpha_1 + \alpha_2 \quad \text{e} \quad 2\beta_1 = \beta_1 + \beta_2$$

de onde segue

$$\beta_2 = \beta_1 \quad \text{e} \quad \alpha_2 = \beta_1 + \alpha_1.$$

Note que α_1 e β_1 são arbitrários. Voltando na solução conforme proposta, obtemos

$$\begin{aligned} x(t) &= (c_1 + c_2 t)\, e^{2t} \\ y(t) &= (c_1 + c_2 + c_2 t)\, e^{2t} \end{aligned}$$

onde, voltamos com c_1 e c_2 de modo a manter a nomenclatura para as constantes.

Em analogia ao EXEMPLO 1.38, podemos verificar que essa solução, composta por duas equações, satisfaz o sistema de equações diferenciais ordinárias. As duas constantes arbitrárias c_1 e c_2 devem ser determinadas por meio de duas condições iniciais.

O método de variação de parâmetros foi apresentado a fim de discutir as equações diferenciais ordinárias, lineares e com os coeficientes e o termo de não homogeneidade funções racionais. Vamos estender esse método para os sistemas de equações diferenciais ordinárias e lineares, restringindo nosso estudo através de um sistema de duas equações diferenciais ordinárias de primeira ordem.

1.17.2 Variação de parâmetros

Como já mencionamos, em analogia às equações diferenciais ordinárias, lineares, de segunda ordem, vamos utilizar o método de variação de parâmetros estendido aos sistemas lineares. Uma outra metodologia para a obtenção de solução destes sistemas é a chamada transformada de Laplace, que será discutida no Capítulo 1 (volume 2). Aqui discutimos o caso geral, por simplicidade, de um sistema 2×2.

EXEMPLO 1.41. VARIAÇÃO DE PARÂMETROS

Considere o sistema de equações diferenciais lineares de ordem 2 não homogêneo

$$\begin{cases} \dfrac{dx}{dt} + a_1 x + b_1 y = f_1(t), \\[2mm] \dfrac{dy}{dt} + a_2 x + b_2 y = f_2(t), \end{cases}$$

onde a_1, a_2, b_1 e b_2 são constantes reais arbitrárias e $f_1(t)$ e $f_2(t)$, os termos de não homogeneidade, são funções contínuas da variável t. Começamos por resolver o respectivo sistema homogêneo. Em analogia aos exemplos anteriormente discutidos, podemos escrever

$$x(t) = c_1 x_1 + c_2 x_2$$
$$y(t) = c_1 y_1 + c_2 y_2$$

onde c_1 e c_2 são constantes (parâmetros) arbitrárias e x_1 e y_1 associados à primeira raiz da equação característica enquanto x_2 e y_2 associados à segunda raiz, visto que a equação característica é uma equação quadrática.

A fim de introduzir o método de variação de parâmetros, vamos propor uma solução do sistema de equações diferenciais não homogêneo na forma

$$x(t) = c_1(t) x_1(t) + c_2(t) x_2(t)$$
$$y(t) = c_1(t) y_1(t) + c_2(t) y_2(t)$$

onde $c_1(t)$ e $c_2(t)$ devem ser determinadas. Então, substituindo estas duas equações na primeira equação diferencial do sistema não homogêneo, temos

$$c_1' x_1 + c_2' x_2 + c_1(x_1' + a_1 x_1 + b_1 y_1) + c_2(x_2' + a_1 x_2 + b_1 y_2) = f_1(t).$$

Note que os termos entre parênteses são nulos (sistema homogêneo). Procedendo de maneira análoga, substituindo, agora, na segunda equação diferencial do sistema não homogêneo e simplificando, obtemos um sistema de equações algébricas para c_1' e c_2',

$$\begin{cases} c_1' x_1 + c_2' x_2 = f_1(t), \\ c_1' y_1 + c_2' y_2 = f_2(t). \end{cases}$$

Este sistema de equações algébricas para c_1' e c_2' admite solução não trivial pois o determinante

$$\begin{vmatrix} x_1 & x_2 \\ y_1 & y_2 \end{vmatrix}$$

é diferente de zero, em virtude da independência linear das soluções do respectivo sistema homogêneo.

De posse de $c_1(t)$ e $c_2(t)$, obtidos por integração a partir de $c_1'(t)$ e $c_2'(t)$, temos as expressões

$$x(t) = c_1(t) x_1 + c_2(t) x_2$$
$$y(t) = c_1(t) y_1 + c_2(t) y_2$$

que se constituem na solução do sistema de equações diferenciais.

1.17. SISTEMAS LINEARES COM COEFICIENTES CONSTANTES 83

Antes de introduzirmos a chamada exponencial de uma matriz, vamos discutir uma equação diferencial de segunda ordem em termos de um sistema de equações diferenciais de primeira ordem. Então, conduzimos uma equação diferencial de segunda ordem, linear, não homogênea e com coeficientes racionais, em termos de um sistema de equações diferenciais ordinárias de primeira ordem.

EXEMPLO 1.42. EQUAÇÃO DE SEGUNDA ORDEM × SISTEMA DE PRIMEIRA ORDEM

Aqui vamos discutir a conexão de um problema de valor inicial de segunda ordem com uma equação matricial. Ainda que estejamos discutindo uma equação de segunda ordem, a metodologia pode ser estendida para uma equação diferencial ordinária linear de ordem n. Sejam $x \in \mathbb{R}$, os coeficientes $a(x)$ e $b(x)$, e o termo de não homogeneidade $f(x)$ funções racionais. Considere a seguinte equação diferencial ordinária, linear e de segunda ordem

$$\frac{d^2}{dx^2}y(x) + a(x)\frac{d}{dx}y(x) + b(x)y(x) = f(x)$$

e as condições iniciais

$$y(x_0) = \alpha \quad \text{e} \quad y'(x_0) = \beta$$

com α e β constantes arbitrárias conhecidas.

Primeiramente, isolamos a derivada de mais alta ordem (aqui, derivada segunda)

$$\frac{d^2}{dx^2}y(x) = -a(x)\frac{d}{dx}y(x) - b(x)y(x) + f(x).$$

Agora, definimos duas (n no caso de uma equação diferencial de ordem n) novas variáveis dependentes $z_1(x)$ e $z_2(x)$ tais que

$$z_1(x) = y(x) \quad \text{e} \quad z_2(x) = \frac{d}{dx}y(x)$$

de onde segue $z_2(x) = y'(x)$. Derivando $z_2(x)$ em relação a x e voltando na equação diferencial de segunda ordem, temos

$$\frac{d}{dx}z_2(x) = -a(x)z_2(x) - b(x)z_1(x) + f(x).$$

Então, transformamos uma equação diferencial ordinária, linear e de segunda ordem em um sistema de equações diferenciais ordinárias, lineares e de primeira ordem,

$$\begin{cases} \dfrac{d}{dx}z_1(x) = z_2(x), \\ \dfrac{d}{dx}z_2(x) = -b(x)z_1(x) - a(x)z_2(x) + f(x), \end{cases}$$

o qual pode ser colocado na forma matricial

$$Z'(x) = A(x)Z(x) + f(x)$$

onde definimos o vetor coluna $Z(x)$, a matriz $A(x)$ e o termo de não homogeneidade, como

$$Z(x) = \begin{pmatrix} z_1(x) \\ z_2(x) \end{pmatrix}, \quad A(x) = \begin{pmatrix} 0 & 1 \\ -b(x) & -a(x) \end{pmatrix}, \quad f(x) = \begin{pmatrix} 0 \\ f(x) \end{pmatrix}.$$

1.17.3 Exponencial de uma matriz

A fim de discutir sistemas lineares homogêneos com coeficientes constantes, nos três particulares casos, autovalores reais e distintos, autovalores complexos e autovalores reais e iguais, vamos introduzir o conceito de exponencial de matrizes que permite um tratamento unificado de sistemas de equações diferenciais ordinárias e lineares. Vamos, após introduzir a definição de exponencial de matriz, em analogia à exponencial em termos de uma série de potências, discutir algumas propriedades básicas, visando a discussão de um sistema de equações diferenciais ordinárias e lineares.

DEFINIÇÃO 1.17.2. EXPONENCIAL DE MATRIZ

Seja A uma matriz quadrada de ordem $n \times n$ ou na forma simplificada, de ordem n. Definimos a exponencial da matriz A, denotada por $\exp A$, através da série

$$\exp A \equiv e^A = I + A + \frac{A^2}{2!} + \frac{A^3}{3!} + \frac{A^4}{4!} + \cdots = \sum_{k=0}^{\infty} \frac{A^k}{k!}$$

onde I é a matriz identidade de ordem n.

EXEMPLO 1.43. EXPONENCIAL DE UMA PARTICULAR MATRIZ 2×2

Calcule $\exp A$ sendo A a matriz 2×2 tal que $A = \begin{pmatrix} 2 & 0 \\ 0 & 3 \end{pmatrix}$. Note que esta é uma particular matriz, uma matriz diagonal, todos os elementos, fora da diagonal, são nulos. É claro,

1.17. SISTEMAS LINEARES COM COEFICIENTES CONSTANTES

para uma matriz onde todos os elementos são não nulos, a exponenciação se torna muito mais complicada.

Em nosso caso, vamos explicitar o cálculo das três primeiras potências da matriz a fim de comprovar um padrão. Para A^2, temos

$$A^2 = \begin{pmatrix} 2 & 0 \\ 0 & 3 \end{pmatrix} \cdot \begin{pmatrix} 2 & 0 \\ 0 & 3 \end{pmatrix} = \begin{pmatrix} 4 & 0 \\ 0 & 9 \end{pmatrix},$$

enquanto, para A^3, podemos escrever

$$A^3 = \begin{pmatrix} 4 & 0 \\ 0 & 9 \end{pmatrix} \cdot \begin{pmatrix} 2 & 0 \\ 0 & 3 \end{pmatrix} = \begin{pmatrix} 8 & 0 \\ 0 & 27 \end{pmatrix},$$

e, enfim, para A^4, obtemos

$$A^4 = \begin{pmatrix} 8 & 0 \\ 0 & 27 \end{pmatrix} \cdot \begin{pmatrix} 2 & 0 \\ 0 & 3 \end{pmatrix} = \begin{pmatrix} 16 & 0 \\ 0 & 81 \end{pmatrix}.$$

Coletando esses resultado e substituindo na expressão em série, temos

$$\exp A = I + A + \frac{1}{2!}\begin{pmatrix} 4 & 0 \\ 0 & 9 \end{pmatrix} + \frac{1}{3!}\begin{pmatrix} 8 & 0 \\ 0 & 27 \end{pmatrix} + \frac{1}{4!}\begin{pmatrix} 16 & 0 \\ 0 & 81 \end{pmatrix} + \cdots$$

Devemos, agora, somar as matrizes, de onde segue a expressão

$$\exp A = \begin{pmatrix} 1 + 2 + \frac{1}{2!}2^2 + \frac{1}{3!}2^3 + \frac{1}{4!}2^4 + \cdots & 0 \\ 0 & 1 + 3 + \frac{1}{2!}3^2 + \frac{1}{3!}3^3 + \frac{1}{4!}3^4 + \cdots \end{pmatrix}$$

ou ainda, utilizando a expressão para a expansão de e^x podemos escrever

$$\exp \begin{pmatrix} 2 & 0 \\ 0 & 3 \end{pmatrix} = \begin{pmatrix} e^2 & 0 \\ 0 & e^3 \end{pmatrix}$$

resultado este que pode ser estendido a uma matriz diagonal, a saber, para a, b constantes, temos

$$\exp \begin{pmatrix} a & 0 \\ 0 & b \end{pmatrix} = \begin{pmatrix} e^a & 0 \\ 0 & e^b \end{pmatrix}.$$

Antes de passarmos às propriedades, vamos calcular a exponencial de uma matriz, de ordem 2×2, cujos elementos da diagonal são nulos e os da diagonal secundária são a e b.

EXEMPLO 1.44. EXPONENCIAL DE OUTRA PARTICULAR MATRIZ 2×2

Sejam a^2 e b^2 constantes distintas de zero. Calcular a exponencial da matriz $A = \begin{pmatrix} 0 & a^2 \\ b^2 & 0 \end{pmatrix}$.
Em analogia ao anterior, vamos calcular alguns termos da expansão. Primeiramente, A^2, logo

$$A^2 = \begin{pmatrix} 0 & a^2 \\ b^2 & 0 \end{pmatrix} \begin{pmatrix} 0 & a^2 \\ b^2 & 0 \end{pmatrix} = \begin{pmatrix} a^2 b^2 & 0 \\ 0 & a^2 b^2 \end{pmatrix}$$

enquanto, para A^3, podemos escrever

$$A^3 = \begin{pmatrix} a^2 b^2 & 0 \\ 0 & a^2 b^2 \end{pmatrix} \begin{pmatrix} 0 & a^2 \\ b^2 & 0 \end{pmatrix} = \begin{pmatrix} 0 & a^4 b^2 \\ a^2 b^4 & 0 \end{pmatrix}.$$

Já podemos inferir que teremos dois tipos de produto, a saber: elementos somente na diagonal principal e elementos somente na diagonal secundária. Vamos explicitar mais dois termos da expansão.

$$A^4 = \begin{pmatrix} 0 & a^4 b^2 \\ a^2 b^4 & 0 \end{pmatrix} \begin{pmatrix} 0 & a^2 \\ b^2 & 0 \end{pmatrix} = \begin{pmatrix} a^4 b^4 & 0 \\ 0 & a^4 b^4 \end{pmatrix},$$

enfim, para A^5, obtemos

$$A^5 = \begin{pmatrix} a^4 b^4 & 0 \\ 0 & a^4 b^4 \end{pmatrix} \begin{pmatrix} 0 & a^2 \\ b^2 & 0 \end{pmatrix} = \begin{pmatrix} 0 & a^6 b^4 \\ a^4 b^6 & 0 \end{pmatrix}.$$

Coletando esses resultado e substituindo na expressão em série, temos

$$\exp A = I + A + \frac{1}{2!}\begin{pmatrix} a^2 b^2 & 0 \\ 0 & a^2 b^2 \end{pmatrix} + \frac{1}{3!}\begin{pmatrix} 0 & a^4 b^2 \\ a^2 b^4 0 & 0 \end{pmatrix} + \frac{1}{4!}\begin{pmatrix} a^4 b^4 & 0 \\ 0 & a^4 b^4 \end{pmatrix}$$
$$+ \frac{1}{5!}\begin{pmatrix} 0 & a^b b^4 \\ a^4 b^6 & 0 \end{pmatrix} + \cdots$$

Efetuando essa soma matricial, obtemos a seguinte matriz

$$\exp A = \begin{pmatrix} 1 + \frac{1}{2!}a^2 b^2 + \frac{1}{4!}a^4 b^4 + \cdots & a^2 + \frac{1}{3!}a^4 b^2 + \frac{1}{5!}a^6 b^4 + \cdots \\ b^2 + \frac{1}{3!}a^2 b^4 + \frac{1}{5!}a^4 b^6 + \cdots & 1 + \frac{1}{2!}a^2 b^2 + \frac{1}{4!}a^4 b^4 + \cdots \end{pmatrix}.$$

1.17. SISTEMAS LINEARES COM COEFICIENTES CONSTANTES

Utilizando as expansões das funções hiperbólicas, seno e cosseno,

$$\operatorname{senh} z = \sum_{k=0}^{\infty} \frac{z^{2k+1}}{(2k+1)!} \quad \text{e} \quad \cosh z = \sum_{k=0}^{\infty} \frac{z^{2k}}{(2k)!}$$

e rearranjando, podemos escrever a matriz exponenciada

$$\exp\begin{pmatrix} 0 & a^2 \\ b^2 & 0 \end{pmatrix} = \begin{pmatrix} \cosh ab & \dfrac{a}{b}\operatorname{senh} ab \\ \dfrac{b}{a}\operatorname{senh} ab & \cosh ab \end{pmatrix}$$

que é o resultado desejado.

Após esses dois exemplos fica claro que se a matriz não for uma matriz particular, neste caso, ambas diagonais, a exponenciação se torna cada vez mais trabalhosa, ainda mais se a ordem da matriz for superior a dois. Vamos, agora, apresentar dois teoremas envolvendo a exponenciação de matrizes, devido a sua importância no estudo dos sistemas de equações diferenciais lineares, em particular, a derivada da matriz exponencial e a conexão com os autovalores associados à matriz.

TEOREMA 1.17.1. (DERIVADA DE UMA EXPONENCIAL DE MATRIZ) *Sejam $\mu \in \mathbb{R}^*$ um parâmetro e $A_{n \times n}$ uma matriz quadrada. Queremos mostrar que*

$$\frac{d}{d\mu} e^{A\mu} = A \cdot e^{A\mu} = e^{A\mu} \cdot A$$

onde o ponto denota produto matricial.

DEMONSTRAÇÃO. *A fim de mostrar esse resultado utilizamos a definição da exponencial de matriz, conforme* DEFINIÇÃO 1.17.2,

$$e^{A\mu} = I + A\mu + \frac{(A\mu)^2}{2!} + \frac{(A\mu)^3}{3!} + \cdots = \sum_{k=0}^{\infty} + \frac{(A\mu)^k}{k!}.$$

Utilizando a linearidade da derivada e erivando termo a termo o segundo membro, obtemos

$$\frac{d}{d\mu} e^{A\mu} = \frac{d}{d\mu} \sum_{k=0}^{\infty} \frac{(A\mu)^k}{k!} = \sum_{k=1}^{\infty} \frac{(A)^k}{k!} k \mu^{k-1}.$$

Note que o último somatório começa em $k=1$. Introduzindo a mudança de índice $k \to k+1$, temos

$$\frac{d}{d\mu} e^{A\mu} = \sum_{k=0}^{\infty} \frac{(A)^{k+1}}{(k+1)!}(k+1)\mu^k = \sum_{k=0}^{\infty} A \frac{(A)^k}{k!} \mu^k = A \sum_{k=0}^{\infty} \frac{(A\mu)^k}{k!} = A \cdot e^{A\mu}$$

que é o resultado desejado. ∎

Com um procedimento análogo, podemos mostrar que

$$\frac{d}{d\mu}e^{A\mu} = e^{A\mu} \cdot A$$

pois as matrizes A e $e^{A\mu}$ comutam.

TEOREMA 1.17.2. AUTOVALORES E A EXPONENCIAL DE MATRIZ *Seja A uma matriz quadrada de ordem n. Se λ é um autovalor associado à matriz A, então e^λ é um autovalor da matriz e^A.*

Esse teorema pode ser provado diretamente com a expansão da exponencial de matriz escrito em termos da expansão em série, conforme DEFINIÇÃO 1.17.2, bem como da definição de autovalor associado à matriz A.

Sabendo que o determinante associado a uma matriz quadrada é igual ao produto dos autovalores e que a soma desses autovalores é igual ao traço, temos a seguinte propriedade.

PROPOSIÇÃO 1.17.1. RELAÇÃO ENTRE O TRAÇO E O DETERMINANTE

Sejam det e tr o determinante e o traço, respectivamente. Temos $\det e^A = e^{\operatorname{tr} A}$.

EXEMPLO 1.45. CÁLCULO DE AUTOVALORES DA MATRIZ A DE ORDEM TRÊS

Considere a matriz A de ordem três $A = \begin{pmatrix} 1 & 0 & 0 \\ 2 & 2 & 2 \\ 3 & 3 & 1 \end{pmatrix}$. Determine os autovalores da matriz A. Calcule o determinante e o traço.

Seja λ uma constante. Vamos determinar λ tal que o determinante

$$\det A = \begin{vmatrix} 1-\lambda & 0 & 0 \\ 2 & 2-\lambda & 2 \\ 3 & 3 & 1-\lambda \end{vmatrix}$$

seja nulo. Calculando o determinante, temos a equação característica $(1-\lambda)^2(2-\lambda) - 6(1-\lambda) = 0$, que é uma equação algébrica de grau três, cujas raízes, autovalores, são $\lambda_1 = -1$, $\lambda_2 = 1$ e $\lambda_3 = 4$.

Temos, então, para o determinante $\det A = (-1) \cdot (1) \cdot (4) = -4$, enquanto para o traço obtemos $\operatorname{tr} A = (-1) + (1) + (4) = 4$. Pela PROPRIEDADE 1.17.1 temos $\det e^A = e^4$.

1.17. SISTEMAS LINEARES COM COEFICIENTES CONSTANTES

PROPOSIÇÃO 1.17.2. DUAS MATRIZES QUE COMUTAM

Sejam A e B duas matrizes quadradas de mesma ordem e $\mu \in \mathbb{R}$ um parâmetro. Se essas duas matrizes comutam, vale a igualdade

$$e^{\mu A} e^{\mu B} = e^{\mu(A+B)}$$

caso contrário, as duas matrizes não comutam, $e^{\mu A} e^{\mu B} \neq e^{\mu(A+B)}$.

PROPOSIÇÃO 1.17.3. SOMA DE DOIS PARÂMETROS REAIS

Sejam μ e ν dois parâmetros reais e A uma matriz quadrada de ordem n. Vale a igualdade

$$e^{\mu A} e^{\nu A} = e^{(\mu+\nu)A}.$$

PROPOSIÇÃO 1.17.4. INVERSA DA MATRIZ EXPONENCIAL

Sejam $\mu \in \mathbb{R}$ um parâmetro e A uma matriz quadrada de ordem n. A matriz inversa da exponencial da matriz é

$$(e^{\mu A})^{-1} = e^{-\mu A}.$$

Antes de passarmos ao estudo dos sistemas lineares homogêneos e não homogêneos, vamos apresentar o cálculo de autovalores associados à exponenciação de matriz. Vamos apresentar três exemplos específicos envolvendo os autovalores reais e distintos, autovalores repetidos e autovalores complexos.

EXEMPLO 1.46. AUTOVALORES REAIS E DISTINTOS

Considere a matriz $A = \begin{pmatrix} 2 & 6 \\ 6 & 2 \end{pmatrix}$. Calcular os autovalores da exponencial da matriz e^A em termos dos autovalores de A sem, entretanto, ter que calcular os autovetores de A. Da definição da exponencial de matriz, podemos escrever

$$e^A = \alpha I + \beta A$$

onde I é a matriz identidade de ordem dois, α e β são parâmetros reais a serem determinados.

Sendo λ um autovalor da matriz A, temos que λ^n é um autovalor da matriz A^n, com $n \in \mathbb{N}$, logo é possível mostrar que e^λ é um autolvalor da matriz e^A. Diante disso, existem vetores (autovetores de A) tal que tenhamos válida a identidade

$$e^A v_k = e^{\lambda_k} v_k$$

com $k = 1, 2, \ldots$ de onde podemos escrever a igualdade

$$(\alpha I + \beta A)v_k = e^{\lambda_k} v_k.$$

A partir dessas duas últimas expressões obtemos

$$e^{\lambda_k} = \alpha + \beta \lambda_k \tag{1.17}$$

onde, em nosso caso, $k = 1, 2$, logo um sistema de duas equações com duas incógnitas. Então, determinados os valores de α e β, podemos expressar a matriz e^A em termos dos autovalores da matriz A.

Passemos a determinar os autovalores da matriz A. Devemos resolver a equação algébrica

$$\det A = \begin{vmatrix} 2-\lambda & 6 \\ 6 & 2-\lambda \end{vmatrix} = 0$$

que nos permite escrever $(2-\lambda)^2 - 36 = 0$ cujas raízes (autovalores) são $\lambda_1 = -4$ e $\lambda_2 = 8$.

Com os autovalores da matriz A conhecidos, voltamos na Eq.(1.17) de modo a obter o sistema linear de duas equações e duas incógnitas, α e β,

$$\begin{cases} e^{-4} = \alpha - 4\beta, \\ e^8 = \alpha + 8\beta, \end{cases}$$

com solução dada por $\alpha = \dfrac{1}{3}(e^8 + 2e^{-4})$ e $\beta = \dfrac{1}{12}(e^8 - e^{-4})$.

Voltando com esses valores de α e β, efetuando a soma de matrizes e simplificando, temos

$$e^A = \frac{1}{2e^4} \begin{pmatrix} e^{12}+1 & e^{12}-1 \\ e^{12}-1 & e^{12}+1 \end{pmatrix},$$

que é o resultado desejado, o cálculo da exponencial de matriz através dos autovalores da matriz exponenciada, sem utilizar os autovetores dessa matriz.

EXEMPLO 1.47. AUTOVALORES REAIS E IGUAIS

Considere a matriz $A = \begin{pmatrix} 1 & 1/2 \\ -1/2 & 0 \end{pmatrix}$. Calcular $e^{\mu A}$ com $\mu \in \mathbb{R}$ um parâmetro. Vamos proceder exatamente como no EXEMPLO 1.46, porém, neste caso, como só temos uma única raiz (autovalor) da equação característica, devemos, a fim de termos um sistema de duas equações a duas incógnitas, derivar em relação ao parâmetro. Começamos, então, com o

1.17. SISTEMAS LINEARES COM COEFICIENTES CONSTANTES

cálculo dos autovalores da matriz A. Devemos resolver a equação algébrica

$$\det A = \begin{vmatrix} 1-\lambda & 1/2 \\ -1/2 & -\lambda \end{vmatrix} = 0$$

que nos permite escrever $(\lambda - 1/2)^2 = 0$ cujas raízes (dupla) são $\lambda_1 = \frac{1}{2} = \lambda_2$. Como temos apenas um autovalor de multiplicidade dois, só temos uma equação

$$e^{\frac{\mu}{2}} = \alpha + \beta \frac{\mu}{2}$$

onde α e β devem ser determinados. Devemos ter duas equações para obter α e β, logo para determinar a outra equação, derivamos a anterior em relação ao parâmetro

$$\frac{1}{2} e^{\frac{\mu}{2}} = \frac{\beta}{2} \quad \Longrightarrow \quad \beta = e^{\frac{\mu}{2}}.$$

Com o valor de β conhecido, voltamos para determinar α, logo

$$\alpha = \frac{2-\mu}{2} e^{\frac{\mu}{2}}.$$

A fim de determinarmos a exponencial da matriz, voltamos em $e^{\mu A} = \alpha I + \beta \mu A$ e, após somar as matrizes, rearranjar e simplificar, obtemos

$$e^{\mu A} = \frac{e^{\mu/2}}{2} \begin{pmatrix} 2+\mu & \mu \\ -\mu & 2-\mu \end{pmatrix}.$$

EXEMPLO 1.48. AUTOVALORES COMPLEXOS

Neste caso, autovalores são complexos, devemos proceder como no EXEMPLO 1.46, raízes diferentes e, ao final, considerar as partes real e imaginária. Fica a cargo do leitor explicitar as passagens, considerando a matriz quadrada de ordem dois (ver EXEMPLO 1.49)

$$A = \begin{pmatrix} 0 & 1 \\ -2 & 2 \end{pmatrix}$$

a fim de calcular a exponencial de matriz $e^{\mu A}$ com $\mu \in \mathbb{R}$ um parâmetro.

1.17.4 Sistemas lineares homogêneos

Vamos utilizar a metodologia da exponencial de matriz a fim de discutir o sistema linear de equações diferenciais ordinárias, lineares, de primeira ordem, homogêneo e com coeficientes constantes. Ainda que definimos o caso geral, vamos explicitar os exemplos por meio de sistemas de duas ou três equações diferenciais.

DEFINIÇÃO 1.17.3. EQUAÇÃO DIFERENCIAL VETORIAL HOMOGÊNEA

Sejam A uma matriz quadrada de ordem $n \in \mathbb{N}$ e μ um parâmetro. Chama-se equação diferencial vetorial homogênea a equação dada na seguinte forma

$$\vec{x}' = A\vec{x}$$

sendo $\vec{x}$ o vetor coluna com n linhas, dado por

$$\vec{x}(\mu) = \begin{pmatrix} x_1(\mu) \\ x_2(\mu) \\ \ldots \\ x_n(\mu) \end{pmatrix}.$$

Admitindo que $\vec{x}(\mu)$ é uma função diferenciável em relação ao parâmetro μ, a solução geral da equação diferencial vetorial homogênea é dada por

$$\vec{x}(\mu) = e^{\mu A} \vec{C}$$

onde $\vec{C}$ é uma matriz (coluna) de constantes dada por

$$\vec{C} = \begin{pmatrix} C_1 \\ C_2 \\ \vdots \\ C_n \end{pmatrix}$$

EXEMPLO 1.49. EQUAÇÃO DIFERENCIAL COM $n = 2$

Considere a matriz quadrada de ordem dois

$$A = \begin{pmatrix} 0 & 1 \\ -2 & 2 \end{pmatrix}$$

a fim de resolver a equação diferencial vetorial $\vec{x}' = A\vec{x}$.

Identificando com a DEFINIÇÃO 1.17.3 temos para o vetor $\vec{x}$ uma matriz coluna com duas linhas,

$$\vec{x}(\mu) = \begin{pmatrix} x_1(\mu) \\ x_2(\mu) \end{pmatrix}$$

1.17. SISTEMAS LINEARES COM COEFICIENTES CONSTANTES

enquanto, para a matriz das constantes arbitrárias $\vec{C} = \begin{pmatrix} C_1 \\ C_2 \end{pmatrix}$. Neste primeiro exemplo, vamos efetuar todas as passagens, começando pela exponencial da matriz $e^{\mu A}$. Para determinar os autovalores, denotados por λ, da matriz A devemos resolver a equação algébrica

$$\det A = \begin{vmatrix} 0-\lambda & 1 \\ -2 & 2-\lambda \end{vmatrix} = 0$$

cujas raízes (autovalores) são $\lambda_1 = 1+i$ e $\lambda_2 = 1-i$. Sejam α e β parâmetros e o autovalor λ_1. Se escolhêssemos o outro autovalor, obteríamos o mesmo resultado. Para determinarmos os parâmetros α e β, devemos separar parte real e parte imaginária satisfazendo a igualdade

$$e^{\mu(1+i)} = \alpha + \beta\mu(1+i) \cdot$$

Utilizando a relação de Euler, podemos escrever a precedente na forma

$$e^{\mu}(\cos\mu + i\,\text{sen}\,\mu) = \alpha + \beta\mu(1+i)$$

de onde seguem $\alpha = e^{\mu}(\cos\mu - \text{sen}\,\mu)$ e $\beta\mu = e^{\mu}\,\text{sen}\,\mu$. Temos, para a exponencial da matriz

$$e^{\mu A} = \alpha I + \beta(\mu A)$$

sendo I a matriz identidade de ordem dois. Substituindo as matrizes podemos escrever

$$e^{\mu A} = \alpha \begin{pmatrix} 1 & 0 \\ 0 & 1 \end{pmatrix} + \beta \begin{pmatrix} 0 & 1 \\ -2 & 2 \end{pmatrix}$$

e, agora, após substituir os valores de α e β e rearranjar, obtemos

$$e^{\mu A} = e^{\mu} \begin{pmatrix} \cos\mu - \text{sen}\,\mu & \text{sen}\,\mu \\ -2\,\text{sen}\,\mu & \cos\mu + \text{sen}\,\mu \end{pmatrix},$$

isto é, a exponenciação da matriz a partir dos autovalores da matriz A.

Vamos, agora explicitar a solução do sistema de equações diferenciais

$$\vec{x}(\mu) = \begin{pmatrix} x_1(\mu) \\ x_2(\mu) \end{pmatrix} = e^{\mu} \begin{pmatrix} \cos\mu - \text{sen}\,\mu & \text{sen}\,\mu \\ -2\,\text{sen}\,\mu & \cos\mu + \text{sen}\,\mu \end{pmatrix} \begin{pmatrix} C_1 \\ C_2 \end{pmatrix}$$

ou ainda, na seguinte forma

$$x_1(\mu) = C_1 e^\mu (\cos\mu - \sen\mu) + C_2 e^\mu \sen\mu$$
$$x_2(\mu) = -2C_1 e^\mu \sen\mu + C_2 e^\mu (\cos\mu + \sen\mu)$$

com C_1 e C_2 duas constantes arbitrárias. Mais uma vez, a fim de determinar essas duas constantes devemos impor duas condições, isto é, a solução do problema de valor inicial estará determinada.

1.17.5 Sistemas lineares não homogêneos

Vamos utilizar a metodologia da exponencial de matriz a fim de discutir o sistema linear de equações diferenciais ordinárias, lineares, de primeira ordem, não homogêneo e com coeficientes constantes. Ainda que definamos o caso geral, vamos explicitar os exemplos por meio de sistemas de duas ou três equações diferenciais.

DEFINIÇÃO 1.17.4. EQUAÇÃO DIFERENCIAL VETORIAL NÃO HOMOGÊNEA

Em analogia ao discutido com as equações diferenciais ordinárias, lineares e não homogêneas, onde introduzimos o conceito de fator integrante, aqui, também, será este o procedimento. Consideramos a equação diferencial vetorial não linear e não homogênea

$$\frac{d}{d\mu}\vec{x} = A\vec{x} + f(\mu)$$

onde A é uma matriz quadrada de ordem n, $\vec{x}$ é um vetor coluna com n linhas, as incógnitas, e $f(\mu)$ uma matriz coluna com n linhas, conhecida, o termo de não homogeneidade. Vamos multiplicar a equação precedente pelo fator integrante $e^{-\mu A}$ onde μ é um parâmetro, no intervalo $\mu_0 < \xi < \mu$, logo

$$e^{-\xi A}\left[\frac{d}{d\xi}\vec{x}(\xi) - A\vec{x}(\xi)\right] = e^{-\xi A}f(\xi).$$

ou ainda, na seguinte forma

$$\left[\frac{d}{d\xi}e^{-\xi A}\vec{x}(\xi)\right] = e^{-\xi A}f(\xi)$$

que, integrando ambos os membros no intervalo $\mu_0 < \xi < \mu$ e multiplicando por $e^{\mu A}$, fornece

$$\vec{x}(\mu) = e^{(\mu-\mu_0)A}\vec{x}(\mu_0) + e^{\mu A}\int_{\mu_0}^{\mu} e^{-\xi A}f(\xi)\,d\xi$$

1.17. SISTEMAS LINEARES COM COEFICIENTES CONSTANTES

que é a solução da equação diferencial (sistema de equações) não homogênea.

Em geral, se o parâmetro $\mu = t$ é o tempo e a condição inicial $\mu_0 = 0$, a expressão anterior pode ser escrita na forma

$$\vec{x}(t) = e^{tA}\vec{x}(0) + e^{tA}\int_0^t e^{-\xi A}\mathbf{f}(\xi)\,d\xi. \tag{1.18}$$

Resultado análogo poderia ter sido obtido a partir do método de variação de parâmetros, bastanto para isso, impor que a solução da equação não homogênea, possa ser escrita como um produto da solução da respectiva equação homogênea por uma função desconhecida e que deverá ser determinada a partir da imposição de satisfazer a equação não homogênea.

EXEMPLO 1.50. SISTEMA DE EQUAÇÕES DIFERENCIAIS NÃO HOMOGÊNEO

Sejam $x(\mu) = x$ e $y(\mu) = y$. Resolva o sistema de equações diferenciais não homogêneo

$$\frac{d}{d\mu}\begin{pmatrix} x \\ y \end{pmatrix} = \begin{pmatrix} 2 & 1 \\ 1 & 2 \end{pmatrix}\begin{pmatrix} x \\ y \end{pmatrix} + \begin{pmatrix} 1 \\ 0 \end{pmatrix},$$

satisfazendo as condições iniciais $x(0) = 0$ e $y(0) = 0$.

Como não foi mencionado o modo de resolver o sistema, vamos, mais uma vez, fazer uso da exponencial de matriz, ainda que apenas direcionando, pois vamos optar por uma maneira mais simples, substituição, uma vez que os coeficientes são constantes.

Primeiramente, façamos um esboço através da exponencial de matriz, a saber: os autovalores são tais que $\lambda_1 = 1$ e $\lambda_2 = 3$ e a exponencial de matriz é dada por

$$e^{\mu A} = \frac{1}{2}\begin{pmatrix} e^{3\mu} + e^{\mu} & e^{3\mu} - e^{\mu} \\ e^{3\mu} - e^{\mu} & e^{3\mu} + e^{\mu} \end{pmatrix}.$$

Visto que a exponencial de matriz é conhecida, basta voltarmos na Eq.(1.18), efetuar a integral e mutiplicar duas matrizes. Os cálculos são trabalhosos, porém são de fácil manipulação.

Vamos, agora, resolver o sistema por meio de uma conveniente substituição, pois é separável. Introduzindo as variáveis dependentes $x+y = u = u(\mu)$ e $x-y = v = v(\mu)$ podemos escrever o sistema na seguinte forma

$$\begin{cases} u' &= 3u+1, \\ v' &= v+1, \end{cases}$$

que é separável, pois a primeira equação depende somente de u e a segunda somente de v.

A integração dessas duas equações fornecem, respectivamente,

$$u(\mu) = \frac{1}{3}(e^{3\mu} - 1) \quad \text{e} \quad v(\mu) = e^{\mu} - 1$$

que, voltando nas variáveis x e y, permite escrever

$$x(\mu) = \frac{1}{6}\left(e^{3\mu} + 3e^{\mu} - 4\right) \quad \text{e} \quad y(\mu) = \frac{1}{6}\left(e^{3\mu} - 3e^{\mu} + 2\right).$$

É claro que nem sempre esta simples maneira pode ser utilizada, porém, sempre que possível é conveniente pois os cálculos não são trabalhosos. Enfim, conclua as passagens que iniciamos com a metodologia da exponencial matricial a fim de obter o mesmo resultado.

Antes de passarmos aos sistemas lineares com coeficientes não constantes, vamos apresentar a resolução de um sistema de três equações e três incógnitas, bem como, a partir dele, resolver um particular problema de valor inicial, por meio do método de Euler.

EXEMPLO 1.51. PROBLEMA DE VALOR INICIAL PARA UM SISTEMA DE ORDEM TRÊS

Sejam t um parâmetro e $x_1 = x_1(t)$, $x_2 = x_2(t)$ e $x_3 = x_3(t)$ funções contínuas. Resolva o problema de valor inicial, composto pelo sistema linear de três equações diferenciais ordinárias

$$\frac{d}{dt}\begin{pmatrix} x_1 \\ x_2 \\ x_3 \end{pmatrix} = \begin{pmatrix} 1 & -1 & 4 \\ 3 & 2 & -1 \\ 2 & 1 & -1 \end{pmatrix} \begin{pmatrix} x_1 \\ x_2 \\ x_3 \end{pmatrix}$$

satisfazendo as condições iniciais $x_1(0) = 0$, $x_2(0) = 1$ e $x_3(0) = 2$. O sistema de equação diferenciais na forma matricial pode ser escrito como

$$\begin{cases} \dfrac{dx_1}{dt} = x_1 - x_2 + 4x_3, \\[2mm] \dfrac{dx_2}{dt} = 3x_1 + 2x_2 - x_3, \\[2mm] \dfrac{dx_3}{dt} = 2x_1 + x_2 - x_3, \end{cases}$$

Em analogia às equações diferenciais ordinárias de primeira ordem, vamos propor uma solução para o sistema de equações diferenciais com coeficientes constantes na forma

$$x_1 = \alpha e^{\lambda t}, \quad x_2 = \beta e^{\lambda t}, \quad x_3 = \gamma e^{\lambda t}$$

onde α, β, γ e λ são parâmetros a serem determinados e independentes de t.

1.17. SISTEMAS LINEARES COM COEFICIENTES CONSTANTES

Substituindo x_1, x_2 e x_3 na equação matricial e simplificando o termo envolvendo a exponencial, somos conduzidos a um sistema algébrico de equações

$$\begin{cases} (1-\lambda)\alpha - \beta + 4\gamma = 0, \\ 3\alpha + (2-\lambda)\beta - \gamma = 0, \\ 2\alpha + \beta + (-1-\lambda)\gamma = 0, \end{cases}$$

que é um sistema homogêneo logo, para que tenhamos soluções diferentes da solução trivial, devemos impor

$$\det A = \begin{vmatrix} 1-\lambda & -1 & 4 \\ 3 & 2-\lambda & -1 \\ 2 & 1 & -1-\lambda \end{vmatrix} = 0$$

de onde segue a equação algébrica de grau três $\lambda^3 - 2\lambda^2 - 5\lambda + 6 = 0$ cujas raízes (autovalores) são dadas por $\lambda_1 = -2$, $\lambda_2 = 1$ e $\lambda_3 = 3$. Devemos agora trabalhar com cada um dos autovalores. Começamos substituindo $\lambda_1 = -2$ no sistema, logo

$$\begin{cases} 3\alpha - \beta + 4\gamma = 0, \\ 3\alpha + 4\beta - \gamma = 0, \\ 2\alpha + \beta + \gamma = 0, \end{cases}$$

com solução $\gamma = \beta = -\alpha$. Escolhamos $\alpha = 1$, logo $\gamma = \beta = -1$, de onde segue

$$x_1(\lambda = -2) = \begin{pmatrix} e^{-2t} \\ -e^{-2t} \\ -e^{-2t} \end{pmatrix}.$$

Para o segundo autovalor $\lambda_2 = 1$ temos

$$\begin{cases} -\beta + 4\gamma &= 0, \\ 3\alpha + \beta - \gamma &= 0, \\ 2\alpha + \beta - 2\gamma &= 0, \end{cases}$$

com solução $\alpha = -\gamma$ e $\beta = 4\gamma$. Escolhamos $\alpha = -1$, logo $\beta = 4$ e $\gamma = 1$, de onde segue

$$x_2(\lambda = 1) = \begin{pmatrix} -e^t \\ 4e^t \\ e^t \end{pmatrix}.$$

Enfim, para o terceiro autovalor $\lambda_3 = 3$ temos

$$\begin{cases} -2\alpha - \beta + 4\gamma &= 0, \\ 3\alpha - \beta - \gamma &= 0, \\ 2\alpha + \beta - 4\gamma &= 0, \end{cases}$$

com solução $\alpha = \gamma$ e $\beta = 2\alpha$. Escolhamos $\alpha = 1$, logo $\beta = 2$ e $\gamma = 1$, de onde segue

$$x_3(\lambda = 3) = \begin{pmatrix} e^{3t} \\ 2e^{3t} \\ e^{3t} \end{pmatrix}.$$

Coletando os resultados, podemos escrever para a solução do sistema

$$\begin{aligned} x_1(t) &= C_1 e^{-2t} - C_2 e^t + C_3 e^{3t} \\ x_2(t) &= -C_1 e^{-2t} + 4C_2 e^t + 2C_3 e^{3t} \\ x_3(t) &= -C_1 e^{-2t} + C_2 e^t + C_3 e^{3t} \end{aligned} \quad (1.19)$$

onde C_1, C_2 e C_3 são constantes arbitrárias. A fim de determinar estas constantes, devemos impor as condições iniciais, $x_1(0) = 0$, $x_2(0) = 1$ e $x_3(0) = 2$ de onde segue o seguinte sistema

1.17. SISTEMAS LINEARES COM COEFICIENTES CONSTANTES

algébrico

$$\begin{cases} C_1 - C_2 + C_3 = 0, \\ -C_1 + 4C_2 + 2C_3 = 1, \\ -C_1 + C_2 + C_3 = 2, \end{cases}$$

com solução dada por $C_1 = -5/3$, $C_2 = -2/3$ e $C_3 = 1$. Logo, a solução do problema de valor inicial está dado pela solução Eq.(1.19), com as constantes aqui determinadas.

1.17.6 Sistemas lineares com coeficientes variáveis

Ainda que os sistemas lineares com coeficientes variáveis não se enquadram na sistematização da teoria, em analogia aos sistemas onde os coeficientes são constantes, vamos apresentar o método de variação de parâmetros para discutir o caso mais geral. Para tal, começamos definindo o que atende pelo nome de matriz fundamental, associada aos autovalores e autovetores.

DEFINIÇÃO 1.17.5. MATRIZ FUNDAMENTAL

Sejam $n \in \mathbb{N}$, $t \in \mathbb{R}$ e o intervalo (a,b). Admitamos $\mathsf{A}(t)$ uma matriz quadrada com elementos de matriz não variáveis e que $\vec{x}(t)$, um vetor coluna, satisfazendo o sistema homogêneo $\vec{x}'(t) = \mathsf{A}(t)\vec{x}$. Sejam os vetores $\vec{x}_1, \ldots, \vec{x}_n$ formando um conjunto fundamental de soluções, são linearmente independentes, para o sistema homogêneo. Define-se matriz fundamental, denotada por $\mathsf{F}(t)$, a matriz cujas colunas são os vetores $\vec{x}_1, \ldots, \vec{x}_n$,

$$\mathsf{F}(t) = \begin{pmatrix} x_{11}(t) & \cdots & x_{1n}(t) \\ \vdots & & \vdots \\ \vdots & & \vdots \\ x_{n1}(t) & \cdots & x_{nn}(t) \end{pmatrix}.$$

É importante destacar que essa matriz é não singular, determinante a ela associado é diferente de zero, pois as colunas são linearmente independentes.

Passemos agora a discutir um sistema linear cuja matriz dos coeficientes não é constante e dada por $\mathsf{A}(t)$. Admitamos as matrizes $\mathsf{A}(t)$, quadrada, e $g(t)$, coluna, matrizes contínuas no intervalo (a,b), bem como seja conhecida uma matriz fundamental $\mathsf{F}(t)$.

Então, vamos discutir o sistema linear não homogêneo

$$\vec{x}'(t) = \mathsf{A}(t)\vec{x} + g(t), \tag{1.20}$$

sabendo que $\vec{\mathsf{F}}(t)$ é uma matriz fundamental para o respectivo sistema linear homogêneo

$\vec{x}'(t) = A(t)\vec{x}(t)$.

Para este propósito, vamos utilizar o método de variação de parâmetros, fazendo com que a matriz associada às constantes, possa variar, substituindo-a por uma função $\vec{u}(t)$, a ser determinada.

Vamos procurar o vetor $\vec{u}(t)$ tal que $\vec{x}(t) = F(t)\vec{u}(t)$ satisfaça a Eq.(1.20). Substituindo o vetor $\vec{x}(t) = F(t)\vec{u}(t)$ na Eq.(1.20) e utilizando a regra do produto, podemos escrever

$$F'(t)\vec{u}(t) + F(t)\vec{u}'(t) = A(t)F(t)\vec{u}(t) + g(t) \cdot$$

Como admitimos que $F(t)$ é uma matriz fundamental, $F'(t) = AF$, a precedente toma a forma

$$F(t)\vec{u}'(t) = g(t)$$

e, visto que $F(t)$ é não singular, admite a inversa, denotada por $F^{-1}(t)$, logo $\vec{u}'(t)$ é tal que

$$\vec{u}'(t) = F^{-1}(t)g(t) \cdot$$

Em analogia ao método de variação de parâmetros aplicado a uma equação diferencial ordinária não homogênea, independentemente de os coeficientes serem constantes ou não, aqui, também, basta que integremos a equação diferencial anterior de modo a obter, a menos de uma constante, $\vec{u}'(t)$, a expressão

$$\vec{u}(t) = \int^{t} F^{-1}(\xi)g(\xi)\,d\xi + \vec{C}$$

onde a constante C é vetorial, apresenta componentes. Voltando na expressão para $\vec{x}$, temos

$$\vec{x}(t) = F(t)\int^{t} F^{-1}(\xi)g(\xi)\,d\xi + F(t)\vec{C}$$

que é a solução do sistema linear não homogêneo e coeficientes não constantes.

Vamos concluir o capítulo apresentando dois exemplos envolvendo o caso geral de um sistema de equações diferenciais ordinárias, de primeira ordem, lineares, não homogêneas e com coeficientes não constantes. Utilizamos o método de variação de parâmetros para determinar a respectiva solução.

EXEMPLO 1.52. MATRIZ FUNDAMENTAL E SUA INVERSA

Sejam $x_1(t) = x_1$ e $x_2(t) = x_2$. Considere o sistema linear de equações diferenciais ordinárias, de primeira ordem, lineares, não homogêneas, com coeficientes constantes e termo

1.17. SISTEMAS LINEARES COM COEFICIENTES CONSTANTES

independente não constante,

$$\frac{d}{dt}\begin{pmatrix} x_1 \\ x_2 \end{pmatrix} = \begin{pmatrix} 2 & 1 \\ 1 & 2 \end{pmatrix}\begin{pmatrix} x_1 \\ x_2 \end{pmatrix} + \begin{pmatrix} -t \\ 0 \end{pmatrix}.$$

Determine: (a) os autovalores e autovetores; (b) a solução geral do respectivo sistema linear homogêneo e (c) uma matriz fundamental e sua inversa.

(a) Sejam λ os autovalores. A fim de determiná-los, devemos resolver a equação algébrica

$$\begin{vmatrix} 2-\lambda & 1 \\ 1 & 2-\lambda \end{vmatrix} = 0$$

cujas raízes (autovalores) são $\lambda_1 = 1$ e $\lambda_2 = 3$. Vamos calcular os autovetores. Primeiramente, consideramos o primeiro autovalor, logo, devemos determinar a e b tais que

$$\begin{pmatrix} 1 & 1 \\ 1 & 1 \end{pmatrix}\begin{pmatrix} a \\ b \end{pmatrix} = \begin{pmatrix} 0 \\ 0 \end{pmatrix}$$

de onde segue $a+b=0$. Escolhamos, devido a liberdade, $a=1$ e $b=-1$. Com o mesmo procedimento, devemos determinar a e b para o segundo autovalor, de onde segue $a-b=0$. Logo, devido a liberdade, escolhemos $a=1=b$. Temos, então, para os autovalores $\lambda_1 = 1$ e $\lambda_2 = 3$, os autovetores,

$$\begin{pmatrix} 1 \\ -1 \end{pmatrix} \quad \text{e} \quad \begin{pmatrix} 1 \\ 1 \end{pmatrix}$$

respectivamente.

(b) Visto que os autovalores e autovetores são conhecidos, a solução geral do sistema homogêneo é dada por $\vec{x}_h(t)$ onde $\vec{x}_{1h}$ e $\vec{x}_{2h}$ são tais que

$$\vec{x}_{1h}(t) = \begin{pmatrix} 1 \\ -1 \end{pmatrix} e^t \quad \text{e} \quad \vec{x}_{2h}(t) = \begin{pmatrix} 1 \\ 1 \end{pmatrix} e^{3t}$$

de onde segue,

$$\vec{x}_h(t) = \begin{pmatrix} c_1 e^t + c_2 e^{3t} \\ -c_1 e^t + c_2 e^{3t} \end{pmatrix}$$

onde c_1 e c_2 são duas constantes arbitrárias. Uma vez que a solução contém duas constantes arbitrárias, esta é a solução geral do respectivo sistema homogêneo.

(c) Denotemos por $F(t) = F$ uma matriz fundamental. Visto que os autovetores são linearmente independentes podemos escrever para uma particular matriz fundamental

$$F = \begin{pmatrix} e^t & e^{3t} \\ -e^t & e^{3t} \end{pmatrix}.$$

Note que as colunas dessa matriz são, para $t = 0$, exatamente os autovetores da matriz associada ao respectivo sistema homogêneo, de onde segue, F é uma matriz não singular.

A fim de determinar a respectiva matriz inversa, denotada por $F^{-1}(t) = F^{-1}$, procedemos com o cálculo da matriz transposta da matriz dos cofatores, a chamada matriz adjunta, dividida por det F.

A matriz dos cofatores da matriz fundamental, denotada por $F_{co}(t) = F_{co}$, é tal que

$$F_{co} = \begin{pmatrix} e^{3t} & e^t \\ -e^{3t} & e^t \end{pmatrix}$$

enquanto, a respectiva matriz adjunta, denotada por $F_{ad}(t) = F_{ad}$, é

$$F_{ad} = \begin{pmatrix} e^{3t} & -e^{3t} \\ e^t & e^t \end{pmatrix}.$$

O determinante da matriz fundamental é $\det F = 2e^{4t} \neq 0$, de onde segue para a matriz inversa

$$F^{-1} = \frac{1}{2e^{4t}} \begin{pmatrix} e^{3t} & -e^{3t} \\ e^t & e^t \end{pmatrix} = \frac{1}{2} \begin{pmatrix} e^{-t} & -e^{-t} \\ e^{-3t} & e^{-3t} \end{pmatrix}.$$

EXEMPLO 1.53. SISTEMA NÃO HOMOGÊNEO COM COEFICIENTES CONSTANTES I

Com os dados do EXEMPLO 1.52 resolva o problema de valor inicial, composto pelo sistema de equações lineares e as condições iniciais $x_1(0) = 32/9$ e $x_2(0) = 5/9$. Vamos proceder com a nomenclatura conforme DEFINIÇÃO 1.17.5. Começamos calculando a função $u(t)$ introduzida conforme o método de variação de parâmetros, cuja derivada é dada por $\vec{u}'(t) = F^{-1}(t)g(t)$ onde $g(t)$ é o termo de não homogeneidade. Em nosso caso, temos

$$\vec{u}'(t) = \frac{1}{2} \begin{pmatrix} e^{-t} & -e^{-t} \\ e^{-3t} & e^{-3t} \end{pmatrix} \begin{pmatrix} -t \\ 0 \end{pmatrix} = \frac{1}{2} \begin{pmatrix} -t e^{-t} \\ -t e^{-3t} \end{pmatrix}.$$

Basta, agora, que integremos a precedente, a saber

$$\vec{u}(t) = \frac{1}{2} \int^t \begin{pmatrix} -\xi e^{-\xi} \\ -\xi e^{-3\xi} \end{pmatrix} d\xi$$

1.17. SISTEMAS LINEARES COM COEFICIENTES CONSTANTES

de onde segue, já incorporando a matriz envolvendo as constantes,

$$\vec{u}(t) = \frac{1}{2} \begin{pmatrix} (1+t)e^{-t} \\ -\frac{1}{9}(1+3t)e^{-3t} \end{pmatrix} + \begin{pmatrix} c_1 \\ c_2 \end{pmatrix}$$

onde c_1 e c_2 são constantes arbitrárias. Uma vez conhecida a função u e utilizando a matriz fundamental, devemos calcular $\vec{x}(t) = F(t)\vec{u}(t)$. Vamos calcular os produtos envolvendo as matrizes fundamental (quadrada) F e contendo as constantes (coluna) $\vec{C}$,

$$\vec{x}(t) = \begin{pmatrix} e^t & e^{3t} \\ -e^t & e^{3t} \end{pmatrix} \left[\frac{1}{2} \begin{pmatrix} (1+t)e^{-t} \\ -\frac{1}{9}(1+3t)e^{-3t} \end{pmatrix} \right] + \begin{pmatrix} e^t & e^{3t} \\ -e^t & e^{3t} \end{pmatrix} \begin{pmatrix} c_1 \\ c_2 \end{pmatrix}$$

de onde segue, simplificando, rearranjando e separando as matrizes

$$\vec{x}(t) = \underbrace{\begin{pmatrix} \frac{2t}{3} + \frac{5}{9} \\ -\frac{t}{3} - \frac{4}{9} \end{pmatrix}}_{(*)} + \underbrace{\begin{pmatrix} c_1 e^t + c_2 e^{3t} \\ -c_1 e^t + c_2 e^{3t} \end{pmatrix}}_{(**)} \qquad (1.21)$$

onde destacamos uma solução particular do sistema linear não homogêneo, denotada por $(*)$, e a solução geral do respectivo sistema linear homogêneo, denotada por $(**)$. Note a analogia com a equação diferencial ordinária não homogênea onde a solução também é dada através dessa mesma soma.

A fim de resolver o problema de valor inicial, a partir da solução obtida na precedente expressão, inserimos as condições iniciais, de onde segue o seguinte sistema algébrico para as constantes c_1 e c_2

$$\begin{pmatrix} 5/9 \\ -4/9 \end{pmatrix} + \begin{pmatrix} c_1 + c_2 \\ -c_1 + c_2 \end{pmatrix} = \begin{pmatrix} 32/9 \\ 5/9 \end{pmatrix}$$

ou ainda, na seguinte forma

$$\begin{cases} c_1 + c_2 = 3, \\ -c_1 + c_2 = 1, \end{cases}$$

de onde segue a solução $c_1 = 1$ e $c_2 = 2$. Determinadas as duas constantes arbitrárias, a solução do problema de valor inicial é dada pela expressão

$$\vec{x}(t) \equiv \begin{pmatrix} x_1 \\ x_2 \end{pmatrix} = \begin{pmatrix} \frac{2t}{3} + \frac{5}{9} + e^t + 2e^{3t} \\ -\frac{t}{3} - \frac{4}{9} - e^t + 2e^{3t} \end{pmatrix}.$$

EXEMPLO 1.54. SISTEMA NÃO HOMOGÊNEO COM COEFICIENTES CONSTANTES II

Resolver o mesmo sistema do EXEMPLO 1.52 por meio de uma equação diferencial ordinária, linear, de segunda ordem, não homogênea. Escrevamos o sistema na forma

$$\begin{cases} x'_1 = 2x_1 + x_2 - t, \\ x'_2 = x_1 + 2x_2. \end{cases} \quad (1.22)$$

Derivando a primeira Eq.(1.22) e substituindo na segunda Eq.(1.22) podemos escrever

$$x''_1 = 2x'_1 + x_1 + 2x_2 - t.$$

Substituindo a primeira Eq.(1.22) na precedente, rearranjando e simplificando, temos

$$x''_1 - 4x'_1 + 3x_1 = 2t - 1$$

que é uma equação diferencial ordinária, linear, de segunda ordem, não homogênea e com coeficientes constantes, que será resolvida a partir da soma da solução geral da respectiva equação homogênea mais uma solução particular da equação diferencial não homogênea.

Para a solução geral da equação homogênea, propomos solução do tipo $x_{1h} = e^{\lambda t}$ que nos conduz a uma equação algébrica, $\lambda^2 - 4\lambda + 3 = 0$ cujas raízes são $\lambda_1 = 1$ e $\lambda_2 = 3$, os autovalores. Visto que os autovalores são distintos, a solução geral da respectiva equação diferencial homogênea é dada por

$$x_{1h} = c_1 e^t + c_2 e^{3t}$$

sendo c_1 e c_2 constantes arbitrárias. Agora, vamos procurar uma solução particular para a equação diferencial não homogênea. Visto que o termo de não homogeneidade é um polinômio de primeiro grau, propomos para a solução $x_{1p} = At + B$ onde A e B devem ser determinados. Introduzindo x_{1p} na equação não homogênea obtemos um sistema algébrico de duas equações a duas incógnitas

$$\begin{cases} -4A + 3B = -1, \\ 3A = 2, \end{cases}$$

com solução dada por $A = 2/3$ e $B = 5/9$.

Diante das duas soluções, a solução geral da equação homogênea e uma solução particular

1.17. SISTEMAS LINEARES COM COEFICIENTES CONSTANTES

da equação não homogênea, temos a solução geral da equação não homogênea dada por

$$x_1(t) = \frac{2}{3}t + \frac{5}{9} + c_1 e^t + c_2 e^{3t}$$

sendo c_1 e c_2 constantes arbitrárias.

Para determinar $x_2(t)$, derivamos $x_1(t)$ e voltamos na primeira Eq.(1.22) de onde segue

$$x_2(t) = -\frac{t}{3} - \frac{4}{9} - c_1 e^t + c_2 e^{3t}$$

sendo c_1 e c_2 constantes arbitrárias. A solução dada por $x_1(t)$ e $x_2(t)$ é exatamente a mesma obtida na Eq.(1.21). Enfim, para resolver o problema de valor inicial, basta susbtituir os valores iniciais para obter o mesmo resultado conforme EXEMPLO 1.53.

EXEMPLO 1.55. SISTEMA NÃO HOMOGÊNEO POR MEIO DE UM ARTIFÍCIO

Sejam $t > 0$, $x_1(t) = x_1$ e $x_2(t) = x_2$. Considere o sistema

$$\begin{cases} tx_1' = 2x_1 + x_2 + 2, \\ tx_2' = x_1 + 2x_2 \cdot \end{cases}$$

(a) Classifique-o e (b) Resolva-o.

(a) Sistema de duas equações diferenciais ordinárias, de primeira ordem, linear, não homogêneo e com coeficientes não constantes ou, simplesmente, sistema linear não homogêneo.

(b) A fim de resolvê-lo, vamos utilizar um artifício para reduzi-lo a algo mais simples, ainda que pudéssemos abordá-lo conduzindo-o a uma equação diferencial ordinária, de segunda ordem, linear, não homogênea com coeficientes não constantes e resolver a equação resultante, uma equação tipo Euler, por meio de coeficientes a determinar para obter uma solução particular da equação diferencial não homogênea, pois a solução da respectiva equação homogênea é imediata.

Vamos introduzir duas novas variáveis dependentes, $u = u(t)$ e $v = v(t)$, definidas por

$$x_1 = \frac{1}{2}(u+v) \quad \text{e} \quad x_2 = \frac{1}{2}(u-v)$$

de onde, nosso sistema inicial é conduzido ao seguinte sistema

$$\begin{cases} tu' = 3u + 2, \\ tv' = v + 2, \end{cases}$$

que é um sistema separável, as duas equações são independentes. Duas equações diferenciais ordinárias, de primeira ordem, lineares, não homogêneas com coeficientes não constantes.

Vamos resolver passo a passo a primeira das equações, para $u(t)$. A respectiva equação homogênea é separável, de onde podemos escrever

$$\frac{du}{u} = 3\frac{dt}{t}$$

com solução dada por $u(t) = c_1 t^3$ com c_1 uma constante arbitrária. Visto que contém uma constante arbitrária, é a solução geral da equação homogênea. Uma solução particular da equação não homogênea pode ser procurada na forma de uma constante, pois o termo de não homogeneidade é uma constante, de onde segue para uma solução particular $u_p(t) = -2/3$. Logo, a solução geral da equação diferencial não homogênea é dada por

$$u(t) = c_1 t^3 - \frac{2}{3}$$

com c_1 uma constante arbitrária.

Analogamente para a outra equação, $v(t)$, temos a solução geral dada por

$$v(t) = c_2 t - 2$$

com c_2 outra constante arbitrária. Voltando com esses valores de $u(t)$ e $v(t)$ nas duas semissomas, obtemos a solução dos sistema linear

$$x_1(t) = \frac{1}{2}\left(c_1 t^3 + c_2 t - \frac{8}{3}\right) \quad \text{e} \quad x_2(t) = \frac{1}{2}\left(c_1 t^3 - c_2 t + \frac{4}{3}\right)$$

com c_1 e c_2 duas constantes arbitrárias.

Como mencionamos, uma outra maneira de resolver esse sistema é conduzi-lo a uma equação diferencial ordinária de segunda ordem, linear, não homogênea com coeficientes não constantes. Para tal, derivamos a primeira equação em relação à variável t, substituímos a segunda equação, rearranjamos e simplificamos de modo a obter a seguinte equação diferencial

$$t^2 x_1'' - 3t x_1' + 3x_1 = -4$$

cuja respectiva equação homogênea é uma equação tipo Euler. Procuramos uma solução da equação homogênea na forma $x_1(t) = t^\lambda$ que nos conduz a uma equação algébrica cujas raízes (distintas) são $\lambda_1 = 1$ e $\lambda_2 = 3$, de onde segue para a solução geral

$$x_{1h} = d_1 t^3 + d_2 t$$

com d_1 e d_2 duas constantes arbitrárias.

Para uma solução particular da respectiva equação não homogênea, basta considerar $x_{1p} = A$, onde A é uma constante que deve ser determinada. Substituindo na equação obtemos $A = -4/3$, de onde segue

$$x_1(t) = -\frac{4}{3} + d_1 t^3 + d_2 t$$

que é a solução geral da equação diferencial não homogênea. Para determinar $x_2(t)$ basta que substituamos, por exemplo, na primeira das equações do sistema, logo

$$x_2(t) = \frac{2}{3} + d_1 t^3 - d_2 t$$

com d_1 e d_2 duas constantes arbitrárias, que é o mesmo resultado obtido anteriormente.

O próximo passo, como sequência natural, no estudo dos sistemas lineares, é discutir a chamada teoria da estabilidade dos sistemas, tópico que foge ao escopo deste texto [5, 6].

1.18 Exercícios resolvidos

Nesta seção vamos apresentar e discutir, efetuando os cálculos explicitamente, exercícios resolvidos destacando que, além da bibliografia mencionada no texto, fizemos uso das referências [7, 8, 9, 10].

Exercício 1.1. *Seja $y = y(x)$. Classifique as seguintes equações diferenciais ordinárias:*

(a) $y' + xy^2 = 0$,
(b) $y' + (\text{sen} x)y = x^2$,
(c) $y'' + 3y' + 4y = 0$,
(d) $y''' + 2y' + 5yy' = x$.

(a) A equação é não linear devido à presença do termo y^2. A derivada com mais alta ordem, possui ordem um, logo a equação é de primeira ordem.
(b) A equação é linear com $p(x) = \text{sen} x$ e $q(x) = x^2$. Uma vez que, $q(x) \neq 0$, a equação é não homogênea e de premeira ordem devido ao termo y'.
(c) A equação é linear, onde $p(x) = 3$ e $q(x) = 4$. Uma vez que $f(x) = 0$, a equação é homogênea. A ordem de tal equação é dois em virtude da derivada de mais alta ordem possuir ordem dois.
(d) A equação é não linear, pois apresenta o termo y multiplicado por y'. A ordem de tal equação é três devido ao termo y'''.

Exercício 1.2. *Classifique os seguintes problemas em: Problema de Valor Inicial (PVI) ou Problema de Valor de Contorno (PVC), sendo $y = y(x)$:*

(a) $\begin{cases} y'' + 3y' + 2y = f(x), \\ y(0) = 1,\ y'(0) = 2, \end{cases}$

(b) $\begin{cases} y'' + (\operatorname{sen} x)y = 0, \\ y(0) = 1,\ y(1) = 0. \end{cases}$

(a) As duas condições são dadas no mesmo ponto $x_0 = 0$. Temos, então, um PVI.

(b) As condições são dadas em dois pontos distintos $x_0 = 0$ e $x_1 = 1$. Temos um PVC.

Exercício 1.3. *Sendo $y = y(x)$. Mostre que:*

(a) $y(x) = c_1 \cos x + c_2 \operatorname{sen} x$, onde c_1 e c_2 são constantes arbitrárias, satisfaz a equação diferencial, $y'' + y = 0$.

(b) $y(x) = -(\cos x)\ln(\sec x + \tan x)$ satisfaz a equação diferencial, $y'' + y = \tan x$.

(a) A fim de verificar que $y(x)$ satisfaz a equação diferencial, devemos derivar duas vezes esta expressão, isto é,

$$y' = -c_1 \operatorname{sen} x + c_2 \cos x \quad \text{e} \quad y'' = -c_1 \cos x - c_2 \operatorname{sen} x$$

e, então, substituir na equação diferencial, de modo a obter

$$y'' + y = -c_1 \cos x - c_2 \operatorname{sen} x + c_1 \cos x + c_2 \operatorname{sen} x = 0. \checkmark$$

(b) De maneira análoga ao item (a) temos, para as derivadas primeira e segunda

$$y' = (\operatorname{sen} x)\ln(\sec x + \tan x) - 1 \quad \text{e} \quad y'' = (\cos x)\ln(\sec x + \tan x) + \tan x.$$

Substituindo as expressões para y e y'' na equação diferencial, segue que

$$y'' + y = (\cos x)\ln(\sec x + \tan x) + \tan x - (\cos x)\ln(\sec x + \tan x) = \tan x. \checkmark$$

Exercício 1.4. *Seja $y = y(x)$. Determine uma região do plano xy onde as hipóteses do teorema de existência e unicidade são satifeitas.*

1.18. EXERCÍCIOS RESOLVIDOS

(a) $y' = \dfrac{\ln|xy|}{1-x^2+y^2}$,

(b) $(4-x^2)y' + 2xy = 3x^2$,

(c) $x^2 y' + \left(\dfrac{x-2}{x+3}\right) y = \sec\dfrac{x}{3}$.

(a) A função
$$f(x,y) = \dfrac{\ln|xy|}{1-x^2+y^2}$$
é contínua quando $x \neq 0$, $y \neq 0$ e $(1-x^2+y^2) \neq 0$. Por outro lado, a função
$$\dfrac{\partial f}{\partial y} = \dfrac{1}{y(1-x^2+y^2)} - 2y\dfrac{1}{(1-x^2+y^2)^2}$$
é contínua quando $x \neq 0$, $y \neq 0$ e $(1-x^2+y^2) \neq 0$. Assim, uma região do plano xy na qual existe solução única para tal equação é: $\{(x,y) \in \mathbb{R}^2 / 1 - x^2 + y^2 > 0, x \neq 0, y \neq 0\}$.

(b) Temos que,
$$y' = \dfrac{3x^2}{4-x^2} - \dfrac{2x}{4-x^2} y = f(x,y).$$

$f(x,y)$ e a derivada parcial em relação a y,
$$\dfrac{\partial f}{\partial y} = -\dfrac{2x}{4-x^2}$$
são contínuas se $(4-x^2) \neq 0$, isto é, se $x \neq \pm 2$. Uma região do plano xy onde certamente existe solução única é $x > 2$.

(c) Neste caso, temos
$$f(x,y) = \dfrac{1}{x^2}\sec\dfrac{x}{3} - \dfrac{1}{x^2}\left(\dfrac{x-2}{x+3}\right) y.$$

$f(x,y)$ é contínua se $x \neq 0$, $x \neq -3$ e $x \neq 3(2k-1)\dfrac{\pi}{2}$, onde $k \in \mathbb{Z}$. Por outro lado, a derivada parcial em relação a y,
$$\dfrac{\partial f}{\partial y} = -\dfrac{1}{x^2}\left(\dfrac{x-2}{x+3}\right)$$
é contínua se $x \neq 0$ e $x \neq -3$. Uma região do plano xy onde a solução da equação diferencial

existe e é única é: $\left\{(x,y) \in \mathbb{R}^2 / 0 < x < \dfrac{3\pi}{2}\right\}$.

Exercício 1.5. *Seja $y = y(x)$. Determine (sem resolver o problema) o maior intervalo no qual existe solução para cada um dos seguintes PVIs:*

(a) $x(x-4)y' + y = 0$, $\quad y(2) = 1$,

(b) $(x+5)y' + \left[\dfrac{(x-8)(x-1)}{x-3}\right] y = \dfrac{x}{(x-6)(x+1)}$, $\quad y(1) = -9$,

(c) $(x^2 - 4x + 5)y' + [\tan 2x]y = x^2 - 16$, $\quad y(\pi) = 7$.

(a) O teorema de existência e unicidade garante que existe solução para o PVI, contendo (x_0, y_0), se $f(x,y)$ é contínua. Neste caso,

$$f(x,y) = -\dfrac{y}{x(x-4)}$$

é contínua se $x \neq 0$ e $x \neq 4$. O possíveis intervalos para existência de solução são: $(-\infty, 0)$, $(0,4)$ e $(4, \infty)$. Porém, faz-se necessário que $x_0 = 2$ esteja contido neste intervalo. O intervalo no qual, certamente, existe solução, contendo $x_0 = 2$ é $(0,4)$.

(b) Neste caso,

$$y' = \dfrac{x}{(x+5)(x-6)(x+1)} - \left[\dfrac{(x-8)(x-1)}{(x+5)(x-3)}\right] y = f(x,y).$$

A função $f(x,y)$ é contínua se $x \neq -5$, $x \neq -1$, $x \neq 3$ e $x \neq 6$. Os possíveis intervalos onde existe solução são: $(-\infty, -5)$, $(-5, -1)$, $(-1, 3)$, $(3, 6)$ e $(6, \infty)$. Porém, o intervalo contendo $x_0 = 1$ é $(-1, 3)$.

(c) A função

$$f(x,y) = \dfrac{x^2 - 16}{(x-1)(x+5)} - \left[\dfrac{\tan 2x}{(x-1)(x+5)}\right] y$$

é contínua se $x \neq -5$, $x \neq 1$ e $x \neq (2k-1)\dfrac{\pi}{4}$, com $k \in \mathbb{Z}$. Neste caso, temos infinitos intervalos possíveis para a existência de solução. Porém, o intervalo que contém $x_0 = \pi$ é $\left(\dfrac{3\pi}{4}, \dfrac{5\pi}{4}\right)$.

Exercício 1.6. *Sejam $p(x)$ e $q(x)$ funções reais, contínuas no intervalo aberto (a,b), onde $a, b \in \mathbb{R}$ e $a < b$. Mostre que a solução geral da Eq.(1.3) é dada por*

$$y(x) = \dfrac{1}{\mu(x)} \int^x q(\xi)\mu(\xi)d\xi + \dfrac{c}{\mu(x)},$$

1.18. EXERCÍCIOS RESOLVIDOS

onde c é uma constante arbitrária.

Consideremos, inicialmente, o caso homogêneo da Eq.(1.3), isto é,

$$\frac{dy}{dx} + p(x)y = 0.$$

Note que, $y(x) \equiv 0$ é solução da equação diferencial. A fim de obter soluções distintas da solução trivial, reescrevemos a equação da seguinte forma

$$\frac{dy}{y} = -p(x)dx.$$

Integrando ambos os membros desta equação, obtemos

$$y(x) = c_1 \exp\left(-\int^x p(\xi)d\xi\right),$$

onde $c_1 = e^k > 0$ e k é uma constante arbitrária. Assim, a solução geral para a equação diferencial linear e homogênea é dada por

$$y(x) = c_1 \exp\left(-\int^x p(\xi)d\xi\right),$$

ou ainda,

$$y(x)\exp\left(\int^x p(\xi)d\xi\right) = c_1.$$

Diferenciando ambos os lados desta última expressão, em relação a x, segue que

$$\exp\left(\int^x p(\xi)d\xi\right)[y' + p(x)y] = 0.$$

Dizemos que $\mu(x) = \exp\left(\int^x p(\xi)d\xi\right)$ é o fator integrante para a equação diferencial ordinária linear e homogênea. Uma vez que, o termo não homogêneo da Eq.(1.3) depende apenas da variável independente x, podemos multiplicá-la pelo fator integrante $\mu(x)$, de modo a obter

$$\frac{d}{dx}[y(x)\mu(x)] = q(x)\mu(x).$$

Integrando, ambos os membros desta última expressão, em relação à variável x, temos que

$$\mu(x)y(x) = \int^x q(\xi)\mu(\xi)d\xi + c,$$

onde c é uma constante arbitrária. A solução geral para a equação diferencial ordinária, linear e não homogênea é dada por

$$y(x) = \frac{1}{\mu(x)} \int^x q(\xi)\mu(\xi)d\xi + \frac{c}{\mu(x)}.$$

Exercício 1.7. *Seja $y = y(x)$. Resolva a seguinte equação diferencial ordinária*

$$y' - 3\tan x \cdot y = 1.$$

Esta é uma equação diferencial ordinária de primeira ordem, linear e não homogênea. A partir do método do fator integrante, identificamos

$$\mu(x) = \exp\left(-3\int^x \tan\xi\, d\xi\right) = e^{\ln|\cos x|^3} = \cos^3 x.$$

Multiplicando ambos os membros da equação diferencial pelo fator integrante, podemos escrever

$$\frac{d}{dx}[y(x)\cos^3 x] = \cos^3 x.$$

Integrando ambos os lados da equação em relação à variável x, segue que

$$\begin{aligned} y(x) &= \frac{1}{\cos^3 x}\int^x \cos^3\xi\, d\xi + c \\ &= \frac{1}{\cos^3 x}\int^x (1-\operatorname{sen}^2\xi)\cos\xi\, d\xi + c. \end{aligned}$$

Introduzindo a mudança de variável $u = \operatorname{sen}\xi$, finalmente podemos escrever

$$y(x) = \sec^2 x \cdot \tan x - \frac{1}{3}\tan^3 x + c,$$

onde c é uma constante arbitrária.

Exercício 1.8. *Resolva o seguinte problema de valor inicial*

$$\begin{cases} \dfrac{d}{dx}y(x) - \cos x \cdot y(x) = xe^{x^2 + \operatorname{sen} x}, \\ y(0) = 2. \end{cases}$$

Visto que, a equação diferencial é de primeira ordem, linear e não homogênea, devemos

1.18. EXERCÍCIOS RESOLVIDOS

determinar o fator integrante da seguinte forma

$$\mu(x) = \exp\left(-\int^x \cos\xi \, d\xi\right) = e^{-\operatorname{sen} x}.$$

Multiplicando a equação diferencial pelo fator integrante e rearranjando, segue que

$$\frac{d}{dx}[e^{-\operatorname{sen} x} y(x)] = xe^{x^2}.$$

Após integrar ambos os lados da equação, podemos escrever

$$y(x) = e^{\operatorname{sen} x}\left(\frac{e^{x^2}}{2} + c\right),$$

onde c é uma constante arbitrária. A fim de determinar c, impomos a condição inicial $y(0) = 2$, de modo a obter $c = 3/2$. Finalmente, podemos escrever a solução particular para a equação diferencial ordinária como segue

$$y(x) = \frac{1}{2} e^{\operatorname{sen} x}(e^{x^2} + 3).$$

Exercício 1.9. *A corrente $I(t)$ em um circuito elétrico com indutância L e resistência R é dada pela equação*

$$L\frac{dI}{dt} + RI = E(t),$$

onde $E(t)$ é a tensão aplicada. Suponha que $L \neq 0$ e R são constantes, $I(0) = 0$ e que $E(t)$ seja dada por $E(t) = E_0 \exp\left(-\frac{R}{L} t\right) \operatorname{sen}(\omega t)$, sendo E_0 e $\omega \neq 0$ também constantes. Determine $I(t)$.

Devemos resolver o seguinte problema de valor inicial

$$\begin{cases} \dfrac{d}{dt} I(t) + \dfrac{R}{L} I(t) = \dfrac{E_0}{L} \exp\left(-\dfrac{R}{L} t\right) \operatorname{sen}(\omega t), \\ I(0) = 0. \end{cases}$$

Identificamos o fator integrante por

$$\mu(t) = \exp\left(\frac{R}{L} \int^t d\xi\right) = \exp\left(\frac{R}{L} t\right).$$

Multiplicando a equação diferencial por tal fator e rearranjando, podemos escrever

$$\frac{d}{dt}[\mu(t)I(t)] = \frac{E_0}{L}\text{sen}(\omega t).$$

Integrando esta última expressão, em relação à variável t, segue que

$$I(t) = \frac{E_0}{L}\exp\left(-\frac{R}{L}t\right)\left[-\frac{\cos(\omega t)}{\omega}\right] + c\exp\left(-\frac{R}{L}t\right),$$

onde c é uma constante arbitrária. Impondo a condição inicial $I(0) = 0$, determinamos a constante $c = E_0/(L\omega)$. Finalmente, podemos escrever uma solução particular para tal equação diferencial ordinária, isto é,

$$I(t) = \frac{E_0}{L\omega}\exp\left(-\frac{R}{L}t\right)[1 - \cos \omega t].$$

Exercício 1.10. *Uma solução de glicose é administrada por via intravenosa na corrente sanguínea a uma taxa constante r. À medida que a glicose é adicionada, ela é convertida em outras substâncias e removida da corrente sanguínea a uma taxa que é proporcional à concentração naquele instante. Um modelo para a concentração C(t) para a solução de glicose na corrente sanguínea é tal que*

$$\frac{dC}{dt} + kC = r,$$

onde k é uma constante positiva. Suponha que a concentração no tempo $t = 0$ é C_0, constante. Determine a concentração C(t).

A equação diferencial é de primeira ordem, linear e não homogênea. O fator integrante, neste caso, é dado por

$$\mu(t) = \exp\left(k\int^t d\xi\right) = e^{kt}.$$

Devemos multiplicar a equação diferencial por tal fator, de modo a obter

$$\frac{d}{dt}[e^{kt}C(t)] = re^{kt}.$$

Integrando, esta última expressão, em relação à variável t, podemos escrever

$$C(t) = \frac{r}{k} + ce^{kt},$$

1.18. EXERCÍCIOS RESOLVIDOS

onde c é uma constante arbitrária. A fim de determinar c, impomos a condição inicial $C(0) = C_0$, de modo que $c = C_0 - r/k$. Portanto, a concentração $C(t)$ é dada por

$$C(t) = \left(C_0 - \frac{r}{k}\right)e^{-kt} + \frac{r}{k}.$$

Exercício 1.11. *Seja $y = y(x) > 0$. Resolva a equação diferencial*

$$\frac{dy}{dx} = \frac{x^3 e^{x^2}}{y \ln y}.$$

A equação diferencial é separável e pode ser reescrita como

$$(y \ln y) dy = (x^3 e^{x^2}) dx.$$

Integrando ambos os lados desta equação, segue

$$\int^y (t \ln t) dt = \int^x (u^3 e^{u^2}) du.$$

Considere a mudança de variável $\xi = x^2$ na integral do lado direito, assim

$$\int^y (t \ln t) dt = \frac{1}{2} \int^u (\xi e^\xi) d\xi.$$

Estas duas integrais podem ser resolvidas através de integração por partes, onde do lado esquerdo consideramos $u_1 = \ln t$ e $dv_1 = t\, dt$ e do lado direito $u_2 = \xi$ e $dv_2 = e^\xi d\xi$, de modo a obter

$$\frac{y^2}{2} \ln y - \frac{y^2}{4} = \frac{1}{2}[\xi e^\xi - e^\xi] + c_1,$$

com c_1 sendo a constante de integração. Voltando nas variáveis originais, temos

$$y^2 \left(\ln y - \frac{1}{2}\right) = e^{x^2}(x^2 - 1) + c,$$

onde $c = 2c_1$ é uma constante arbitrária.

Exercício 1.12. *Sejam $\dfrac{\partial M}{\partial y}$ e $\dfrac{\partial N}{\partial x}$ contínuas em $\mathbb{D} = \{(x,y) \in \mathbb{R}^2 / a < x < b, c < y < d\}$. Mostre que $\dfrac{\partial M}{\partial y} = \dfrac{\partial N}{\partial x}$ é condição necessária para que a equação diferencial*

$$M(x,y) + N(x,y)\frac{dy}{dx} = 0$$

seja exata.

Se a equação diferencial é exata, então existe $F(x,y)$ tal que

$$M = \frac{\partial F}{\partial x} \quad e \quad N = \frac{\partial F}{\partial y}.$$

Diferenciando M em relação à variável y e N em relação à variável x, obtemos

$$\frac{\partial M}{\partial y} = \frac{\partial^2 F}{\partial y \partial x} \quad e \quad \frac{\partial N}{\partial x} = \frac{\partial^2 F}{\partial x \partial y}.$$

Por hipótese, $\frac{\partial M}{\partial y}$ e $\frac{\partial N}{\partial x}$ são funções contínuas, logo

$$\frac{\partial^2 F}{\partial y \partial x} = \frac{\partial^2 F}{\partial x \partial y},$$

de onde concluímos que

$$\frac{\partial M}{\partial y} = \frac{\partial N}{\partial x}.$$

Exercício 1.13. *Sejam $M, N, \frac{\partial M}{\partial y}$ e $\frac{\partial N}{\partial x}$ funções contínuas e $\frac{\partial M}{\partial y} = \frac{\partial N}{\partial x}$ para todo (x,y) em $\mathbb{D} = \{(x,y) \in \mathbb{R}^2 / a < x < b, c < y < d\}$. Mostre que, sob estas hipóteses, a equação diferencial*

$$M(x,y) + N(x,y)\frac{dy}{dx} = 0$$

é exata.

Mostrar que a equação diferencial é exata equivale a mostrar a existência de uma função $F(x,y)$ tal que $\frac{\partial F}{\partial x} = M$ e $\frac{\partial F}{\partial y} = N$. Suponha que existe $F(x,y)$, então ela satisfaz

$$\frac{\partial F}{\partial x} = M(x,y).$$

Integrando em relação à variável x, obtemos

$$F(x,y) = \int^x M(\xi,y)d\xi + g(y), \tag{1.23}$$

onde $g(y)$ é uma função arbitrária que depende apenas da variável y. Diferenciando $F(x,y)$

1.18. EXERCÍCIOS RESOLVIDOS

em relação a y, segue que

$$\frac{\partial F}{\partial y} = \frac{\partial}{\partial y}\int^x M(\xi,y)\mathrm{d}\xi + g'(y).$$

Uma vez que $\dfrac{\partial F}{\partial y} = N$, temos

$$\frac{\partial}{\partial y}\int^x M(\xi,y)\mathrm{d}\xi + g'(y) = N(x,y)$$

e, após integração em relação à variável y, podemos escrever

$$g(y) = \int^y \left[N(x,s) - \frac{\partial}{\partial s}\int^x M(\xi,s)\mathrm{d}\xi\right]\mathrm{d}s.$$

Substituindo $g(y)$ na Eq.(1.23), segue

$$F(x,y) = \int^x M(\xi,y)\mathrm{d}\xi + \int^y \left[N(x,s) - \frac{\partial}{\partial s}\int^x M(\xi,s)\mathrm{d}\xi\right]\mathrm{d}s.$$

De fato, esta é a função procurada, pois

$$\begin{aligned}\frac{\partial F}{\partial x} &= \frac{\partial}{\partial x}\int^x M(\xi,y)\mathrm{d}\xi + \frac{\partial}{\partial x}\int^y \left[N(x,s) - \frac{\partial}{\partial s}\int^x M(\xi,s)\mathrm{d}\xi\right]\mathrm{d}s \\ &= M(x,y) + \int^y \frac{\partial}{\partial x}N(x,s)\mathrm{d}s - \int^y \frac{\partial^2}{\partial x \partial s}\left[\int^x M(\xi,s)\mathrm{d}\xi\right]\mathrm{d}s \\ &= M(x,y) + \int^y \frac{\partial}{\partial s}M(x,s)\mathrm{d}s - \int^y \frac{\partial}{\partial s}M(x,s)\mathrm{d}s = M(x,y)\end{aligned}$$

e

$$\begin{aligned}\frac{\partial F}{\partial y} &= \frac{\partial}{\partial y}\int^x M(\xi,y)\mathrm{d}\xi + \frac{\partial}{\partial y}\int^y \left[N(x,s) - \frac{\partial}{\partial s}\int^x M(\xi,s)\mathrm{d}\xi\right]\mathrm{d}s \\ &= \frac{\partial}{\partial y}\int^x M(\xi,y)\mathrm{d}\xi + N(x,y) - \frac{\partial}{\partial y}\int^x M(\xi,y)\mathrm{d}\xi = N(x,y).\end{aligned}$$

Exercício 1.14. *Seja $y = y(x)$. Resolva a seguinte equação diferencial ordinária não linear*

$$(xy^2 + x - 2y + 3)\mathrm{d}x + (x^2y)\mathrm{d}y = 2(x+y)\mathrm{d}y.$$

A equação diferencial pode ser reescrita da seguinte forma

$$(xy^2 + x - 2y + 3)\mathrm{d}x + (x^2y - 2x - 2y)\mathrm{d}y = 0,$$

onde $M(x,y) = xy^2 + x - 2y + 3$ e $N(x,y) = x^2y - 2x - 2y$. Vamos verificar se a equação é exata, isto é, se $\frac{\partial M}{\partial y} = \frac{\partial N}{\partial x}$. Temos que,

$$\frac{\partial M}{\partial y} = 2xy - 2 = \frac{\partial N}{\partial x},$$

logo a equação é exata. Assim, existe $F(x,y)$, satisfazendo

$$\frac{\partial F}{\partial x} = xy^2 + x - 2y + 3 \quad \text{e} \quad \frac{\partial F}{\partial y} = x^2y - 2x - 2y.$$

Integrando a primeira equação em relação à variável x, segue

$$F(x,y) = \frac{x^2}{2}y^2 + \frac{x^2}{2} - 2xy + 3x + g(y),$$

onde $g(y)$ é uma função arbitrária dependendo apenas da variável y. Diferenciando esta equação em relação à variável y e igualando à função N, obtemos

$$\frac{\partial F}{\partial y} = x^2y - 2x + g'(y) = x^2y - 2x - 2y,$$

de onde concluímos que $g'(y) = -2y$. Integrando $g'(y)$ em relação à variável y, concluímos que $g(y) = -y^2 + c_1$, onde c_1 é uma constante arbitrária. Substituindo $g(y)$ na expressão para $F(x,y)$, podemos escrever

$$F(x,y) = x^2y^2 + x^2 - 4xy + 6x - 2y^2 = c,$$

onde c é uma constante arbitrária.

Exercício 1.15. *Seja $y = y(x) > 0$. Determine todas as possibilidades para a função $N(x,y)$ de modo que a equação diferencial ordinária*

$$\left(\frac{1}{\sqrt{xy}} + \frac{x}{x^2+y}\right)dx + N(x,y)dy = 0,$$

seja exata.

Temos que, $M(x,y) = \left(\dfrac{1}{\sqrt{xy}} + \dfrac{x}{x^2+y}\right)$ e

$$\frac{\partial M}{\partial y} = -\frac{1}{2\sqrt{xy^3}} - \frac{x}{(x^2+y)^2}.$$

1.18. EXERCÍCIOS RESOLVIDOS

Supondo que a equação é exata, então ela satisfaz $\frac{\partial M}{\partial y} = \frac{\partial N}{\partial x}$. A fim de obter $N(x,y)$, integramos em relação à variável x, esta relação, de onde segue

$$N(x,y) = \int^x \left(\frac{\partial N}{\partial t}\right) dt = \int^x \left(\frac{\partial M}{\partial y}\right) dt = \int^x \left(-\frac{1}{2\sqrt{ty^3}} - \frac{t}{(t^2+y)^2}\right) dt$$

$$= -\sqrt{\frac{x}{y^3}} + \frac{1}{2(x^2+y)} + g(y),$$

onde $g(y)$ é uma função arbitrária dependendo apenas da variável y.

Exercício 1.16. *Determine a solução para o seguinte problema de valor inicial*

$$\begin{cases} \left(\dfrac{x}{2y^4}\right) dx + \left(\dfrac{3y^2 - x^2}{y^5}\right) dy = 0, \\ y(1) = 1, \end{cases}$$

com $y = y(x) \neq 0$.

Neste caso, temos $M(x,y) = \frac{x}{2y^4}$ e $N(x,y) = \frac{3y^2-x^2}{y^5}$. A partir das derivadas parciais

$$\frac{\partial M}{\partial x} = -\frac{2x}{y^5} = \frac{\partial N}{\partial x},$$

concluímos que a equação diferencial é exata. Então, existe $F(x,y)$ satisfazendo $\frac{\partial F}{\partial x} = M$ e $\frac{\partial F}{\partial y} = N$, logo podemos escrever

$$\frac{\partial F}{\partial y} = \frac{3y^2 - x^2}{y^5} = N(x,y).$$

Integrando em relação à variável y, segue

$$F(x,y) = -\frac{3}{2y^2} + \frac{x^2}{4y^4} + f(x),$$

onde $f(x)$ é uma função arbitrária que depende apenas da variável x. Diferenciando $F(x,y)$ em relação à variável x e igualando a $M(x,y)$, obtemos

$$\frac{\partial F}{\partial x} = \frac{x}{2y^4} + f'(x) = \frac{x}{2y^4},$$

de onde segue $f'(x) = 0$, ou seja, $f(x) = c_1$, onde c_1 é uma constante arbitrária. Assim,

podemos escrever

$$F(x,y) = -\frac{3}{2y^2} + \frac{x^2}{4y^4} = c,$$

onde c é uma constante arbitrária. Impondo a condição inicial $y(1) = 1$, obtemos

$$c = -\frac{3}{2} + \frac{1}{4} = -\frac{5}{4}.$$

Finalmente, uma solução particular para a equação diferencial pode ser escrita como segue

$$-\frac{3}{2y^2} + \frac{x^2}{4y^4} = -\frac{5}{4}.$$

Exercício 1.17. *Seja $y = y(x)$. Resolva a seguinte equação diferencial ordinária*

$$\frac{dy}{dx} = \frac{\sqrt{x+y} - \sqrt{x-y}}{\sqrt{x+y} + \sqrt{x-y}}, \quad x > 0, \quad x \geq |y|.$$

Podemos reescrever a equação diferencial da seguinte forma

$$\begin{aligned}\frac{dy}{dx} &= \frac{\sqrt{x+y} - \sqrt{x-y}}{\sqrt{x+y} + \sqrt{x-y}} \left(\frac{\sqrt{x+y} - \sqrt{x-y}}{\sqrt{x+y} - \sqrt{x-y}}\right) = \frac{(\sqrt{x+y} - \sqrt{x-y})^2}{(x+y) - (x-y)} \\ &= = \frac{x - \sqrt{x^2 - y^2}}{y}.\end{aligned}$$

Introduzindo a mudança de variável $v^2 = x^2 - y^2$, onde $v = v(x) \neq 0$. Note que,

$$2v dv = 2x dx - 2y dy \quad \Rightarrow \quad v\frac{dv}{dx} = x - y\frac{dy}{dx}.$$

Uma vez que, $y\frac{dy}{dx} = x - \sqrt{x^2 - y^2} = x - v$, a equação diferencial torna-se

$$v\left(\frac{dv}{dx} - 1\right) = 0.$$

Esta equação diferencial é separável e para resolvê-la basta efetuar integração direta, de modo a obter

$$v = x + c,$$

onde c é uma constante arbitrária. Retornando às variáveis x e y, obtemos a solução para a equação diferencial na sua forma implícita dada por

$$y^2 = (x+c)^2 \quad \Rightarrow \quad y^2 + 2xc + c^2 = 0.$$

Exercício 1.18. *Seja* $y = y(x)$. *Encontre a solução para a equação diferencial*

$$\frac{dy}{dx} = \text{sen}^2(x-y).$$

Introduzindo a mudança de variável $v = x - y$, temos

$$dv = dx - dy \quad \Rightarrow \quad \frac{dy}{dx} = 1 - \frac{dv}{dx},$$

assim, a equação diferencial torna-se

$$\begin{aligned} \frac{dv}{dx} &= 1 - \text{sen}^2 v \\ \frac{dv}{\cos^2 v} &= dx \\ \sec^2 v \, dv &= dx. \end{aligned}$$

Integrando ambos os membros da equação, obtemos

$$\int^v \sec^2 u \, du = \int^x dt$$
$$\tan v = x + c,$$

onde c é uma constante arbitrária. Retornando às variáveis x e y, podemos escrever

$$\tan(x-y) = x + c, \quad \text{com} \quad (x-y) \neq \frac{\pi}{2} \pm k\pi, \quad k = 0, 1, 2, \ldots.$$

Exercício 1.19. *Mostre que, se os coeficientes* $M(x,y)$ *e* $N(x,y)$ *são funções homogêneas de mesmo grau em x e y, então a equação diferencial*

$$M(x,y)dx + N(x,y)dy = 0 \qquad (1.24)$$

pode ser conduzida a uma equação diferencial ordinária separável através da substituição $v(x) = y/x$.

Uma vez que M e N são funções homogêneas de mesmo grau, digamos k, então com a substituição $v = y/x$, temos

$$M(x,y) = M(x,xv) = x^k M(1,v)$$
$$N(x,y) = M(x,xv) = x^k N(1,v),$$

de onde segue

$$\frac{M(x,y)}{N(x,y)} = \frac{M(1,v)}{N(1,v)} = f(v).$$

Ainda mais, diferenciando $y(x) = xv(x)$ através da regra do produto, temos

$$\frac{dy}{dx} = v + x\frac{dv}{dx}.$$

A equação diferencial dada pela Eq.(1.24), torna-se

$$x\frac{dv}{dx} + v = -f(v),$$

que é uma equação diferencial separável, isto é,

$$\frac{dv}{f(v)+v} = -\frac{dx}{x}.$$

Exercício 1.20. *Sejam $y = y(x)$ e $x \in \mathbb{R}^*$. Resolva a seguinte equação diferencial ordinária*

$$y^2 dx - x(x+y)dy = 0.$$

Claramente esta equação diferencial não é exata. Porém, se os coeficientes $M(x,y) = y^2$ e $N(x,y) = -x(x+y)$ são funções homogêneas de mesmo grau é possível conduzir a equação diferencial original em uma outra equação diferencial separável. De fato, os coeficientes são funções homogêneas de grau dois, pois

$$M(\lambda x, \lambda y) = (\lambda y)^2 = \lambda^2 y^2 = \lambda^2 M(x,y),$$
$$N(\lambda x, \lambda y) = -(\lambda x)(\lambda x + \lambda y) = -\lambda^2(x+y) = \lambda^2 N(x,y).$$

Introduzindo a substituição $v = y/x$ na equação diferencial

$$\frac{dy}{dx} = \frac{y^2}{x(x+y)},$$

tem-se

$$x\frac{dv}{dx}+v=\frac{(xv)^2}{x^2+x^2v}=\frac{v^2}{1+v},$$

que é uma equação diferencial separável. Separando as variáveis de tal equação, temos

$$\left(\frac{1}{v}+1\right)dv=-\frac{dx}{x}.$$

Integrando ambos os membros de tal equação

$$\int^v\left(\frac{1}{u}+1\right)du=-\int^x\frac{dt}{t},$$

segue

$$\ln|v|+v = -\ln|x|+c_1$$
$$\ln|v|+\ln|x| = c_1-v$$
$$\ln|xv| = c_1-v$$
$$|xv| = ce^{-v},$$

onde $c=e^{c_1}>0$ com c_1 e c constantes arbitrárias. Retornando às variáveis x e y, podemos escrever

$$y=ce^{-y/x}.$$

Exercício 1.21. *Seja $y=y(x)\neq 0$. Determine a solução para o seguinte PVI*

$$\begin{cases}\dfrac{dy}{dx}+\dfrac{x}{y}+2=0,\\ y(0)=1.\end{cases}$$

A equação diferencial pode ser reescrita como

$$\frac{dy}{dx}=-\left(\frac{x+2y}{y}\right),$$

assim, identificando os coeficientes, temos $M(x,y)=x+2y$ e $N(x,y)=y$. Estas funções são homogêneas de grau um, pois

$$\begin{aligned} M(\lambda x, \lambda y) &= \lambda x + 2(\lambda y) = \lambda(x+2y) = \lambda M(x,y), \\ N(\lambda x, \lambda y) &= \lambda y = \lambda N(x,y). \end{aligned}$$

Introduzindo a mudança de variável $v = y/x$ na equação diferencial, podemos escrever

$$x\frac{dv}{dx} + v = -\left(\frac{\not{x}+2\not{x}v}{\not{x}v}\right) = -\left(\frac{1+2v}{v}\right),$$

ou ainda,

$$x\frac{dv}{dx} = -\frac{(v+1)^2}{v}.$$

Esta equação diferencial é separável e pode ser escrita da seguinte forma

$$\frac{v}{(v+1)^2}dv = -\frac{dx}{x}.$$

Integrando ambos os membros desta equação, obtemos

$$\int^v \frac{u}{(u+1)^2}du = -\int^x \frac{dt}{t},$$

onde a integral do lado esquerdo pode ser conduzida à duas outras integrais, através do uso de frações parciais, ou seja,

$$\int^v \frac{du}{u+1} - \int^v \frac{du}{(u+1)^2} = -\int^x \frac{dt}{t}$$

de onde segue, voltando nas variáveis originais

$$\ln|v+1| + \frac{1}{v+1} = -\ln|x| + c,$$

onde c é uma constante arbitrária. Voltando às variáveis x e y,

$$\begin{aligned} \ln\left|\frac{y}{x}+1\right| + \frac{x}{x+y} &= -\ln|x| + c \\ \ln|x+y| - \ln|\not{x}| + \frac{x}{x+y} &= -\ln|\not{x}| + c. \end{aligned}$$

1.18. EXERCÍCIOS RESOLVIDOS

Utilizando a condição inicial, $y(0) = 1$, na solução geral da equação diferencial,

$$\ln|0+1| + 0 = c,$$

determinamos $c = 0$. Finalmente, podemos escrever uma solução particular para o problema de valor inicial

$$\ln|x+y| + \frac{x}{x+y} = 0.$$

Exercício 1.22. *Seja $y = y(x)$. Resolva a seguinte equação diferencial ordinária, de primeira ordem e não linear*

$$(x-y-2)dy = (2x+y-1)dx.$$

A equação diferencial não é exata e os coeficientes $M(x,y)$ e $N(x,y)$ não são funções homogêneas (Verifique!). Introduzimos as seguintes mudanças de variáveis

$$x = z + \alpha \quad \text{e} \quad y = t + \beta,$$

onde α e β são constantes a serem determinadas, a fim de obter coeficientes $\tilde{M}(z,t)$ e $\tilde{N}(z,t)$ que são funções homogêneas de mesmo grau e, assim conduzir a equação diferencial a uma outra equação, porém separável. Temos que, $dx = dz$ e $dy = dt$, então a equação diferencial torna-se

$$[z - t + (\alpha - \beta - 2)]dt = [2z + t + (2\alpha + \beta - 1)]dz,$$

onde $\tilde{M}(z,t) = -[2z + t + (2\alpha + \beta - 1)]$ e $\tilde{N}(z,t) = [z - t + (\alpha - \beta - 2)]$. Para que os coeficientes $\tilde{M}$ e $\tilde{N}$ sejam funções homogêneas de grau um, as constantes devem ser nulas, isto é,

$$\begin{cases} \alpha - \beta = 2, \\ 2\alpha + \beta = 1, \end{cases}$$

de onde segue que $\alpha = 1$ e $\beta = -1$. Assim, a equação diferencial, com variável dependente t e variável independente z, admite a seguinte forma

$$\frac{dt}{dz} = \frac{2z+t}{z-t}, \qquad (1.25)$$

onde os coeficientes $\tilde{M}$ e $\tilde{N}$ são funções homogêneas de grau um. De fato,

$$\begin{aligned}\tilde{M}(\lambda z, \lambda t) &= -2\lambda z - \lambda t = \lambda(-2z - t) = \lambda \tilde{M}(z,t),\\ \tilde{N}(\lambda z, \lambda t) &= \lambda z - \lambda t = \lambda(z - t) = \lambda \tilde{N}(z,t).\end{aligned}$$

Isto significa que, através da mudança de variável $v = t/z$, a Eq.(1.25) será conduzida a uma equação diferencial separável, isto é,

$$\begin{aligned} z\frac{dt}{dz} + v &= -\left(\frac{v^2 + 2}{v - 1}\right) \\ -\frac{dz}{z} &= \left(\frac{v-1}{v^2+2}\right) dv \\ -\frac{dz}{z} &= \frac{v}{v^2+2}dv - \frac{dv}{v^2+2}, \end{aligned}$$

cuja integração fornece

$$\frac{1}{2}\ln(v^2+2) - \frac{1}{\sqrt{2}}\arctan\left(\frac{v}{\sqrt{2}}\right) = -\ln|z| + c,$$

onde c é uma constante arbitrária. Voltando nas variáveis x e y, onde $z = x - 1$ e $t = y + 1$, podemos escrever

$$\frac{1}{2}\ln[(y+1)^2 + 2(x-1)^2] - \frac{\sqrt{2}}{2}\arctan\left(\frac{y+1}{\sqrt{2}(x-1)}\right) = c_1,$$

onde c_1 é uma constante arbitrária, ou ainda,

$$\ln[(y+1)^2 + 2(x-1)^2] = \sqrt{2}\arctan\left(\frac{y+1}{\sqrt{2}(x-1)}\right) + c,$$

com $c = 2c_1$, também, uma constante arbitrária.

Exercício 1.23. *Seja $y = y(x) \neq 0$. Resolva a seguinte equação diferencial*

$$(\cos x)dx + \left[\left(1 + \frac{2}{y}\right)\sen x\right] dy = 0,$$

através de um fator integrante dependendo apenas da variável y.

Identificamos $M(x,y) = \cos x$ e $N(x,y) = \left[\left(1 + \frac{2}{y}\right)\sen x\right]$, onde

$$\frac{\partial M}{\partial y} = 0 \quad \text{e} \quad \frac{\partial N}{\partial x} = \left(1 + \frac{2}{y}\right)\cos x.$$

1.18. EXERCÍCIOS RESOLVIDOS

Uma vez que, $\frac{\partial M}{\partial y} \neq \frac{\partial N}{\partial x}$, concluímos que a equação não é exata. Por outro lado,

$$g(y) = \frac{1}{M}\left(\frac{\partial N}{\partial x} - \frac{\partial M}{\partial y}\right) = \frac{1}{\cos x}\left[\left(1+\frac{2}{y}\right)\cos x\right] = 1+\frac{2}{y}$$

é uma função que depende apenas da variável y. Assim, o fator integrante é dado por

$$\mu(y) = \exp\left(\int^y g(\xi)d\xi\right) = \exp\left(\int^y \left(1+\frac{2}{\xi}\right)d\xi\right) = y^2 e^y.$$

Multiplicando a equação diferencial pelo fator integrante,

$$(y^2 e^y \cos x)dx + \left[\left(1+\frac{2}{y}\right)y^2 e^y \operatorname{sen} x\right]dy = 0,$$

a equação diferencial torna-se exata (Verifique!). Visto que, a equação diferencial é exata, existe $F(x,y)$ satisfazendo

$$\frac{\partial F}{\partial x} = \tilde{M}(x,y) = (y^2 e^y \cos x) \quad \text{e} \quad \frac{\partial F}{\partial y} = \tilde{N}(x,y) = \left[\left(1+\frac{2}{y}\right)y^2 e^y \operatorname{sen} x\right].$$

Consideremos,

$$\frac{\partial F}{\partial x} = (y^2 e^y \cos x) = \tilde{M}(x,y),$$

onde após integração em relação à variável x, obtemos

$$F(x,y) = y^2 e^y \operatorname{sen} x + h(y),$$

com $h(y)$ uma função arbitrária dependendo apenas da variável y. Diferenciando F em relação a y e igualando a $\tilde{N}$, segue

$$\frac{\partial F}{\partial y} = e^y(2y+y^2)\operatorname{sen} x + h'(y) = e^y(y^2+2y)\operatorname{sen} x = \tilde{N}(x,y).$$

Concluímos que $h'(y) = 0$, logo $h(y) = c_1$, onde c_1 é uma constante de integração. Portanto, a solução geral, na forma implícita, para a equação diferencial dada é

$$y^2 e^y \operatorname{sen} x = c,$$

onde c é uma constante arbitrária.

Exercício 1.24. *Sejam $y = y(x) \neq 0$ e $x > -1$. Determine a solução para o seguinte* PVI

$$\begin{cases} (x^2 + y^2 - 5)dx - (y + xy)dy = 0, \\ y(0) = 1, \end{cases}$$

através de um fator integrante dependendo apenas da variável x.

Temos, neste caso, que $M(x,y) = x^2 + y^2 - 5$ e $N(x,y) = -(y + xy)$. A partir das derivadas parciais,

$$\frac{\partial M}{\partial y} = 2y \quad \text{e} \quad \frac{\partial N}{\partial x} = -y,$$

concluímos que a equação diferencial não é exata, pois $\frac{\partial M}{\partial y} \neq \frac{\partial N}{\partial x}$. A fim de obter um fator integrante dependendo apenas da variável x, consideremos

$$\frac{1}{N}\left(\frac{\partial M}{\partial y} - \frac{\partial N}{\partial x}\right) = \frac{2y + y}{-(y + xy)} = -\frac{3}{1 + x}.$$

Assim, o fator integrante $\mu(x)$ dependendo apenas de x é dado por

$$\mu(x) = \exp\left(-3\int^x \frac{d\xi}{1+\xi}\right) = \exp[\ln(1+x)^{-3}] = \frac{1}{(1+x)^3}.$$

Multiplicando a equação diferencial por $\mu(x)$, obtemos

$$\left[\frac{(x^2 + y^2 - 5)}{(1+x)^3}\right]dx - \left[\frac{y + xy}{(1+x)^3}\right]dy = 0$$

e, esta equação diferencial é exata. Então, existe $F(x,y)$ satisfazendo $\frac{\partial F}{\partial x} = \tilde{M}$ e $\frac{\partial F}{\partial y} = \tilde{N}$. Considere

$$\frac{\partial F}{\partial y} = -\frac{y(1+x)}{(1+x)^3} = -\frac{y}{(1+x)^2}.$$

Integrando em relação à variável y, segue

$$F(x,y) = -\frac{y^2}{2(1+x)^2} + g(x),$$

onde $g(x)$ é uma função arbitrária dependendo apenas da variável x. Diferenciando $F(x,y)$

1.18. EXERCÍCIOS RESOLVIDOS

em relação a x e igualando a $\tilde{M}$, temos

$$\frac{\partial F}{\partial x} = \frac{y^2}{(1+x)^3} + g'(x) = \frac{x^2-5}{(1+x)^3} + \frac{y^2}{(1+x)^3},$$

logo $g'(x) = \frac{x^2-5}{(1+x)^3}$. A fim de integrar $g'(x)$, fazemos uso de frações parciais, de modo a obter

$$g(x) = -4\int^x \frac{dt}{(1+t)^3} - 2\int^x \frac{dt}{(1+t)^2} + \int^x \frac{dt}{(1+t)}$$

e, a partir de integração direta, podemos escrever

$$g(x) = \frac{2}{(1+x)^2} + \frac{2}{(1+x)} + \ln(1+x) + c_1,$$

onde c_1 é uma constante de integração. A solução na forma implícita é dada por

$$-\frac{y^2}{2(1+x)^2} + \frac{2}{(1+x)^2} + \frac{2}{(1+x)} + \ln(1+x) = c,$$

ou ainda

$$\frac{4-y^2}{2(1+x)^2} + \frac{2}{(1+x)} + \ln(1+x) = c,$$

onde c é uma constante arbitrária. Impondo a condição inicial, $y(0) = 1$, determinamos c, isto é,

$$\frac{4-1}{2} + 2 + \ln(1) = \frac{7}{2} = c.$$

Finalmente, uma solução particular para a equação diferencial, satisfazendo $y(0) = 1$, é dada por

$$\frac{4-y^2}{2(1+x)^2} + \frac{2}{(1+x)} + \ln(1+x) = \frac{7}{2}.$$

Exercício 1.25. *Suponha que existe um fator integrante na forma $\mu(x,y) = P(x)Q(y)$ que torna a seguinte equação diferencial em exata. Determine tal fator e resolva a equação*

$$(\alpha y + \gamma xy)dx + (\beta x + \delta xy)dy = 0,$$

onde α, β, γ e δ são constantes diferentes de zero, com $\gamma \neq \delta$ e $\alpha \neq \beta$.

Uma vez que a equação diferencial não é exata, temos que $M_y = (\alpha + \gamma x) \neq (\beta + \delta y) = N_x$. Como existe um fator integrante na forma $\mu(x,y) = P(x)Q(y)$, que torna a equação diferencial exata, vamos multiplicar a equação diferencial por tal fator

$$\underbrace{P(x)Q(y)(\alpha y + \gamma xy)}_{\tilde{M}(x,y)} dx + \underbrace{P(x)Q(y)(\beta x + \delta xy)}_{\tilde{N}(x,y)} dy = 0$$

de modo que $\tilde{M}_y = \tilde{N}_x$, isto é,

$$[(\alpha + \gamma x)Q(y) + (\alpha y + \gamma xy)Q'(y)]P(x) = [(\beta + \delta y) + (\beta x + \delta xy)P'(x)]Q(y)$$

$$\left[(\alpha + \gamma x) + y\frac{Q'(y)}{Q(y)}(\alpha + \gamma x)\right] = \left[(\beta + \delta y) + x\frac{P'(x)}{P(x)}(\beta + \delta y)\right]$$

$$(\alpha + \gamma x)\left[1 + y\frac{Q'(y)}{Q(y)}\right] = (\beta + \delta y)\left[1 + x\frac{P'(x)}{P(x)}\right].$$

Sabemos que $(\alpha + \gamma x) \neq (\beta + \delta y)$, então para que esta última igualdade seja verdadeira, devemos ter

$$1 + y\frac{Q'(y)}{Q(y)} = 0 \quad \text{e} \quad 1 + x\frac{P'(x)}{P(x)} = 0,$$

de onde segue

$$\frac{dQ}{Q} = -\frac{dy}{y} \quad \text{e} \quad \frac{dP}{P} = -\frac{dx}{x}.$$

Através de integração, tem-se

$$Q(y) = \frac{1}{y} \quad \text{e} \quad P(x) = \frac{1}{x}.$$

Portanto, o fator integrante, que torna a equação diferencial exata (Verifique!), é $\mu(x,y) = 1/(xy)$. Após multiplicar a equação diferencial por $\mu(x,y)$, obtemos

$$\underbrace{\left(\frac{\alpha}{x} + \gamma\right)}_{\bar{M}(x,y)} dx + \underbrace{\left(\frac{\beta}{y} + \delta\right)}_{\bar{N}(x,y)} dy = 0.$$

Assim, existe $F(x,y)$ satisfazendo $\frac{\partial F}{\partial x} = \bar{M}$ e $\frac{\partial F}{\partial y} = \bar{N}$. Considere

$$\frac{\partial F}{\partial x} = \frac{\alpha}{x} + \gamma.$$

1.18. EXERCÍCIOS RESOLVIDOS

Integrando em relação à variável x, temos

$$F(x,y) = \alpha \ln|x| + \gamma x + g(y),$$

onde $g(y)$ é uma função arbitrária dependendo apenas da variável y. Diferenciando $F(x,y)$ em relação à variável y e igualando a $\bar{N}$, segue que

$$F(x,y) = g'(y) = \frac{\beta}{y} + \delta.$$

A fim de determinar $g(y)$, integramos $g'(y)$ em relação à variável y, de modo a obter

$$g(y) = \beta \ln|y| + \delta y + c_1,$$

onde c_1 é uma constante de integração arbitrária. Portanto, a solução para a equação diferencial é dada por

$$\begin{aligned}
\alpha \ln|x| + \gamma x + \beta \ln|y| + \delta y &= c_2 \\
\ln\left[|x|^\alpha \cdot |y|^\beta\right] + \gamma x + \delta y &= c_2 \\
|x|^\alpha \cdot |x|^\beta \cdot e^{\gamma x + \delta y} &= c,
\end{aligned}$$

onde $c = e^{c_2}$.

Exercício 1.26. *Verdadeiro ou falso: Toda equação diferencial ordinária de primeira ordem separável, $dy/dx = g(x)/h(y)$, é exata.*

Verdadeiro. A equação diferencial pode ser escrita da seguinte forma

$$-g(x)dx + h(y)dy = 0,$$

onde identificamos $M(x,y) = -g(x)$ e $N(x,y) = h(y)$. A partir das duas derivadas parciais $\frac{\partial M}{\partial y} = 0 = \frac{\partial N}{\partial x}$, concluímos que toda equação diferencial separável é exata.

Exercício 1.27. *Sejam $y = y(x)$ e $x > 0$. Resolva a seguinte equação diferencial não linear*

$$\frac{dy}{dx} - (\tan x)y = -(\cos x)y^2.$$

Esta é uma equação diferencial de Bernoulli com $\alpha = 2$. Multiplicando a equação diferencial por $-y^{-2}$, temos

$$-y^{-2}y' + (\tan x)y^{-1} = \cos x.$$

Introduzindo a mudança de variável $v = 1/y$, onde $v' = -y^{-2}y'$, a equação diferencial torna-se

$$v' + (\tan x)v = \cos x.$$

É possível resolver tal equação através do fator integrante, onde

$$\mu(x) = \exp\left(\int^x \tan\xi\, d\xi\right) = e^{-\ln|\cos x|} = \frac{1}{\cos x}.$$

A equação diferencial deve ser multiplicada pelo fator integrante, $\mu(x)$, de modo a obter

$$\frac{d}{dx}\left[\frac{1}{\cos x}v(x)\right] = 1$$

e, a partir de integração direta, em ambos os membros de tal equação, podemos escrever

$$v(x) = \cos x (x + c),$$

onde c é uma constante de integração. Retornando à variável y, segue que

$$y(x) = \frac{1}{\cos x (x + c)}.$$

Exercício 1.28. *Sejam $y = y(x)$ e $x > 0$. Resolva o* PVI *constituído pela equação diferencial*

$$\frac{dy}{dx} - \frac{2}{x}y = \frac{3}{x^2}y^4$$

e pela condição $y(1) = 1/2$.

A equação diferencial é uma equação de Bernoulli com $\alpha = 4$. Multiplicando tal equação diferencial por $-3y^{-4}$, obtemos

$$-3y^{-4}y' + \frac{6}{x}y^{-3} = -\frac{9}{x^2}.$$

Introduzindo a mudança de variável $v(x) = y^{-3}$, onde $v'(x) = -3y^{-4}y'$, temos

$$v' + \frac{6}{x}v = -\frac{9}{x^2}.$$

Uma vez que, a equação diferencial obtida é de primeira ordem, linear e não homogênea,

1.18. EXERCÍCIOS RESOLVIDOS

podemos determinar um fator integrante,

$$\mu(x) = \exp\left(6\int^x \frac{d\xi}{\xi}\right) = e^{6\ln x} = x^6,$$

de modo que, a equação multiplicada por tal fator e rearranjada nos permite escrever

$$\frac{d}{dx}[x^6 v] = -9x^4.$$

Integrando ambos os membros desta equação, segue

$$v = -\frac{9}{5}x^{-1} + cx^{-6},$$

onde c é uma constante arbitrária. Voltando à variável y, temos que

$$\frac{1}{y^3} = -\frac{9}{5}x^{-1} + cx^{-6}.$$

A partir da condição inicial $y(1) = 1/2$, determinamos a constante c, ou seja,

$$\frac{1}{(1/2)^3} = -\frac{9}{5} + c \quad \Rightarrow \quad c = \frac{49}{5}.$$

Finalmente, podemos escrever a solução $y(x)$ na sua forma explícita

$$y(x) = \sqrt[3]{\frac{5x^6}{49 - 9x^5}},$$

com $x \neq \sqrt[5]{\frac{49}{9}}$.

Exercício 1.29. *Sejam $x > 0$ e $y = y(x)$. Determine a solução para a equação de Riccati*

$$\frac{dy}{dx} = -\frac{4}{x^2} - \frac{1}{x}y + y^2,$$

onde $y_1(x) = 2/x$ é uma solução particular.

Procuramos uma solução geral na forma

$$y(x) = \frac{2}{x} + \frac{1}{v}, \tag{1.26}$$

onde $v = v(x)$. Derivando tal solução, substituindo na equação diferencial e rearranjando, obtemos

$$v' + \frac{3}{x}v = -1.$$

Esta é uma equação diferencial de primeira ordem, linear e não homogênea cujo fator integrante é dado por

$$\mu(x) = \exp\left(3\int^x \frac{d\xi}{\xi}\right) = e^{3\ln x} = x^3.$$

Multiplicando a equação diferencial pelo fator integrante, segue que

$$\frac{d}{dx}[x^3 v] = -x^3$$

e, após integração direta nos permite escrever

$$v(x) = -\frac{x}{4} + \frac{c_1}{x^3},$$

onde c_1 é uma constante de integração. Substituindo esta exepressão para $v(x)$ na Eq.(1.26), temos que

$$y(x) = \frac{2}{x} + \frac{4x^3}{c - x^4},$$

onde $c = 4c_1$ é uma constante arbitrária.

Exercício 1.30. *Sejam $y = y(x)$ e $x \geq 3$. Determine uma solução para a seguinte equação diferencial*

$$x\frac{dy}{dx} = \sqrt{x^2 - 9},$$

satisfazendo $y(3) = 1$.

A equação diferencial pode ser reescrita da seguinte forma

$$\frac{dy}{dx} = \frac{\sqrt{x^2 - 9}}{x}.$$

Introduzindo a mudança de variável $x = 3\sec\theta$ ($dx = 3\sec\theta\tan\theta\,d\theta$) e integrando ambos os

1.18. EXERCÍCIOS RESOLVIDOS

membros da equação diferencial, obtemos

$$\int^y dt = \int^\theta \frac{\sqrt{9(\sec^2 u - 1)}}{3\sec u} 3\sec u \tan u\, du$$
$$= \int^\theta \sqrt{9\tan^2 u}\tan u\, du.$$

Para $0 < x < \pi/2$, temos que $\sqrt{\tan^2 \theta} = |\tan \theta| = \tan \theta$, assim

$$y = 3\int^\theta \tan^2 u\, du = 3\tan\theta - 3\theta + c,$$

onde c é uma constante de integração. Voltemos à variável x ($0 < x < \pi/2$):

$$x = 3\sec\theta \quad \Rightarrow \quad \operatorname{sen}^2\theta = 1 - \frac{9}{x^2} \quad \Rightarrow \quad \operatorname{sen}\theta = \frac{\sqrt{x^2-9}}{x}.$$

Então,

$$y(x) = \sqrt{x^2 - 9} - 3\arccos\left(\frac{3}{x}\right) + c.$$

A partir da condição inicial $y(3) = 1$ podemos determinar c, isto é,

$$-3\arccos(1) + c = 1 \quad \Rightarrow \quad c = 1.$$

Uma solução particular para o problema de valor inicial é dada por

$$y(x) = \sqrt{x^2 - 9} - 3\arccos\left(\frac{3}{x}\right) + 1.$$

Exercício 1.31. *Seja $y = y(x)$. Resolva o seguinte* PVI

$$\begin{cases} \dfrac{dy}{dx} = \dfrac{1}{25 + 9x^2}, \\ y\left(\dfrac{5}{3}\right) = \dfrac{\pi}{30}. \end{cases}$$

Esta equação diferencial é separável, isto é,

$$dy = \frac{1}{25 + 9x^2}dx.$$

Introduzindo a mudança de variável $x = \frac{5}{3}\tan\theta$ ($dx = \frac{5}{3}\sec^2\theta\, d\theta$) e integrando ambos os membros da equação diferencial, temos

$$\int^y dt = \int^\theta \frac{\left(\frac{5}{3}\sec^2 u\right)}{25 + 9\left(\frac{5}{3}\tan u\right)^2} du$$

$$= \frac{5}{3}\int^\theta \frac{\sec^2 u}{25(1+\tan^2 u)} du$$

$$= \frac{1}{15}\int^\theta \frac{\sec^2 u}{\sec^2 u} du,$$

então

$$y = \frac{1}{15}\theta + c,$$

onde c é uma constante arbitrária e $\theta = \arctan\left(\frac{3}{5}x\right)$. Assim, podemos escrever

$$y = \frac{1}{15}\arctan\left(\frac{3}{5}x\right) + c.$$

Utilizando a condição inicial $y\left(\frac{5}{3}\right) = \frac{\pi}{30}$, segue que

$$\frac{1}{15}\arctan(1) + c = \frac{\pi}{30} \quad \Rightarrow \quad c = \frac{\pi}{60}.$$

Finalmente, temos que, uma solução particular para o problema de valor inicial é dada por

$$y = \frac{1}{15}\arctan\left(\frac{3}{5}x\right) + \frac{\pi}{60}.$$

Exercício 1.32. *Sejam $x > 0$ e $y = y(x)$. Resolva a equação diferencial*

$$xy'' - (y')^3 - y' = 0.$$

A fim de reduzir esta equação diferencial de segunda ordem a uma equação diferencial de primeira ordem, introduzimos a mudança de variável $y' = u$, onde $y'' = u'$ e $u = u(x) \neq 0$, de onde segue que

$$u' - \frac{1}{x}u = \frac{1}{x}u^3.$$

Esta equação diferencial é uma equação diferencial não linear de Bernoulli com $\alpha = 3$. Mul-

1.18. EXERCÍCIOS RESOLVIDOS

tiplicando tal equação diferencial por $-2u^{-3}$, obtemos

$$-2u^{-3}u' + \frac{2}{x}u^{-2} = -\frac{2}{x}.$$

Introduzindo uma nova mudança de variável $v = u^{-2}$, então $v' = -2u^{-3}u'$ e, assim obtemos uma equação diferencial ordinária de primeira ordem, linear e não homogênea dada por

$$v' + \frac{2}{x}v = -\frac{2}{x},$$

cujo fator integrante admite a seguinte forma

$$\mu(x) = \exp\left(2\int^x \frac{d\xi}{\xi}\right) = e^{2\ln x} = x^2.$$

Multiplicando a equação diferencial por $\mu(x)$ e rearranjando, podemos escrever

$$\frac{d}{dx}[x^2 v] = -2x$$

e, após integração direta em ambos os membros da equação, obtemos

$$v = -1 + c_1 x^{-2},$$

com c_1 uma constante de integração. Uma vez que, $v = u^{-2}$, temos que $u = \pm\frac{x}{\sqrt{c_1 - x^2}} = y'$. Esta última equação é separável, assim podemos integrar ambos os membros de tal equação, de modo a obter

$$\int^y dt = \pm\int^x \frac{u}{\sqrt{c_1 - u^2}} du,$$

assim $y = \pm\sqrt{c_1 - x^2} + c$, onde c é uma constante arbitrária. Elevando, ao quadrado, ambos os lados da expressão para y, finalmente, podemos escrever

$$x^2 + (y - c)^2 = c_1.$$

Exercício 1.33. *Seja $y = y(x)$. Determine a solução contínua para o problema de valor inicial*

$$\begin{cases} \frac{dy}{dx} + 2xy = f(x), \\ y(0) = 2, \end{cases}$$

onde

$$f(x) = \begin{cases} x, & \text{se } 0 \leq x \leq 1, \\ 0, & \text{se } x > 1. \end{cases}$$

Uma vez que a função $f(x)$ é descontínua, vamos procurar a solução em dois intervalos de modo que a solução seja contínua. Começamos com o intervalo $0 \leq x \leq 1$. Neste caso, devemos resolver a seguinte equação diferencial

$$\frac{dy}{dx} + 2xy = x,$$

cujo fator integrante é dado por

$$\mu(x) = \exp\left(2\int^x \xi d\xi\right) = e^{x^2}.$$

Multiplicando a equação diferencial pelo fator integrante e rearranjando, obtemos

$$\frac{d}{dx}[ye^{x^2}] = xe^{x^2}$$

e, após integração em ambos os membros desta equação, segue que

$$y = \frac{1}{2} + c_1 e^{-x^2},$$

onde c_1 é uma constante arbitrária. Por outro lado, para $x > 1$ devemos resolver a seguinte equação diferencial,

$$\frac{dy}{dx} + 2xy = 0.$$

Esta equação diferencial é separável e, através de integração direta, podemos escrever

$$y = c_2 e^{-x^2},$$

onde c_2 é uma constante arbitrária. A solução para a equação diferencial, nestes dois intervalos, é dada por

$$y(x) = \begin{cases} \dfrac{1}{2} + c_1 e^{-x^2}, & \text{se } 0 \leq x \leq 1 \\ c_2 e^{-x^2}, & \text{se } x > 1. \end{cases}$$

Impondo a condição inicial $y(0) = 2$, obtemos $c_1 = 3/2$. A fim de que tenhamos solução

1.18. EXERCÍCIOS RESOLVIDOS

contínua, devemos ter, em $x = 1$,

$$\frac{1}{2} + \frac{3}{2}e^{-1} = c_2 e^{-1} \quad \Rightarrow \quad c_2 = \frac{1}{2}e + \frac{3}{2}.$$

Finalmente, podemos escrever a solução $y(x)$ da seguinte forma

$$y(x) = \begin{cases} \dfrac{1}{2}(1 + 3e^{-x^2}), & \text{se } 0 \leq x \leq 1 \\ \dfrac{1}{2}(e + 3e^{-x^2}), & \text{se } x > 1. \end{cases}$$

Exercício 1.34. *A função $y = \operatorname{sen} x^2$ pode ser solução de uma equação diferencial ordinária da forma $y'' + p(x)y' + q(x)y = 0$ em um intervalo contendo $x = 0$?*

Derivando $y(x)$, duas vezes,

$$y' = 2x\cos x^2, \qquad y'' = 2[\cos x^2 - 2x^2 \operatorname{sen} x^2],$$

e substituindo na equação diferencial, obtemos

$$[2 + 2xp(x)]\cos x^2 + [-4x^2 + q(x)]\operatorname{sen} x^2 = 0.$$

Para que esta equação seja válida, devemos ter $p(x) = -1/x$ e $q(x) = 4x^2$. Logo, a função $y = \operatorname{sen} x^2$ não pode ser solução da equação diferencial, pois $p(x) = -1/x$ não está definida em $x = 0$.

Exercício 1.35. *Sejam $f(x)$ e $g(x)$ funções reais, dependendo de x. Se o Wronskiano de f e g é $3e^{4x}$ e, se $f(x) = e^{2x}$, determine $g(x)$.*

Temos que

$$W[f(x), g(x)] = \begin{vmatrix} e^{2x} & g(x) \\ 2e^{2x} & g'(x) \end{vmatrix} = 3e^{4x},$$

isto é,

$$e^{2x}g'(x) - 2e^{2x}g(x) = 3e^{4x}.$$

Dividindo ambos os membros desta equação por e^{2x}, obtemos

$$g'(x) - 2g(x) = 3e^{2x}.$$

Esta é uma equação diferencial ordinária de primeira ordem, linear e não homogênea, cujo fator integrante é

$$\mu(x) = \exp\left(-2\int^x d\xi\right) = e^{-2x}.$$

Multiplicando a equação diferencial pelo fator integrante e rearranjando, obtemos

$$\frac{d}{dx}(e^{-2x}g(x)) = 3$$

e, após integração, podemos escrever

$$g(x) = (3x+c)e^{2x},$$

onde c é uma constante arbitrária.

Exercício 1.36. *Considere a equação diferencial ordinária de segunda ordem, linear e homogênea, com $y = y(x)$, dada por*

$$\frac{d^2y}{dx^2} + p(x)\frac{dy}{dx} + q(x)y = 0, \tag{1.27}$$

onde $p(x)$ e $q(x)$ são funções contínuas no intervalo $\mathbb{I}$. Supondo que $y_1 = y_1(x) \neq 0$ é uma solução para a equação diferencial no intervalo $\mathbb{I}$, mostre que

$$y_2(x) = y_1(x)\int^x \frac{\exp[-\int^\xi p(\eta)d\eta]}{[y_1(\xi)]^2}d\xi$$

é a segunda solução linearmente independente para tal equação.

Suponha que $y_2(x) = y_1(x)u(x)$ é solução da equação diferencial, onde $u(x)$ é uma função a ser determinada. Diferenciando $y_2(x)$ duas vezes, em relação à variável x, obtemos

$$y_2' = u'y_1 + uy_1' \quad \text{e} \quad y_2'' = u''y_1 + 2u'y_1' + uy_1''.$$

Substituindo estas expressões na equação diferencial e rearranjando, segue que

$$u''y_1 + u'[2y_1' + p(x)y_1] + u[y_1'' + p(x)y_1' + q(x)y_1] = 0.$$

A segunda expressão entre colchetes é nula, pois $y_1(x)$ é solução da Eq.(1.27). Assim, temos

1.18. EXERCÍCIOS RESOLVIDOS

que

$$u''y_1 + u'[2y_1' + p(x)y_1] = 0.$$

Dividindo membro a membro esta última equação por $y_1(x) \neq 0$, podemos escrever

$$u'' + u'\left(\frac{2y_1'}{y_1} + p(x)\right) = 0.$$

Introduzindo a substituição $u'(x) = v$ nesta última equação diferencial, onde $v = v(x)$, segue que

$$v' + v\left(\frac{2y_1'}{y_1} + p(x)\right) = 0.$$

Esta é uma equação diferencial de primeira ordem separável, logo

$$\frac{dv}{v} = -\left(\frac{2y_1'}{y_1} + p(x)\right)dx,$$

cuja integração direta, fornece

$$\ln|v| = -2\ln|y_1| - \int^x p(\eta)d\eta + c,$$

ou ainda,

$$v = \frac{c_1}{y_1^2}\left[\exp\left(-\int^x p(\eta)d\eta\right)\right],$$

onde $c_1 = e^c$, com c e c_1 constantes arbitrárias. Retornando à variável $u(x)$, através de integração, obtemos

$$u = c_1 \int^x \frac{\exp[-\int^\xi p(\eta)d\eta]}{[y_1(\xi)]^2}d\xi.$$

Portanto, a segunda solução linearmente independente é dada por

$$y_2(x) = y_1(x)u(x) = y_1(x)\int^x \frac{\exp[-\int^\xi p(\eta)d\eta]}{[y_1(\xi)]^2}d\xi,$$

onde a constante c_1 é omitida por simplicidade.

Exercício 1.37. *Seja* $y_1(x) = x+1$ *uma solução para a equação diferencial ordinária ho-*

mogênea

$$(1-2x-x^2)\frac{d^2y}{dx^2}+2(1+x)\frac{dy}{dx}-2y=0.$$

Determine a segunda solução linearmente independente, $y_2(x)$.

Suponha que $y_2(x) = y_1(x)u(x) = (x+1)u(x)$. Derivando duas vezes em relação à variável x,

$$y_2' = u + (x+1)u' \quad \text{e} \quad y_2'' = 2u' + (x+1)u''$$

e, então, substituindo na equação diferencial e rearranjando, obtemos

$$[(1-2x-x^2)(x+1)]u'' + 4u' = 0.$$

Introduzimos a substituição $v = u'$ ($v' = u''$) de modo a conduzir a equação diferencial de segunda ordem a uma equação diferencial de primeira ordem separável, isto é,

$$\frac{dv}{v} = -\frac{4}{(1-2x-x^2)(x+1)}dx.$$

Integrando ambos os membros de tal equação e utilizando frações parciais, podemos escrever

$$\int^v \frac{dt}{t} = \int^x \frac{-2u-2}{1-2u-u^2}du - 2\int^x \frac{du}{u+1}$$

$$\ln|v| = \ln|1-2x-x^2| - 2\ln|x+1| + c$$

$$= \ln\left|\frac{1-2x-x^2}{(x+1)^2}\right| + c$$

onde c é uma constante de integração, ou ainda,

$$v = c_1\left[\frac{1-2x-x^2}{(x+1)^2}\right],$$

com $c_1 = e^c$ uma constante arbitrária. Retornando à variável $u(x)$, através de integração direta,

$$u(x) = c_1 \int^x \left[\frac{1-2\xi-\xi^2}{(\xi+1)^2}\right]d\xi$$

$$= c_1 \int^x \left[\frac{2}{(\xi+1)^2} - 1\right]d\xi$$

$$= c_2\left[x + \frac{2}{x+1}\right],$$

onde $c_2 = -c_1$ uma constante. Portanto, a segunda solução linearmente independente é dada

1.18. EXERCÍCIOS RESOLVIDOS 143

por

$$y_2(x) = (x+1)u(x) = x^2 + x + 2,$$

onde omitimos a constante c_2 por simplicidade.

Exercício 1.38. *Seja $y = y(x)$. Resolva as seguintes equações diferenciais ordinárias com coeficientes constantes:*

(a) $y'' + 2y' - 3y = 0$,
(b) $y'' - 2y' + y = 0$.

(a) A equação característica associada a esta equação diferencial é $\lambda^2 + 2\lambda - 3 = 0$, cujas raízes são $\lambda_1 = 1$ e $\lambda_2 = -3$. Portanto, a solução geral é dada por $y(x) = c_1 e^x + c_2 e^{-3x}$, onde c_1 e c_2 são constantes.

(b) Neste caso, a equação característica é $\lambda^2 - 2\lambda + 1 = 0$. As duas raízes são reais e iguais a 1. A solução geral para a equação diferencial é $y(x) = c_1 e^x + c_2 x e^x$, onde c_1 e c_2 são constantes.

Exercício 1.39. *Seja $y = y(x)$. Determine a solução para o problema de valor inicial*

$$\begin{cases} \dfrac{d^2 y}{dx^2} - 2\dfrac{dy}{dx} + 5y = 0, \\ y\left(\dfrac{\pi}{2}\right) = 0, \quad y'\left(\dfrac{\pi}{2}\right) = 2. \end{cases}$$

A equação característica associada à equação diferencial é $\lambda^2 - 2\lambda + 5 = 0$, cuja raízes são $\lambda_1 = 1 + 2i$ e $\lambda_2 = 1 - 2i$. Assim, a solução geral para a equação diferencial homogênea é dada por

$$y(x) = [c_1 \cos 2x + c_2 \operatorname{sen} 2x] e^x,$$

onde c_1 e c_2 são constantes. A partir da condição inicial $y\left(\frac{\pi}{2}\right) = 0$, obtemos $c_1 = 0$. Então, a solução para a equação diferencial torna-se

$$y(x) = c_2 e^x \operatorname{sen} 2x.$$

Derivando esta expressão em relação à variável x, temos

$$y'(x) = c_2 e^x \operatorname{sen} 2x + 2c_2 e^x \cos 2x$$

e, então a partir da condição $y'\left(\frac{\pi}{2}\right) = 2$, segue que $c_2 = -e^{-\pi/2}$. Portanto, a solução para o problema de valor inicial é dada por

$$y(x) = -e^{x-\pi/2}\,\text{sen}\,2x.$$

Exercício 1.40. *Encontre uma equação diferencial cuja solução geral é $y(x) = c_1 e^{2x} + c_2 e^{-3x}$, sendo c_1 e c_2 constantes arbitrárias.*

Temos que $\lambda_1 = 2$ e $\lambda_2 = -3$ são raízes da equação característica

$$(\lambda - 2)(\lambda + 3) = \lambda^2 + \lambda - 6 = 0.$$

Multiplicando ambos os membros desta equação por $e^{\lambda x}$, obtemos

$$\lambda^2 e^{\lambda x} + \lambda e^{\lambda x} - 6e^{\lambda x} = 0.$$

Sendo $y(x) = e^{\lambda x}$, temos que, a equação diferencial é dada por $y''(x) + y'(x) - 6y(x) = 0$.

Exercício 1.41. *Explique por que $y_p(x) = Ae^{3x}$, com A constante, não é a forma adequada para a solução particular da equação diferencial $y'' - 9y = e^{3x}$, com $y = y(x)$.*

A equação característica associada à equação diferencial homogênea é $\lambda^2 - 9 = 0$, onde as raízes são $\lambda_1 = -3$ e $\lambda_2 = 3$. A solução geral para tal equação é $y_h(x) = c_1 e^{-3x} + c_2 e^{3x}$, onde c_1 e c_2 são constantes. Derivando $y_p(x) = Ae^{3x}$, com A constante, duas vezes e substituindo na equação diferencial não homogênea, obtemos

$$9Ae^{3x} - 9Ae^{3x} = e^{3x} \Leftrightarrow e^{3x} = 0.$$

Note que, ao supor que $y_p(x) = Ae^{3x}$ é uma solução particular para a equação diferencial não homogênea obtivemos um absurdo. Isto ocorreu, pois Ae^{3x} já aparece como solução da equação diferencial homogênea. Assim, sempre que isto acontecer devemos multiplicar $y_p(x)$ por x^n, onde n é o menor inteiro positivo que elimina a multiplicidade de soluções. Neste caso, devemos supor $y_p(x) = Axe^{3x}$ com A constante.

Exercício 1.42. *Seja $y_p(x)$ uma solução particular para a equação diferencial não homogênea $y'' + p(x)y' + q(x)y = f(x)$, com $y = y(x)$. Sejam $y_1(x)$ e $y_2(x)$ soluções fundamentais da equação homogênea correspondente. Mostre que a solução geral para a equação diferencial não homogênea é*

$$y(x) = c_1 y_1(x) + c_2 y_2(x) + y_p(x),$$

onde c_1 e c_2 são constantes.

1.18. EXERCÍCIOS RESOLVIDOS

Seja $y(x)$ uma solução para a equação diferencial não homogênea e $y_p(x)$ uma solução particular para esta mesma equação diferencial. Vamos mostrar que $\varphi(x) = y(x) - y_p(x)$ é solução para a equação diferencial homogênea, $y'' + p(x)y' + q(x)y = 0$. De fato, se $\varphi(x)$ é solução para a equação diferencial homogênea, então $\varphi(x)$ satisfaz tal equação, isto é,

$$\begin{aligned} y'' + p(x)y' + q(x)y &= [y'' - y_p''] + p(x)[y' - y_p'] + q(x)[y - y_p] \\ &= [y'' + p(x)y' + q(x)y] - [y_p'' + p(x)y_p' + q(x)y_p] \\ &= f(x) - f(x) = 0. \end{aligned}$$

Se $y_1(x)$ e $y_2(x)$ são soluções fundamentais para a equação diferencial homogênea, então

$$\varphi(x) = y(x) - y_p(x) = c_1 y_1(x) + c_2 y_2(x),$$

onde c_1 e c_2 são constantes. Assim, a solução geral para a equação diferencial não homogênea consiste na soma da solução geral da equação homogênea, $y_h(x)$, com uma solução particular para a equação não homogênea, $y_p(x)$, ou seja,

$$y(x) = y_h(x) + y_p(x),$$

onde $y_h(x) = c_1 y_1(x) + c_2 y_2(x)$.

Exercício 1.43. *Sejam $y_1(x)$ e $y_2(x)$ soluções das equações diferenciais não homogêneas $y'' + p(x)y' + q(x)y = f_1(x)$ e $y'' + p(x)y' + q(x)y = f_2(x)$, respectivamente. Mostre que $y(x) = y_1(x) + y_2(x)$ é solução da equação diferencial*

$$y'' + p(x)y' + q(x)y = f_1(x) + f_2(x).$$

Se $y(x) = y_1(x) + y_2(x)$ é solução da equação diferencial não homogênea, $y'' + p(x)y' + q(x)y = f_1(x) + f_2(x)$, então $y(x)$ satisfaz esta equação diferencial, isto é,

$$\begin{aligned} y'' + p(x)y' + q(x)y &= [y_1'' + y_2''] + p(x)[y_1' + y_2'] + q(x)[y_1 + y_2] \\ &= [y_1'' + p(x)y_1' + q(x)y_1] + [y_2'' + p(x)y_2' + q(x)y_2] \\ &= f_1(x) + f_2(x), \end{aligned}$$

pois $y_1(x)$ é solução de $y_1'' + p(x)y_1' + q(x)y_1 = f_1(x)$ e $y_2(x)$ é solução da equação $y_2'' + p(x)y_2' + q(x)y_2 = f_2(x)$. Portanto, $y(x) = y_1(x) + y_2(x)$ é solução da equação diferencial não homogêa $y'' + p(x)y' + q(x)y = f_1(x) + f_2(x)$.

Exercício 1.44. *Seja $y = y(x)$. Determine a forma da solução particular das seguintes equações diferenciais:*

(a) $y'' + 6y' + 10y = 3xe^{-3x} - 2e^{3x}\cos x$,
(b) $y'' + 2y' + 2y = 3e^{-x} + 2e^{-x}\cos x + 4e^{-x}x^2\,\text{sen}\,x$,
(c) $y'' + 4y = x^2\,\text{sen}(2x) + (6x + 7)\cos 2x$,
(d) $y'' + 3y' + 2y = e^x(x^2 + 1) + 3e^{-x}\cos x + 4e^x$.

(a) A equação característica associada à equação diferencial é $\lambda^2 + 6\lambda + 10 = 0$, cujas raízes são $\lambda_1 = -3 + i$ e $\lambda_2 = -3 - i$. A solução geral para a equação homogênea é

$$y_h(x) = [c_1 \cos x + c_2\,\text{sen}\,x]e^{-3x},$$

onde c_1 e c_2 são constantes. A forma para $y_p(x)$ é dada por

$$y_p(x) = (Ax + B)e^{-3x} + Ce^{3x}\cos x + De^{3x}\,\text{sen}\,x,$$

com A, B, C e D constantes.

(b) Temos que $\lambda_1 = -1 + i$ e $\lambda_2 = -1 - i$ são raízes da equação característica $\lambda^2 + 2\lambda + 2 = 0$. A solução para a equação diferencial homogênea é $y_h(x) = [c_1 \cos x + c_2 \cos x]e^{-x}$, com c_1 e c_2 constantes. A forma para $y_p(x)$ é

$$y_p(x) = Ae^{-x} + (Bx^2 + Cx + D)xe^{-x}\cos x + (Ex^2 + Fx + G)xe^{-x}\,\text{sen}\,x,$$

onde A, B, C, D, E, F e G são constantes.

(c) Neste caso, $y_h(x) = c_1 \cos 2x + c_2\,\text{sen}\,2x$, onde c_1 e c_2 são constantes. Então,

$$y_p(x) = (Ax^2 + Bx + C)x\,\text{sen}\,2x + (Dx^2 + Ex + F)x\cos 2x,$$

com A, B, C, D, E e F constantes.

(d) Temos que, $y_h(x) = c_1 e^{-x} + c_2 e^{-2x}$, com c_1 e c_2 constantes. A forma adequada para $y_p(x)$ é

$$y_p(x) = (Ax^2 + Bx + C)e^x\,\text{sen}\,2x + (Dx^2 + Ex + F)e^x\cos 2x + Ge^{-x}\cos x + He^{-x}\,\text{sen}\,x + Ie^x,$$

onde A, B, C, D, E, F, G, H e I constantes.

1.18. EXERCÍCIOS RESOLVIDOS

Exercício 1.45. *Utilize o método dos coeficientes a determinar para encontrar uma solução particular para as seguintes equações diferenciais:*

(a) $y'' - 10y' + 25y = 30x + 3$,
(b) $y'' + 2y' + y = \operatorname{sen} x + 3\cos 2x$.

(a) A equação característica associada à equação diferencial homogênea é $\lambda^2 - 10\lambda + 25 = 0$, cujas raízes são $\lambda_1 = \lambda_2 = 5$. A solução geral para tal equação é

$$y_h(x) = c_1 e^{5x} + c_2 x e^{5x},$$

onde c_1 e c_2 são constantes. Admitimos que uma solução particular para a equação diferencial não homogênea tem a seguinte a forma

$$y_p(x) = Ax + B,$$

onde A e B são constantes que devem ser determinadas. Calculando as derivadas primeira e segunda, e substituindo na equação diferencial não homogênea, obtemos

$$-10A + 25(Ax + B) = 30x + 3.$$

O sistema algébrico

$$\begin{cases} 25A = 30, \\ -10A + 25B = 3, \end{cases}$$

tem como solução $A = 6/5$ e $B = 3/5$. Uma solução particular para a equação diferencial não homogênea é

$$y_p(x) = \frac{6}{5}x + \frac{3}{5}$$

e, a solução geral é dada por

$$y(x) = c_1 e^{5x} + c_2 x e^{5x} + \frac{6}{5}x + \frac{3}{5},$$

com c_1 e c_2 constantes arbitrárias.

(b) As raízes da equação característica, $\lambda^2 + 2\lambda + 1 = 0$, são $\lambda_1 = \lambda_2 = -1$. A solução geral para a equação diferencial homogênea é

$$y_h(x) = c_1 e^{-x} + c_2 x e^{-x},$$

com c_1 e c_2 constantes. Propomos uma solução particular para a equação diferencial não homogênea com a seguinte forma

$$y_p(x) = A\operatorname{sen} x + B\cos x + C\operatorname{sen} 2x + D\cos 2x,$$

onde as constantes A, B, C e D devem ser determinadas. Derivando $y_p(x)$ duas vezes, substituindo na equação diferencial não homogênea e rearranjando, segue

$$-2B\operatorname{sen} x + 2A\cos x + (-3C - 4D)\operatorname{sen} 2x + (4C - 3D)\cos 2x = \operatorname{sen} x + 3\cos 2x.$$

O seguinte sistema algébrico

$$\begin{cases} -2B = 1, \\ 2A = 0, \\ -3C + 4D = 0, \\ 4C - 3D = 3, \end{cases}$$

admite solução única dada por $A = 0$, $B = -1/2$, $C = 12/25$ e $D = -9/25$. Uma solução particular para a equação diferencial não homogênea é

$$y_p(x) = -\frac{1}{2}\cos x + \frac{12}{25}\operatorname{sen} 2x - \frac{9}{25}\cos 2x.$$

A solução geral é

$$y(x) = c_1 e^{-x} + c_2 x e^{-x} - \frac{1}{2}\cos x + \frac{12}{25}\operatorname{sen} 2x - \frac{9}{25}\cos 2x,$$

com c_1 e c_2 constantes arbitrárias.

Exercício 1.46. Seja $y = y(x)$. Resolva o seguinte PVI

$$\begin{cases} 2y'' + 3y' - 2y = 14x^2 - 4x - 11, \\ y(0) = 0, \quad y'(0) = 0. \end{cases}$$

através do método dos coeficientes a determinar.

A equação diferencial homogênea associada a este problema é $2y'' + 3y' - 2y = 0$ e a equação característica é $2\lambda^2 + 3\lambda - 2 = 0$, onde as raízes de tal equação são dadas por $\lambda_1 = 1/2$ e $\lambda_2 = -2$. A solução geral para a equação homogênea é dada por

$$y_h(x) = c_1 e^{x/2} + c_2 e^{-2x},$$

1.18. EXERCÍCIOS RESOLVIDOS

com c_1 e c_2 constantes. Propomos

$$y_p(x) = Ax^2 + Bx + C$$

como solução particular para a equação diferencial não homogênea, onde A, B e C são constantes a serem determinadas. Diferenciado $y_p(x)$ duas vezes e substituindo na equação diferencial não homogênea, obtemos

$$(-2A)x^2 + (6A - 2B)x + (4A + 3B - 2C) = 14x^2 - 4x - 11.$$

Igualando os coeficientes deste polinômio, temos o seguinte sistema algébrico

$$\begin{cases} -2A = 14, \\ 6A - 2B = -4, \\ 4A + 3B - 2C = -11, \end{cases}$$

cuja solução é $A = -7$, $B = -19$ e $C = -37$. Então,

$$y_p(x) = -7x^2 - 19x - 37.$$

A solução geral para a equação diferencial não homogênea é dada por

$$y(x) = c_1 e^{x/2} + c_2 e^{-2x} - 7x^2 - 19x - 37,$$

cuja derivada é

$$y'(x) = \frac{c_1}{2} e^{x/2} - 2c_2 e^{-2x} - 14x - 19.$$

A partir das condições iniciais $y(0) = 0 = y'(0)$, temos que

$$y(0) = c_1 + c_2 - 37 = 0 \quad \text{e} \quad y'(0) = \frac{c_1}{2} - 2c_2 - 19 = 0,$$

de onde segue o seguinte sistema algébrico

$$\begin{cases} c_1 + c_2 = 37, \\ c_1 - 4c_2 = 38. \end{cases}$$

A solução para tal sistema é $c_1 = 186/5$ e $c_2 = -1/5$. Finalmente, podemos escrever a solução para o problema de valor inicial

$$y(x) = \frac{186}{5}e^{x/2} - \frac{1}{5}e^{-2x} - 7x^2 - 19x - 37.$$

Exercício 1.47. *Seja* $y = y(x)$. *Resolva o seguinte* PVC

$$\begin{cases} y'' - 2y' + 2y = 2x - 2, \\ y(0) = 0, \quad y(\pi) = \pi. \end{cases}$$

utilizando o método dos coeficientes a determinar.

A equação característica associada à equação diferencial homogênea é $\lambda^2 - 2\lambda + 2 = 0$, cujas raízes são $\lambda_1 = 1 + i$ e $\lambda_2 = 1 - i$. A solução geral para tal equação diferencial é

$$y_h(x) = (c_1 \cos x + c_2 \operatorname{sen} x)e^x,$$

onde c_1 e c_2 são constantes. Supomos que uma solução particular para a equação diferencial não homogênea admite a seguinte forma

$$y_p(x) = Ax + B,$$

onde A e B são constantes que devem ser determinadas. Calculando as derivadas primeira e segunda, substituindo na equação diferencial não homogênea e rearranjando, obtemos

$$(2A)x + (-2A + 2B) = 2x - 2,$$

de onde segue o seguinte sistema algébrico

$$\begin{cases} 2A = 2, \\ -2A + 2B = -2, \end{cases}$$

com solução $A = 1$ e $B = 0$. A solução geral para a equação diferencial não homogênea é

$$y(x) = (c_1 \cos x + c_2 \operatorname{sen} x)e^x + x.$$

A partir das condições de contorno $y(0) = 0$ e $y(\pi) = \pi$, obtemos $c_1 = 0$ e c_2 uma constante arbitrária. A solução para o problema de valor de contorno é dada por

$$y(x) = c_2 \operatorname{sen} x\, e^x + x,$$

1.18. EXERCÍCIOS RESOLVIDOS

sendo c_2 uma constante arbitrária.

Exercício 1.48. *Seja* $y = y(x)$. *Determine a solução contínua para o* PVI

$$\begin{cases} y'' + 4y = f(x), \\ y(0) = 1, \quad y'(0) = 2, \end{cases}$$

onde

$$f(x) = \begin{cases} \operatorname{sen} x, & \text{se } 0 \leq x \leq \pi/2, \\ 0, & \text{se } x > \pi/2, \end{cases}$$

utilizando o método dos coeficientes a determinar.

A partir do **Exercício 1.44(c)**, sabemos que a solução da equação diferencial homogênea $y'' + 4y = 0$ é dada por $y(x) = c_1 \cos 2x + c_2 \operatorname{sen} 2x$. A função $f(x)$ é descontínua, então devemos procurar a solução em dois intervalos, a saber: $0 \leq x \leq \pi/2$ e $x > \pi/2$. No intervalo $0 \leq x \leq \pi/2$, temos a seguinte equação diferencial não homogênea

$$y'' + 4y = \operatorname{sen} x. \tag{1.28}$$

Admitimos a seguinte forma para a solução particular da equação não homogênea,

$$y_p(x) = A \operatorname{sen} x + B \cos x,$$

onde A e B são constantes a serem determinadas. Diferenciando $y_p(x)$ duas vezes e substituindo na equação diferencial, segue

$$3A \operatorname{sen} x + 3B \cos x = \operatorname{sen} x.$$

Concluímos que $A = 1/3$ e $B = 0$. A solução geral para a Eq.(1.28) é

$$y(x) = c_1 \cos 2x + c_2 \operatorname{sen} 2x + \frac{1}{3} \operatorname{sen} x$$

com c_1 e c_2 constantes arbitrárias, sendo

$$y'(x) = -2c_1 \operatorname{sen} 2x + 2c_2 \cos 2x + \frac{1}{3} \cos x.$$

Utilizando as condições iniciais $y(0) = 1$ e $y'(0) = 2$, obtemos $c_1 = 1$ e $c_2 = 5/6$, logo

$$y(x) = \cos 2x + \frac{5}{6} \operatorname{sen} 2x + \frac{1}{3} \operatorname{sen} x, \qquad 0 \leq x \leq \pi/2.$$

Para $x > \pi/2$, a solução geral para a equação diferencial $y'' + 4y = 0$ é

$$y(x) = c_3 \cos 2x + c_4 \operatorname{sen} 2x,$$

com c_3 e c_4 constantes arbitrárias. A fim de obter uma solução $y(x)$ contínua, em $x = \pi/2$, devemos ter

$$\cos \pi + \frac{5}{6} \operatorname{sen} \pi + \frac{1}{3} \operatorname{sen}\left(\frac{\pi}{2}\right) = c_3 \cos \pi + c_4 \operatorname{sen} \pi \quad \Rightarrow \quad c_3 = \frac{2}{3}.$$

Por outro lado, para que $y'(x)$ seja contínua em $x = \pi/2$, temos

$$-\frac{4}{3} \operatorname{sen} \pi + 2c_4 \cos \pi = -2 \operatorname{sen} \pi + \frac{5}{3} \cos \pi + \frac{1}{3} \cos\left(\frac{\pi}{2}\right) \quad \Rightarrow \quad c_4 = \frac{5}{6}.$$

A solução contínua para o problema de valor inicial é

$$y(x) = \begin{cases} \cos 2x + \dfrac{5}{6} \operatorname{sen} 2x + \dfrac{1}{3} \operatorname{sen} x, & \text{se } 0 \leq x \leq \pi/2, \\ \dfrac{2}{3} \cos 2x + \dfrac{5}{6} \operatorname{sen} 2x, & \text{se } x > \pi/2. \end{cases}$$

Exercício 1.49. Seja $y = y(x)$. Considere a equação diferencial $ay'' + by' + cy = e^{kx}$, onde a, b, c e k são constantes não nulas. A equação característica associada à equação diferencial homogênea é $a\lambda^2 + b\lambda + c = 0$.

(a) Se k não é raiz da equação característica, mostre que podemos encontrar uma solução particular com a seguinte forma $y_p(x) = Ae^{kx}$, onde $A = 1/(ak^2 + bk + c)$.
(b) Se k é uma raiz da equação característica com multiplicidade um, mostre que podemos encontrar uma solução particular na forma $y_p(x) = Axe^{kx}$, onde $A = 1/(2ak + b)$. Explique por que $k \neq -b/(2a)$.
(c) Se k é uma raiz da equação característica com multiplicidade dois, mostre que podemos encontrar uma solução particular na forma $y_p(x) = Ax^2 e^{kx}$, onde $A = 1/(2a)$.

(a) Se k não é raiz da equação característica, supomos $y_p(x) = Ae^{kx}$, com A constante. Calculando as derivadas primeira e segunda, e substituindo na equação diferencial não homogênea, obtemos

$$\begin{aligned} aAk^2 e^{kx} + bAk e^{kx} + cAe^{kx} &= e^{kx} \\ (ak^2 + bk + c) Ae^{kx} &= e^{kx}, \end{aligned}$$

1.18. EXERCÍCIOS RESOLVIDOS

isto é, $(ak^2+bk+c)A = 1$, de onde segue $A = 1/(ak^2+bk+c)$.

(b) Se k é uma raiz da equação característica com multiplicidade um, então supomos $y_p(x) = Axe^{kx}$. Derivando duas vezes esta expressão e substituindo na equação diferencial não homogênea, obtemos

$$aAk^2xe^{kx} + 2akAe^{kx} + bAe^{kx} + Abkxe^{kx} + cAxe^{kx} = e^{kx}$$
$$(ak^2+bk+c)Axe^{kx} + (2ak+b)Ae^{kx} = e^{kx},$$

onde $(ak^2+bk+c) = 0$, pois k é raiz da equação característica. Ainda mais, uma vez que k é raiz com multiplicidade um da equação característica, então k satisfaz a seguinte expressão $k = (-b \pm \sqrt{b^2-4ac})/(2a)$ com $k \neq -b/(2a)$. Assim, temos que $(2ak+b)A = 1$, ou seja, $A = 1/(2ak+b)$, com $k \neq -b/2a$.

(c) Se k é uma raiz da equação característica com multiplicidade dois, então pelo item anterior, temos que $k = -b/(2a)$, isto é, $2ak+b = 0$ e $(ak^2+bk+c) = 0$. Supomos então $y_p(x) = Ax^2e^{kx}$. Derivando y_p duas vezes e substituindo na equação diferencial não homogênea, temos

$$aAk^2x^2e^{kx} + 4aAkxe^{kx} + 2aAe^{kx} + bAkx^2e^{kx} + 2Abxe^{kx} + Acx^2e^{kx} = e^{kx}$$
$$\underbrace{(ak^2+bk+c)}_{=0}Ax^2e^{kx} + 2\underbrace{(2ak+b)}_{=0}Axe^{kx} + 2aAe^{kx} = e^{kx},$$

logo $2aA = 1$, ou seja, $A = 1/(2a)$ com $a \neq 0$.

Exercício 1.50. *Seja $y = y(x)$. Determine a solução para a seguinte equação diferencial ordinária, de segunda ordem, linear e não homogênea,*

$$y'' + 3y' + 2y = \frac{1}{1+e^x},$$

através do método de variação de parâmetros.

A equação característica associada à equação diferencial homogênea é $\lambda^2 + 3\lambda + 2 = 0$, cujas raízes são $\lambda_1 = -1$ e $\lambda_2 = -2$. A solução geral para a equação homogênea é

$$y_h(x) = c_1 e^{-x} + c_2 e^{-2x},$$

onde c_1 e c_2 são constantes. Procuramos uma solução particular para a equação diferencial não homogênea com a seguinte forma

$$y_p(x) = u(x)e^{-x} + v(x)e^{-2x},$$

onde $u(x)$ e $v(x)$ devem ser determinadas. Calculando a derivada primeira, obtemos

$$y'_p(x) = u'(x)e^{-x} - u(x)e^{-x} + v'(x)e^{-2x} - 2v(x)e^{-2x}.$$

Impondo que $u'(x)e^{-x} + v'(x)e^{-2x} = 0$, segue que

$$y'_p(x) = -u(x)e^{-x} - 2v(x)e^{-2x}.$$

Derivando $y'_p(x)$, obtemos $y''_p(x) = -u'(x)e^{-x} + u(x)e^{-x} - 2v'(x)e^{-2x} + 4v(x)e^{-2x}$. Substituindo $y_p(x)$, $y'_p(x)$ e $y''_p(x)$ na equação diferencial não homogênea e simplificando, temos que

$$-u'(x)e^{-x} - 2v'(x)e^{-2x} = \frac{1}{1+e^x}.$$

Devemos resolver o seguintes sistema, nas variáveis $u'(x)$ e $v'(x)$, isto é,

$$\begin{cases} u'(x)e^{-x} + v'(x)e^{-2x} = 0, \\ -u'(x)e^{-x} - 2v'(x)e^{-2x} = \dfrac{1}{1+e^x}. \end{cases}$$

O Wronskiano é $W[e^{-x}, e^{-2x}] = -e^{-3x}$ e, a partir da regra de Cramer, obtemos

$$u'(x) = -e^{3x} \begin{vmatrix} 0 & e^{-2x} \\ \frac{1}{1+e^x} & -2e^{-2x} \end{vmatrix} = \frac{e^x}{1+e^x}$$

e

$$v'(x) = -e^{3x} \begin{vmatrix} e^{-x} & 0 \\ -e^{-x} & \frac{1}{1+e^x} \end{vmatrix} = -\frac{e^{2x}}{1+e^x} = \frac{e^x}{1+e^x} - e^x.$$

Integrando $u'(x)$ e $v'(x)$, segue que

$$u(x) = \int^x \frac{e^\xi}{1+e^\xi} d\xi = \ln(1+e^x) \quad \text{e} \quad v(x) = \int^x \left(\frac{e^\xi}{1+e^\xi} - e^\xi\right) d\xi = \ln(1+e^x) - e^x.$$

1.18. EXERCÍCIOS RESOLVIDOS

A solução geral para a equação diferencial é dada por

$$\begin{aligned} y(x) &= c_1 e^{-x} + c_2 e^{-2x} + e^{-x}\ln(1+e^x) + e^{-2x}\ln(1+e^x) - e^{-x} \\ &= c_3 e^{-x} + c_2 e^{-2x} + (1+e^{-x})e^{-x}\ln(1+e^x), \end{aligned}$$

com $c_3 = c_1 - 1$ uma outra constante arbitrária.

Exercício 1.51. *Seja $y = y(x)$. Resolva o seguinte problema de valor inicial*

$$\begin{cases} y'' - 4y' + 4y = (12x^2 - 6x)e^{2x}, \\ y(0) = 1, \quad y'(0) = 0, \end{cases}$$

utilizando o método de variação de parâmetros.

A solução geral para a equação diferencial homogênea é $y_h(x) = c_1 e^{2x} + c_2 x e^{2x}$, com c_1 e c_2 constantes arbitrárias. A solução particular que procuramos, admite a seguinte forma

$$y_p(x) = u(x)e^{2x} + v(x)xe^{2x},$$

onde $u(x)$ e $v(x)$ devem ser determinadas. A partir do cálculo da derivada primeira, temos

$$y'_p(x) = u'(x)e^{2x} + 2u(x)e^{2x} + v'(x)xe^{2x} + v(x)[e^{2x} + 2xe^{2x}],$$

onde $u'(x)e^{2x} + v'(x)xe^{2x} = 0$. Derivando $y'_p(x)$ e substituindo na equação diferencial não homogênea, junto com $y'_p(x)$ e $y_p(x)$, podemos escrever

$$2u'(x)e^{2x} + (1+2x)e^{2x}v'(x) = (12x^2 - 6x)e^{2x}.$$

Assim, temos o seguinte sistema nas variáveis $u'(x)$ e $v'(x)$

$$\begin{cases} u'(x)e^{2x} + v'(x)xe^{2x} = 0, \\ 2u'(x)e^{2x} + v'(x)(1+2x)e^{2x} = (12x^2 - 6x)e^{2x}. \end{cases}$$

O Wronskiano é $W[e^{2x}, xe^{2x}] = e^{4x}$. Utilizando a regra de Cramer, temos

$$u'(x) = e^{-4x} \begin{vmatrix} 0 & xe^{2x} \\ (12x^2 - 6x)e^{2x} & (1+2x)e^{2x} \end{vmatrix} = -12x^3 + 6x^2$$

e

$$v'(x) = e^{-4x} \begin{vmatrix} e^{2x} & 0 \\ 2e^{2x} & (12x^2-6x)e^{2x} \end{vmatrix} = 12x^2 - 6x.$$

Integrando $u'(x)$ e $v'(x)$ de $\xi = 0$ até $\xi = x$, obtemos

$$u(x) = \int_0^x (-12\xi^3 + 6\xi^2)d\xi = -3x^4 + 2x^3$$

e

$$v(x) = \int_0^x (12\xi^2 - 6\xi)d\xi = 4x^3 - 3x^2.$$

Portanto, a solução geral para o problema de valor inicial é

$$\begin{aligned} y(x) &= c_1 e^{2x} + c_2 x e^{2x} + (-3x^4 + 2x^3)e^{2x} + (4x^3 - 3x^2)xe^{2x} \\ &= c_1 e^{2x} + c_2 x e^{2x} + (x^4 - x^3)e^{2x}. \end{aligned}$$

Determinamos as constantes impondo $y(0) = c_1 = 1$ e $y'(0) = 2c_1 + c_2 = 0$ de onde $c_2 = -2$, logo

$$y(x) = e^{2x}(x^4 - x^3 - 2x + 1).$$

Exercício 1.52. Seja $y = y(x)$. Combine o método dos coeficientes a determinar e o método de variação de parâmetros para resolver a seguinte equação diferencial ordinária,

$$3y'' - 6y' + 30y = 15\operatorname{sen} x + e^x \tan 3x.$$

A equação característica associada à equação diferencial homogênea é $3\lambda^2 - 6\lambda + 30 = 0$, onde as raízes são $\lambda_1 = 1 + 3i$ e $\lambda_2 = 1 - 3i$. A solução geral para esta equação diferencial é

$$y(x) = [c_1 \cos 3x + c_2 \operatorname{sen} 3x]e^x,$$

onde c_1 e c_2 são constantes arbitrárias. Consideremos as duas equações diferenciais não homogêneas, dadas por

$$3y'' - 6y' + 30y = 15\operatorname{sen} x \qquad (1.29)$$
$$3y'' - 6y' + 30y = e^x \tan 3x \qquad (1.30)$$

Vamos resolver a Eq.(1.29) através do método dos coeficientes a determinar e a Eq.(1.30)

1.18. EXERCÍCIOS RESOLVIDOS

através do método de variação de parâmetros. Supomos que uma solução particular para a Eq.(1.29) tem a forma $y_{p_1}(x) = A\operatorname{sen} x + B\cos x$, onde A e B são constantes a serem determinadas. Derivando $y_{p_1}(x)$, temos

$$y'_{p_1}(x) = A\cos x - B\operatorname{sen} x \quad \text{e} \quad y''_{p_1}(x) = -A\operatorname{sen} x - B\cos x.$$

Substituindo estas expressões na Eq.(1.29) e rearranjando, podemos escrever

$$(27A + 6B)\operatorname{sen} x + (-6A + 27B)\cos x = 15\operatorname{sen} x,$$

de onde segue $A = 9/17$ e $B = 2/17$. Portanto, uma solução particular para a Eq.(1.29) é

$$y_{p_1}(x) = \frac{9}{17}\operatorname{sen} x + \frac{2}{17}\cos x.$$

Para a Eq.(1.30), supomos que uma solução particular admite a seguinte forma

$$y_{p_2}(x) = u(x)e^x \cos 3x + v(x)e^x \operatorname{sen} 3x,$$

onde $u(x)$ e $v(x)$ devem ser determinadas. Derivando $y_{p_2}(x)$, em relação à variável x, temos

$$\begin{aligned}y'_{p_2}(x) &= [u(x)\cos 3x + v(x)\operatorname{sen} 3x]e^x \\ &+ [u'(x)\cos 3x - 3u(x)\operatorname{sen} 3x + v'(x)\operatorname{sen} 3x + 3v(x)\cos 3x]e^x,\end{aligned}$$

onde impomos $u'(x)e^x \cos 3x + v'(x)e^x \operatorname{sen} 3x = 0$. Derivando $y'_{p_2}(x)$ e introduzindo $y''_{p_2}(x)$, $y'_{p_2}(x)$ e $y_{p_2}(x)$ na Eq.(1.30), obtemos

$$u'(x)[\cos 3x - 3\operatorname{sen} 3x]e^x + v'(x)[\operatorname{sen} 3x + 3\cos 3x]e^x = e^x \tan 3x.$$

Devemos resolver o seguinte sistema, nas variáveis $u'(x)$ e $v'(x)$,

$$\begin{cases} u'(x)e^x \cos 3x + v'(x)e^x \operatorname{sen} 3x = 0, \\ u'(x)[e^x \cos 3x - 3e^x \operatorname{sen} 3x] + v'(x)[e^x \operatorname{sen} 3x + 3e^x \cos 3x] = \dfrac{1}{3}e^x \tan 3x. \end{cases}$$

O Wronskiano é dado por

$$W[e^x \cos 3x, e^x \operatorname{sen} 3x] = \begin{vmatrix} e^x \cos 3x & e^x \operatorname{sen} 3x \\ e^x \cos 3x - 3e^x \operatorname{sen} 3x & e^x \operatorname{sen} 3x + 3e^x \cos 3x \end{vmatrix} = 3e^{2x}.$$

A partir da regra de Cramer, segue que

$$u'(x) = \frac{e^{-2x}}{3} \begin{vmatrix} 0 & e^x \operatorname{sen} 3x \\ \frac{1}{3}e^x \tan 3x & e^x \operatorname{sen} 3x + 3e^x \cos 3x \end{vmatrix} = -\frac{1}{9}[\sec 3x - \cos 3x]$$

e

$$v'(x) = \frac{e^{-2x}}{3} \begin{vmatrix} e^x \cos 3x & 0 \\ e^x \cos 3x - 3e^x \operatorname{sen} 3x & \frac{1}{3}e^x \tan 3x \end{vmatrix} = \frac{1}{9} \operatorname{sen} 3x.$$

Integrando $u'(x)$ e $v'(x)$, obtemos

$$u(x) = -\frac{1}{27} \ln|\sec 3x + \tan 3x| + \frac{1}{27} \operatorname{sen} 3x \quad \text{e} \quad v(x) = -\frac{1}{27} \cos 3x.$$

Assim, uma solução particular $y_{p_2}(x)$ é dada por

$$\begin{aligned} y_{p_2}(x) &= -\frac{1}{27} \ln|\sec 3x + \tan 3x|e^x \cos 3x + \frac{1}{27}e^x \cancel{\operatorname{sen} 3x \cos 3x} - \frac{1}{27}e^x \cancel{\operatorname{sen} 3x \cos 3x} \\ &= -\frac{1}{27} \ln|\sec 3x + \tan 3x|e^x \cos 3x. \end{aligned}$$

A partir do princípio da superposição, **Exercício 1.43**, podemos escrever a solução geral para a equação diferencial ordinária original

$$y(x) = [c_1 \cos 3x + c_2 \operatorname{sen} 3x]e^x + \frac{9}{17} \operatorname{sen} x + \frac{2}{17} \cos x - \frac{1}{27} \ln|\sec 3x + \tan 3x|e^x \cos 3x,$$

com c_1 e c_2 constantes arbitrárias.

Exercício 1.53. *Seja $y = y(x)$. Considere a seguinte equação diferencial ordinária do tipo Euler*

$$x^2 y'' + axy' + by = 0$$

com a e b constantes reais e $x > 0$. Mostre quais as três possíveis soluções para tal equação, dependentes das constantes a e b.

Supomos que a solução para esta equação admite a seguinte forma $y(x) = x^\lambda$, onde λ é um parâmetro. Substituindo as derivadas primeira e segunda para $y(x)$ na equação diferencial, obtemos a equação característica associada a tal equação, dada por

$$\lambda^2 - (1-a)\lambda + b = 0. \tag{1.31}$$

1.18. EXERCÍCIOS RESOLVIDOS

Então, $y(x) = x^\lambda$ é solução para a equação diferencial do tipo Euler se λ é raiz da Eq.(1.31) e estas raízes são:

$$\lambda_1 = \frac{(1-a)}{2} + \sqrt{\frac{(1-a)^2}{4} - b} \quad \text{e} \quad \lambda_2 = \frac{(1-a)}{2} - \sqrt{\frac{(1-a)^2}{4} - b}.$$

Temos três possibilidades:

- Se as raízes λ_1 e λ_2 são reais e distintas, então as duas soluções linearmente independentes são $y_1(x) = x^{\lambda_1}$ e $y_2(x) = x^{\lambda_2}$ e a solução geral para a equação diferencial é

$$y(x) = c_1 x^{\lambda_1} + c_2 x^{\lambda_2},$$

onde c_1 e c_2 são constantes arbitrárias.

- Se $(1-a)^2 - 4b = 0$, então a Eq.(1.31) admite raiz real dupla dada por $\lambda_1 = \lambda_2 = (1-a)/2$. Uma das soluções para a equação do tipo Euler é

$$y_1(x) = x^{\lambda_1}.$$

A fim de obter a segunda solução linearmente independente, utilizamos o método de redução de ordem, **Exercício 1.36**, $y_2(x) = u(x)y_1(x)$ com

$$u(x) = \int^x \frac{\exp[-\int^\xi p(\eta)d\eta]}{[y_1(\xi)]^2} d\xi.$$

A equação diferencial pode ser reescrita como $y'' + \frac{a}{x}y' + \frac{b}{x^2}y = 0$ e identificamos $p(\eta) = a/\eta$, logo

$$\begin{aligned} u(x) &= \int^x \frac{\exp[-\int^\xi (a/\eta)d\eta]}{[\xi^{\lambda_1}]^2} d\xi = \int^x \frac{\exp[-a \ln \xi]}{\xi^{1-a}} d\xi \\ &= \int^x \frac{d\xi}{\xi} = \ln x. \end{aligned}$$

Assim, $y_2(x) = x^{\lambda_1} \ln x$ e, neste caso, a solução geral para a equação diferencial do tipo Euler é

$$y(x) = (c_1 + c_2 \ln x) x^{\lambda_1}, \quad \text{com} \quad \lambda_1 = \frac{(1-a)}{2},$$

onde c_1 e c_2 constantes arbitrárias.

- Se λ_1 e λ_2 são raízes complexas, digamos $\lambda_1 = \alpha + i\beta$ e $\lambda_2 = \alpha - i\beta$ com $\alpha, \beta \in \mathbb{R}$.

Neste caso, as duas soluções linearmente independentes são

$$y_1(x) = x^{\alpha-i\beta} = x^\alpha e^{-i\beta \ln x} = x^\alpha[\cos(\beta \ln x) - i\sen(\beta \ln x)]$$

e

$$y_2(x) = x^{\alpha+i\beta} = x^\alpha e^{i\beta \ln x} = x^\alpha[\cos(\beta \ln x) + i\sen(\beta \ln x)].$$

A solução geral é dada por

$$\begin{aligned} y(x) &= a_1 y_1(x) + a_2 y_2(x) \\ &= x^\alpha[(a_1+a_2)\cos(\beta \ln x) + i(a_1-a_2)\sen(\beta \ln x)], \end{aligned}$$

ou ainda,

$$y(x) = x^\alpha[c_1 \cos(\beta \ln x) + c_2 \sen(\beta \ln x)],$$

com $c_1 = a_1 + a_2$ e $c_2 = i(a_1 - a_2)$, onde a_1, a_2, c_1 e c_2 são constantes arbitrárias.

Exercício 1.54. *Seja $y = y(x)$. Resolva as seguintes equações diferenciais do tipo Euler:*

(a) $x^2 y'' - 2y = 0$,
(b) $4x^2 y'' + y = 0$,
(c) $x^2 y'' + xy' + 4y = 0$.

(a) A equação característica associada a esta equação diferencial é $\lambda^2 - \lambda - 2 = 0$, cujas raízes são $\lambda_1 = -1$ e $\lambda_2 = 2$. A solução geral é dada por

$$y(x) = c_1 x^{-1} + c_2 x^2,$$

com c_1 e c_2 constantes.

(b) Neste caso, a equação carcterística é $4\lambda^2 - 4\lambda + 1 = 0$, onde as raízes são $\lambda_1 = \lambda_2 = 1/2$. A solução geral é

$$y(x) = c_1 x^{1/2} + c_2 x^{1/2} \ln x,$$

com constantes arbitrárias c_1 e c_2.

(c) Temos que $\lambda_1 = -2i$ e $\lambda_2 = 2i$ são raízes da equação característica $\lambda^2 + 4 = 0$. A solução

1.18. EXERCÍCIOS RESOLVIDOS

geral para a equação do tipo Euler é

$$y(x) = c_1 \cos(2\ln x) + c_2 \operatorname{sen}(2\ln x),$$

com c_1 e c_2 constantes arbitrárias.

Exercício 1.55. *Seja* $y = y(x)$. *Utilize o método de variação de parâmetros para resolver a seguinte equação diferencial*

$$x^2 y'' - 3xy' + 4y = x^2 \ln x, \qquad x > 0.$$

A equação característica associada à equação diferencial homogênea é $\lambda^2 - 4\lambda + 4 = 0$ e suas raízes são $\lambda_1 = \lambda_2 = 2$. A solução geral para esta equação é

$$y(x) = c_1 x^2 + c_2 x^2 \ln x,$$

onde c_1 e c_2 são constantes. Procuramos uma solução particular para a equação diferencial não homogênea com a seguinte forma

$$y_p(x) = u(x)x^2 + v(x)x^2 \ln x.$$

Derivando $y_p(x)$, obtemos

$$y_p'(x) = u'(x)x^2 + 2xu(x) + v'(x)x^2 \ln x + v(x)(2x\ln x + x).$$

Impondo $u'(x)x^2 + v'(x)x^2 \ln x = 0$, temos que

$$y_p'(x) = 2xu(x) + (2x\ln x + x)v(x).$$

Derivando, agora, $y_p'(x)$, segue que

$$y_p''(x) = 2u(x) + 2xu'(x) + (2x\ln x + 3)v(x) + (2x\ln x + x)v'(x).$$

Substituindo $y_p(x), y_p'(x)$ e $y_p''(x)$ na equação diferencial não homogênea e, simplificando, podemos escrever

$$2x^3 u'(x) + (2x^3 \ln x + x^3)v'(x) = x^2 \ln x.$$

Devemos resolver o seguinte sistema nas variáveis $u'(x)$ e $v'(x)$,

$$\begin{cases} x^2 u'(x) + x^2 \ln x v'(x) = 0, \\ 2x^3 u'(x) + (2x^3 \ln x + x^3) v'(x) = x^2 \ln x. \end{cases}$$

Multiplicando a primeira equação por $-2x$ e somando à segunda equação, obtemos

$$v'(x) = \frac{\ln x}{x}.$$

Substituindo $v'(x)$ na primeira equação do sistema, segue que

$$u'(x) = -\frac{(\ln x)^2}{x}.$$

Integrando $u'(x)$ e $v'(x)$, temos

$$u(x) = -\frac{(\ln x)^3}{3} \quad \text{e} \quad v(x) = \frac{(\ln x)^2}{2}.$$

Assim, $y_p(x)$ pode ser escrita como

$$y_p(x) = -\frac{(\ln x)^3}{3} x^2 + \frac{(\ln x)^2}{x} x^2 \ln x = \frac{1}{6} x^2 (\ln x)^3.$$

A solução geral para a equação diferencial é

$$y(x) = c_1 x^2 + c_2 x^2 \ln x + \frac{1}{6} x^2 (\ln x)^3,$$

com c_1 e c_2 constantes arbitrárias.

Exercício 1.56. Seja $y = y(x)$. Resolva o seguinte PVI

$$\begin{cases} y'' - y = 0, \\ y(0) = 6 \quad y'(0) = 2 \end{cases}$$

através da expansão, em série de Maclaurin.

Suponha que a solução $y(x)$ possa ser escrita na forma da seguinte série de Maclaurin

$$y(x) = \sum_{n=0}^{\infty} a_n x^n,$$

onde a_n são os coeficientes de tal série com a_0 e a_1 não nulos. A partir do EXEMPLO 1.29,

1.18. EXERCÍCIOS RESOLVIDOS

supondo que podemos derivar a série termo a termo, podemos escrever

$$\sum_{n=2}^{\infty} n(n-1)a_n x^{n-2} - \sum_{n=0}^{\infty} a_n x^n = 0.$$

Deslocando o índice do primeiro somatório, $n \to n+2$, segue que

$$\sum_{n=0}^{\infty} [(n+2)(n+1)a_{n+2} - a_n] x^n = 0.$$

Para que esta última expressão seja válida, devemos ter

$$(n+2)(n+1)a_{n+2} - a_n = 0,$$

ou ainda,

$$a_{n+2} = \frac{a_n}{(n+2)(n+1)},$$

com $n = 0, 1, 2, \ldots$, a chamada fórmula de recorrência. Se n é zero ou um número par, temos

$$
\begin{aligned}
n &= 0 & a_2 &= \frac{a_0}{2 \cdot 1} = \frac{a_0}{2!} \\
n &= 2 & a_4 &= \frac{a_2}{4 \cdot 3} = \frac{a_0}{4!} \\
n &= 4 & a_6 &= \frac{a_4}{6 \cdot 5} = \frac{a_0}{6!} \\
&\vdots & &\vdots \\
n &= 2m & a_{2m+2} &= \frac{a_{2m}}{(2m+2)(2m+1)} = \frac{a_0}{(2m+2)!},
\end{aligned}
$$

onde $m = 0, 1, 2, \ldots$. Por outro lado, para n um número ímpar

$$
\begin{aligned}
n &= 1 & a_3 &= \frac{a_1}{3 \cdot 2} = \frac{a_1}{3!} \\
n &= 3 & a_5 &= \frac{a_3}{5 \cdot 4} = \frac{a_1}{5!} \\
n &= 5 & a_7 &= \frac{a_5}{7 \cdot 6} = \frac{a_1}{7!} \\
&\vdots & &\vdots \\
n &= 2m-1 & a_{2m+1} &= \frac{a_{2m-1}}{(2m+1)(2m)} = \frac{a_1}{(2m+1)!},
\end{aligned}
$$

com $m = 1, 2, 3, \ldots$. Retornando à expressão para $y(x)$, podemos escrever

$$y(x) = a_0 + a_1 x + a_0 \sum_{m=0}^{\infty} \frac{x^{2m+2}}{(2m+2)!} + a_1 \sum_{m=1}^{\infty} \frac{x^{2m+1}}{(2m+1)!}.$$

A partir das condições iniciais $y(0) = 6$ e $y'(0) = 2$, obtemos $a_0 = 6$ e $a_1 = 2$. Finalmente, $y(x)$ pode ser escrita como

$$\begin{aligned} y(x) &= 6 \sum_{m=0}^{\infty} \frac{x^{2m}}{(2m)!} + 2 \sum_{m=0}^{\infty} \frac{x^{2m+1}}{(2m+1)!} \\ &= 6 \cosh x + 2 \operatorname{senh} x. \end{aligned}$$

Exercício 1.57. *Seja $y = y(x)$. Discuta a seguinte equação diferencial ordinária de Airy* [1]

$$y'' - xy = 0$$

utilizando a expansão em série de Taylor em torno do ponto $x_0 = 1$.

Podemos reescrever a equação diferencial ordinária de Airy na forma

$$y'' - (x-1)y - y = 0.$$

Supomos $y(x) = \sum_{n=0}^{\infty} a_n (x-1)^n$, então calculando as derivadas primeira e segunda, temos

$$y'(x) = \sum_{n=1}^{\infty} n a_n (x-1)^{n-1} \quad \text{e} \quad y''(x) = \sum_{n=2}^{\infty} n(n-1) a_n (x-1)^{n-2}.$$

Substituindo y'' e y na equação diferencial, obtemos

$$\sum_{n=2}^{\infty} n(n-1) a_n (x-1)^{n-2} - \sum_{n=0}^{\infty} a_n (x-1)^{n+1} - \sum_{n=0}^{\infty} a_n (x-1)^n = 0.$$

Deslocando os índices do primeiro e do segundo somatórios, $n \to n+2$ e $n \to n+1$, respectivamente, temos

$$\sum_{n=0}^{\infty} (n+2)(n+1) a_{n+2} (x-1)^n - \sum_{n=1}^{\infty} a_{n-1} (x-1)^n - \sum_{n=0}^{\infty} a_n (x-1)^n = 0.$$

1.18. EXERCÍCIOS RESOLVIDOS

Extraindo o primeiro termo, do primeiro e terceiro somatórios, podemos escrever

$$2a_2 - a_0 + \sum_{n=1}^{\infty}[(n+2)(n+1)a_{n+2} - a_{n-1} - a_n](x-1)^n = 0$$

e, para que esta expressão seja válida, devemos ter

$$a_2 = \frac{a_0}{2} \quad \text{e} \quad a_{n+2} = \frac{a_{n-1}+a_n}{(n+2)(n+1)},$$

com $n = 1, 2, 3, \ldots$. Explicitamos, a seguir, alguns coeficientes para $y(x)$

$$n = 1 \quad a_3 = \frac{a_2+a_0}{3\cdot 2} = \frac{a_1}{6} + \frac{a_0}{6}$$

$$n = 2 \quad a_4 = \frac{a_2+a_1}{4\cdot 3} = \frac{a_2}{12} + \frac{a_1}{12} = \frac{a_0}{24} + \frac{a_1}{12}$$

$$n = 3 \quad a_5 = \frac{a_3+a_2}{5\cdot 4} = \frac{a_3}{20} + \frac{a_2}{20} = \frac{a_3}{20} + \frac{a_0}{30}$$

$$\vdots \qquad \vdots$$

Portanto, a solução geral da equação de Airy é

$$y(x) = a_0 \left[1 + \frac{(x-1)^2}{2} + \frac{(x-1)^3}{6} + \frac{(x-1)^4}{24} + \frac{(x-1)^5}{30} + \cdots \right]$$
$$+ a_1 \left[(x-1) + \frac{(x-1)^3}{6} + \frac{(x-1)^4}{12} + \frac{(x-1)^5}{120} + \cdots \right],$$

onde a_0 e a_1 são constantes arbitrárias.

Exercício 1.58. *Seja $y = y(x)$. Utilize série de potências para resolver a seguinte equação diferencial*

$$y'' + e^x y' - y = 0.$$

Suponha que

$$y(x) = \sum_{n=0}^{\infty} a_n x^n,$$

onde as derivadas primeira e segunda são dadas por

$$y'(x) = \sum_{n=1}^{\infty} n a_n x^{n-1} \quad \text{e} \quad y''(x) = \sum_{n=2}^{\infty} n(n-1) a_n x^{n-2}.$$

Substituindo estas expressões na equação diferencial e, considerando que a função exponencial pode ser representada pela seguinte série,

$$e^x = \sum_{n=0}^{\infty} \frac{x^n}{n!} = 1 + x + \frac{x^2}{2} + \frac{x^3}{6} + \frac{x^4}{24} + \cdots,$$

podemos escrever

$$\sum_{n=2}^{\infty} n(n-1)a_n x^{n-2} + \left(1 + x + \frac{x^2}{2} + \frac{x^3}{6} + \frac{x^4}{24} + \cdots\right)(a_1 + 2a_2 x + 3a_3 x^2 + 4a_4 x^3 + \cdots)$$

$$- \sum_{n=0}^{\infty} a_n x^n = 0,$$

ou ainda,

$$(2a_2 + 6a_3 x + 12a_4 x^2 + 20a_5 x^3 + 30a_6 x^4 + \cdots) +$$
$$\left[a_1 + (2a_2 + a_1)x + \left(3a_3 + 2a_2 + \frac{a_1}{2}\right)x^2 + \left(4a_4 + 3a_3 + a_2 + \frac{a_6}{6}\right)x^3\right.$$
$$\left. + \left(4a_4 + \frac{3a_3}{2} + \frac{a_2}{3} + \frac{a_1}{24}\right)x^4 + \cdots\right] - (a_0 + a_1 x + a_2 x^2 + a_3 x^3 + a_4 x^4 + \cdots) = 0.$$

Devemos igualar os coeficientes, das potências de x, a zero de modo a obter

$$2a_2 + a_1 - a_0 = 0 \Rightarrow a_2 = \frac{a_0}{2} - \frac{a_1}{2},$$
$$6a_3 + 2a_2 = 0 \Rightarrow a_3 = \frac{a_1}{6} - \frac{a_0}{6},$$
$$12a_4 + 3a_3 + a_2 + \frac{a_1}{2} = 0 \Rightarrow a_4 = -\frac{a_1}{24},$$
$$20a_5 + 4a_4 + 2a_3 + a_2 + \frac{a_1}{6} = 0 \Rightarrow a_5 = \frac{a_1}{120} - \frac{a_0}{120},$$
$$\vdots \qquad \vdots$$

Portanto, a solução $y(x)$, com a_0 e a_1 constantes não nulas, é

$$y(x) = a_0\left(1 + \frac{x^2}{2} - \frac{x^3}{6} - \frac{x^5}{120} + \cdots\right) + a_1\left(x - \frac{x^2}{2} + \frac{x^3}{6} - \frac{x^4}{24} + \frac{x^5}{120} + \cdots\right).$$

Exercício 1.59. *Seja $y = y(x)$. O ponto $x_0 = 0$ é um ponto ordinário para a equação diferencial. Explique por que não é uma boa ideia tentar encontrar uma solução para o problema de valor inicial*

$$\begin{cases} y'' + xy' + y = 0, \\ y(1) = -6, \quad y'(1) = 3, \end{cases}$$

1.18. EXERCÍCIOS RESOLVIDOS

na forma $y(x) = \sum_{n=0}^{\infty} a_n x^n$. *Proponha uma série de potências conveniente para determinar a solução de tal equação.*

Supondo $y(x) = \sum_{n=0}^{\infty} a_n x^n$ com $a_0 \neq 0$ e $a_1 \neq 0$, podemos determinar duas soluções linearmente independentes na forma

$$y(x) = a_0(1 + \cdots) + a_1(x + \cdots).$$

Utilizando as condições iniciais em $x = 1$, determinamos a_0 e a_1 em termos de séries infinitas. Supomos, então, uma solução em série de potências em torno de $x = 1$, isto é,

$$y(x) = \sum_{n=0}^{\infty} a_n (x-1)^n,$$

com a_0 e a_1 constantes não nulas. A equação diferencial pode ser reescrita da seguinte forma

$$y'' + (x-1)y' + y' + y = 0.$$

As derivadas primeira e segunda para $y(x)$ são dadas por

$$y'(x) = \sum_{n=1}^{\infty} n a_n (x-1)^{n-1} \quad \text{e} \quad y''(x) = \sum_{n=2}^{\infty} n(n-1) a_n (x-1)^{n-2}$$

e, ao substituí-las na equação diferencial, obtemos

$$\sum_{n=2}^{\infty} n(n-1) a_n (x-1)^{n-2} + \sum_{n=1}^{\infty} n a_n (x-1)^n + \sum_{n=1}^{\infty} n a_n (x-1)^{n-1} + \sum_{n=0}^{\infty} a_n (x-1)^n = 0.$$

Deslocando os índices do primeiro e terceiro somatórios, $n \to n+2$ e $n \to n+1$, respectivamente, segue que

$$\sum_{n=0}^{\infty} (n+2)(n+1) a_{n+2} (x-1)^n + \sum_{n=1}^{\infty} n a_n (x-1)^n + \sum_{n=0}^{\infty} (n+1) a_{n+1} (x-1)^n + \sum_{n=0}^{\infty} a_n (x-1)^n = 0.$$

Extraindo o primeiro termo do primeiro, terceiro e quarto somatórios, obtemos

$$2a_2 + a_1 + a_0 + \sum_{n=1}^{\infty} \{(n+1)[(n+2)a_{n+2} + a_{n+1} + a_n]\}(x-1)^n = 0.$$

Para que esta equação seja válida, devemos ter

$$2a_2 + a_1 + a_0 = 0 \quad \Rightarrow \quad a_2 = -\left(\frac{a_1 + a_0}{2}\right)$$

e

$$(n+2)a_{n+2} + a_n + a_{n+1} = 0 \quad \Rightarrow \quad a_{n+2} = -\left(\frac{a_n + a_{n+1}}{n+2}\right), \quad n = 1, 2, 3, \ldots.$$

Explicitando alguns valores para n, temos

$$n = 1, \quad a_3 = -\left(\frac{a_1 + a_2}{3}\right) = \frac{a_0}{6} - \frac{a_1}{6},$$

$$n = 2, \quad a_4 = -\left(\frac{a_2 + a_3}{4}\right) = \frac{a_0}{12} + \frac{a_1}{6},$$

$$n = 3, \quad a_5 = -\left(\frac{a_3 + a_4}{5}\right) = -\frac{a_0}{20},$$

$$\vdots \qquad \vdots$$

Retornando à expressão para $y(x)$ podemos escrever

$$\begin{aligned} y(x) &= a_0 + a_1(x-1) - \frac{a_0}{2}(x-1)^2 - \frac{a_1}{2}(x-1)^2 + \frac{a_0}{6}(x-1)^3 - \frac{a_1}{6}(x-1)^3 \\ &+ \frac{a_0}{12}(x-1)^4 + \frac{a_1}{6}(x-1)^4 - \frac{a_0}{20}(x-1)^5 + \cdots. \end{aligned}$$

A partir das condições iniciais, $y(1) = -6$ e $y'(1) = 3$, obtemos $a_0 = -6$ e $a_1 = 3$, assim a solução para o problema de valor inicial é

$$\begin{aligned} y(x) &= -6\left[1 - \frac{(x-1)^2}{2} + \frac{(x-1)^3}{6} + \frac{(x-1)^4}{12} - \frac{(x-1)^5}{20} + \cdots\right] \\ &+ 3\left[(x-1) - \frac{(x-1)^2}{2} - \frac{(x-1)^3}{6} + \frac{(x-1)^4}{6} + \cdots\right]. \end{aligned}$$

Exercício 1.60. Seja $y = y(x)$. O ponto $x_0 = 0$ é um ponto ordinário para a equação diferencial $y'' + x^2 y' + 2xy = 5 - 2x + 10x^3$. Suponha que $y(x) = \sum_{n=0}^{\infty} a_n x^n$ para determinar uma solução geral $y(x) = y_h(x) + y_p(x)$ que consiste em três séries de potências centradas na origem.

Substituindo $y(x)$, com a_0 e a_1 constantes não nulas e, suas derivadas, primeira e segunda, na

1.18. EXERCÍCIOS RESOLVIDOS

equação diferencial, podemos escrever

$$\sum_{n=2}^{\infty} n(n-1)a_n x^{n-2} + \sum_{n=1}^{\infty} na_n x^{n+1} + 2\sum_{n=0}^{\infty} a_n x^{n+1} = 5 - 2x + 10x^3.$$

Deslocando o índice dos três somatórios, fazendo $n \to n+2$ no primeiro, $n \to n-1$ no segundo e terceiro, obtemos

$$\sum_{n=0}^{\infty} (n+2)(n+1)a_{n+2} x^n + \sum_{n=2}^{\infty} (n-1)a_{n-1} x^n + 2\sum_{n=1}^{\infty} a_{n-1} x^n = 5 - 2x + 10x^3.$$

Extraindo os dois primeiros termos do primeiro somatório e o primeiro termo do terceiro somatório, segue que

$$2a_2 + (6a_3 + 2a_0)x + \sum_{n=2}^{\infty} [(n+2)(n+1)a_{n+2} + (n+1)a_{n-1}]x^n = 5 - 2x + 10x^3.$$

Igualando os coeficientes das potências de x, temos

$$2a_2 = 5, \quad \Rightarrow \quad a_2 = \frac{5}{2},$$

$$6a_3 + 2a_0 = -2, \quad \Rightarrow \quad a_3 = -\frac{1}{3} - \frac{a_0}{3},$$

$$12a_4 + 3a_1 = 0, \quad \Rightarrow \quad a_4 = -\frac{a_1}{4},$$

$$20a_5 + 4a_2 = 10, \quad \Rightarrow \quad a_5 = \frac{1}{2} - \frac{1}{5}a_2 = 0.$$

Para $n = 4, 5, 6, \ldots$, temos a relação de recorrência

$$a_{n+2} = -\frac{a_{n-1}}{n+2}$$

e, assim podemos determinar alguns coeficientes a_n:

$$n = 4 \quad \Rightarrow \quad a_6 = -\frac{a_3}{6} = \frac{a_0}{3^2 \cdot 2!} + \frac{1}{3^2 \cdot 2!},$$

$$n = 5 \quad \Rightarrow \quad a_7 = -\frac{a_4}{7} = \frac{a_1}{7 \cdot 4},$$

$$n = 6 \quad \Rightarrow \quad a_8 = -\frac{a_5}{8} = 0,$$

$$n = 7 \quad \Rightarrow \quad a_9 = -\frac{a_6}{9} = -\frac{a_0}{3^3 \cdot 3!} - \frac{1}{3^3 \cdot 3!},$$

$$n = 8 \quad \Rightarrow \quad a_{10} = -\frac{a_7}{10} = -\frac{a_1}{10 \cdot 7 \cdot 4},$$

$$n=9 \quad \Rightarrow \quad a_{11} = -\frac{a_8}{11} = 0,$$
$$n=10 \quad \Rightarrow \quad a_{12} = -\frac{a_9}{12} = \frac{a_0}{3^4 \cdot 4!} + \frac{1}{3^4 \cdot 4!},$$
$$n=11 \quad \Rightarrow \quad a_{13} = -\frac{a_{10}}{13} = \frac{a_1}{13 \cdot 10 \cdot 7 \cdot 4},$$
$$n=12 \quad \Rightarrow \quad a_{14} = -\frac{a_{11}}{14} = 0,$$
$$\vdots \qquad \qquad \vdots$$

Portanto, a solução $y(x) = y_h(x) + y_p(x)$ é dada por

$$\begin{aligned} y(x) &= a_0 \left[1 - \frac{x^3}{3} + \frac{x^6}{3^2 \cdot 2!} - \frac{x^9}{3^3 \cdot 3!} + \frac{x^{12}}{3^4 \cdot 4!} - \cdots \right] + a_1 \left[x - \frac{x^4}{4} + \frac{x^7}{7 \cdot 4} - \frac{x^{10}}{10 \cdot 7 \cdot 4} + \frac{x^{13}}{13 \cdot 7 \cdot 4} - \right. \\ &+ \left[\frac{5x^2}{2} - \frac{x^3}{3} + \frac{x^6}{3^2 \cdot 2!} - \frac{x^9}{3^3 \cdot 3!} + \frac{x^{12}}{3^4 \cdot 4!} - \cdots \right], \end{aligned}$$

com a_0 e a_1 constantes arbitrárias.

Exercício 1.61. *Seja $y = y(x)$. Determine uma cota inferior para o raio de convergência da solução em série da equação diferencial dada em torno de cada ponto x_0 dado.*

(a) $(x^2 - 2x + 10)y'' + xy' - 4y = 0, \qquad x_0 = 0 \quad \text{e} \quad x_0 = 4,$
(b) $(x^2 - 25)y'' + 2xy' + y = 0, \qquad x_0 = 0 \quad \text{e} \quad x_0 = 1.$

(a) Note que, os zeros de $x^2 - 2x + 10$ são $x = 1 - 3i$ e $x = 1 + 3i$. A distância destes pontos até $x_0 = 0$ é $\sqrt{(0-1)^2 + (0 \pm 3)^2} = \sqrt{10}$. Logo, o raio de convergência da expansão em série de Maclaurin $\sum_{n=0}^{\infty} a_n x^n$ é $\sqrt{10}$. A distância de $x_0 = 4$ a $x = 1 - 3i$ ou $x = 1 + 3i$ é $\sqrt{18}$, assim a série de Taylor, $\sum_{n=0}^{\infty} a_n(x-4)^n$, em torno de $(x-4)$ admite raio de convergência $\sqrt{18}$.

(b) As raízes de $x^2 - 25 = 0$ são $x = -5$ e $x = 5$. A distância destes pontos até $x_0 = 0$ é 5. O raio de convergência para a expansão em série de Maclaurin é 5. Por outro lado, a menor distância entre os pontos $x = -5$ e $x = 5$ a $x_0 = 1$ é 4. Logo, a cota inferior para o raio de convergência, neste caso, é 4.

Exercício 1.62. *Seja $y = y(x)$. Encontre todos os pontos singulares para as equações diferenciais dadas e determine se cada um deles é regular ou irregular:*

1.18. EXERCÍCIOS RESOLVIDOS

(a) $x^2(1-x)^2 y'' + 2xy' + 4y = 0$,
(b) $(x^2+x-2)y'' + (x+1)y' + 2y = 0$,
(c) $(1-x^2)y'' - 2xy' + \alpha(\alpha+1)y = 0$, $\quad \alpha$ é constante.

(a) Temos que, $A(x) = x^2(1-x)^2$, $B(x) = 2x$ e $C(x) = 4$. As raízes de $A(x)$ são $x=0$ e $x=1$, então estes pontos são singulares. Calculemos o limite para $x \to 0$, isto é,

$$\lim_{x \to 0} x \left[\frac{2x}{x^2(1-x)^2} \right] = \lim_{x \to 0} \left[\frac{2}{(1-x)^2} \right] = 2$$

$$\lim_{x \to 0} x^2 \left[\frac{4}{x^2(1-x)^2} \right] = \lim_{x \to 0} \left[\frac{4}{(1-x)^2} \right] = 4,$$

então $x=0$ é um ponto singular regular. Por outro lado, para $x \to 1$, temos

$$\lim_{x \to 1} (x-1) \left[\frac{2x}{x^2(1-x)^2} \right] = \lim_{x \to 1} \left[\frac{2}{x(x-1)} \right]$$

e, este limite não existe. Portanto, $x=1$ é um ponto singular irregular.

(b) Neste caso, $A(x) = x^2+x-2$, $B(x) = x+1$ e $C(x) = 2$. Os zeros de $A(x)$ são $x=-2$ e $x=1$. Estes dois pontos são singulares. Passemos ao cálculo dos limites, isto é,

$$\lim_{x \to -2} (x+2) \left[\frac{x+1}{(x-1)(x+2)} \right] = \lim_{x \to -2} \left[\frac{x+1}{x-1} \right] = \frac{1}{3}$$

$$\lim_{x \to -2} (x+2)^2 \left[\frac{2}{(x-1)(x+2)} \right] = \lim_{x \to -2} \left[\frac{2(x+2)}{x-1} \right] = 0.$$

Logo, $x=-2$ é um ponto singular regular. Para $x=1$, temos

$$\lim_{x \to 1} (x-1) \left[\frac{x+1}{(x-1)(x+2)} \right] = \lim_{x \to 1} \left[\frac{x+1}{x+2} \right] = \frac{2}{3}$$

$$\lim_{x \to 1} (x-1)^2 \left[\frac{2}{(x-1)(x+2)} \right] = \lim_{x \to 1} \left[\frac{2(x-1)}{x+2} \right] = 0.$$

Uma vez que, ambos os limites são finitos, $x=1$ é um ponto singular regular.

(c) Identificamos $A(x) = 1-x^2$, $B(x) = -2x$ e $C(x) = \alpha(\alpha+1)$. Os pontos singulares são

$x = \pm 1$. Para $x = -1$, temos

$$\lim_{x \to -1} (x+1) \left[\frac{-2x}{(1-x)(1+x)} \right] = \lim_{x \to -1} \left[\frac{-2x}{1-x} \right] = 1$$

$$\lim_{x \to -1} (x+1)^2 \left[\frac{\alpha(\alpha+1)}{(1-x)(1+x)} \right] = \lim_{x \to -1} \left[\frac{\alpha(\alpha+1)(x+1)}{1-x} \right] = 0.$$

Por outro lado, para $x = 1$,

$$\lim_{x \to 1} (x-1) \left[\frac{-2x}{(1-x)(1+x)} \right] = \lim_{x \to 1} \left[\frac{2x}{1+x} \right] = 1$$

$$\lim_{x \to 1} (x-1)^2 \left[\frac{\alpha(\alpha+1)}{(1-x)(1+x)} \right] = \lim_{x \to 1} \left[\frac{-\alpha(\alpha+1)(x-1)}{1+x} \right] = 0.$$

Visto que, estes limites são finitos, os pontos $x = \pm 1$ são pontos singulares regulares.

Exercício 1.63. *Sejam $y = y(x)$ e $x_0 = 0$ um ponto singular regular para a equação diferencial*

$$x^2 y'' + \left(\frac{5}{3} x + x^2 \right) y' - \frac{1}{3} y = 0.$$

Discuta, sem resolver a equação diferencial, o número de séries que você esperaria encontrar, utilizando o método de Frobenius.

Suponha que

$$y(x) = \sum_{n=0}^{\infty} a_n x^{n+s},$$

com $a_0 \neq 0$ e

$$y'(x) = \sum_{n=0}^{\infty} (n+s) a_n x^{n+s-1} \quad \text{e} \quad y''(x) = \sum_{n=0}^{\infty} (n+s)(n+s-1) a_n x^{n+s-2}.$$

Introduzindo estas expressões na equação diferencial, segue que

$$\sum_{n=0}^{\infty} (n+s)(n+s-1) a_n x^{n+s} + \frac{5}{3} \sum_{n=0}^{\infty} (n+s) a_n x^{n+s} + \sum_{n=0}^{\infty} (n+s) a_n x^{n+s+1} - \frac{1}{3} \sum_{n=0}^{\infty} a_n x^{n+s} = 0,$$

1.18. EXERCÍCIOS RESOLVIDOS

ou ainda,

$$\left[(n+s)(n+s-1)+\frac{5}{3}(n+s)-\frac{1}{3}\right]a_n x^{n+s}$$
$$+\sum_{n=0}^{\infty}\left[(n+s)(n+s-1)a_n+\frac{5}{3}(n+s)a_n-\frac{1}{3}a_n+(n+s-1)a_{n-1}\right]x^{n+s}=0.$$

Visto que $a_0 \neq 0$, a equação indicial é

$$s(s-1)+\frac{5}{3}s-\frac{1}{3}=0,$$

cujas raízes são $s_1 = 1/3$ e $s_2 = -1$. Uma vez que $s_1 > s_2$ e $s_1 - s_2 \notin \mathbb{Z}$, o método de Frobenius fornece duas soluções linearmente independentes.

Exercício 1.64. *Mostre que $x = 0$ é um ponto singular regular para a seguinte equação diferencial homogênea*

$$2x^2\frac{d^2}{dx^2}y(x)+3x\frac{d}{dx}y(x)+(2x-1)y(x)=0.$$

Utilize o método de Frobenius para obter duas séries linearmente independentes em torno do ponto $x = 0$.

De fato, $x = 0$ é um ponto singular regular pois os limites

$$\lim_{x\to 0}x\left[\frac{3x}{2x^2}\right]=\frac{3}{2} \quad \text{e} \quad \lim_{x\to 0}x^2\left[\frac{2x-1}{2x^2}\right]=-\frac{1}{2}$$

são finitos. Supomos que $y(x) = \sum_{n=0}^{\infty} a_n x^{n+s}$ com $a_0 \neq 0$. Calculando as derivadas primeira e segunda,

$$y'(x)=\sum_{n=0}^{\infty}(n+s)a_n x^{n+s-1}, \quad y''(x)=\sum_{n=0}^{\infty}(n+s)(n+s-1)a_n x^{n+s-2}$$

e, substituindo na equação diferencial, obtemos

$$2\sum_{n=0}^{\infty}(n+s)(n+s-1)a_n x^{n+s}+3\sum_{n=0}^{\infty}(n+s)a_n x^{n+s}+2\sum_{n=0}^{\infty}a_n x^{n+s+1}-\sum_{n=0}^{\infty}a_n x^{n+s}=0.$$

Deslocando o índice do terceiro somatório, $n \to n-1$, segue que

$$\sum_{n=0}^{\infty}[2(n+s)(n+s-1)+3(n+s)-1]a_n x^{n+s}+2\sum_{n=1}^{\infty}a_{n-1}x^{n+s}=0.$$

Extraindo o primeiro termo do primeiro somatório, podemos escrever

$$(2s^2+s-1)a_0x^s + \sum_{n=1}^{\infty}[2(n+s)(n+s-1)a_n+3(n+s)a_n-a_n+2a_{n-1}]x^{n+s}=0,$$

onde a equação indicial é

$$2s^2+s-1=0$$

e suas raízes são $s_1=-1$ e $s_2=1/2$. A relação de recorrência tem a forma

$$a_n = -\frac{2a_{n-1}}{[(n+s)(2n+2s+1)-1]}, \quad n=1,2,3,\ldots.$$

Para $s_1 = -1$, a relação de recorrência torna-se

$$a_n = -\frac{2a_{n-1}}{[(n-1)(2n-1)-1]}, \quad n=1,2,3,\ldots.$$

Escrevendo alguns termos, temos

$$a_1 = 2a_0, \quad a_2 = -2a_0, \quad a_3 = \frac{4}{9}a_0, \quad \ldots.$$

Para $s_2 = 1/2$, a relação de recorrência é

$$a_n = -\frac{4a_{n-1}}{[(2n+1)(2n+2)-2]}, \quad n=1,2,3,\ldots,$$

com

$$a_1 = -\frac{2}{5}a_0, \quad a_2 = \frac{2}{35}a_0, \quad a_3 = -\frac{4}{945}a_0, \quad \ldots.$$

A solução geral para a equação diferencial é

$$y(x) = c_1 x^{-1}\left(1+2x-2x^2+\frac{4}{9}x^3+\cdots\right) + c_2 x^{1/2}\left(1-\frac{2}{5}x+\frac{2}{35}x^2-\frac{4}{945}x^3+\cdots\right),$$

com c_1 e c_2 constantes arbitrárias.

Exercício 1.65. *Consideremos a seguinte equação diferencial homogênea*

$$x\frac{d^2}{dx^2}y(x) - x\frac{d}{dx}y(x) + y(x) = 0, \quad x > 0.$$

1.18. EXERCÍCIOS RESOLVIDOS

(a) *Utilize o método de Frobenius para obter uma solução da equação, a partir da maior raiz da respectiva equação indicial.*

(b) *Utilize o método de redução de ordem para obter a segunda solução linearmente independente para a equação diferencial.*

(a) Note que, $x = 0$ é um ponto singular regular para a equação diferencial. Consideremos a seguinte série de potências

$$y(x) = \sum_{n=0}^{\infty} a_n x^{n+s}$$

com $a_0 \neq 0$. Substituindo $y(x)$ e suas derivadas, primeira e segunda, na equação diferencial, obtemos

$$\sum_{n=0}^{\infty}(n+s)(n+s-1)a_n x^{n+s-1} - \sum_{n=0}^{\infty}(n+s)a_n x^{n+s} + \sum_{n=0}^{\infty} a_n x^{n+s} = 0.$$

Deslocando o índice do primeiro somatório, $n \to n+1$, segue que

$$\sum_{n=-1}^{\infty}(n+s+1)(n+s)a_{n+1} x^{n+s} + \sum_{n=0}^{\infty}[1-(n+s)]a_n x^{n+s} = 0$$

e, extraindo o primeiro termo do primeiro somatório, podemos escrever

$$s(s-1)a_0 x^{s-1} + \sum_{n=0}^{\infty}[(n+s+1)(n+s)a_{n+1} - (n-s)a_n + a_n] x^{n+s} = 0.$$

A equação indicial é

$$s(s-1) = 0,$$

cujas raízes são $s_1 = 0$ e $s_2 = 1$. A relação de recorrência é dada por

$$a_{n+1} = \frac{(n+s-1)a_n}{(n+s+1)(n+s)}, \qquad n = 0, 1, 2, \cdots.$$

Para $s_2 = 1$, maior raiz da equação indicial, temos

$$a_{n+1} = \frac{n a_n}{(n+2)(n+1)}, \qquad n = 0, 1, 2, \cdots,$$

onde $a_1 = a_2 = a_3 = \cdots = a_n = 0$. A solução $y_1(x)$ é dada por

$$y_1(x) = x \sum_{n=0}^{\infty} a_n x^n = a_0 x.$$

(b) Consideremos o método de redução de ordem para obter a segunda solução linearmente independente, ou seja,

$$y_2(x) = xu(x),$$

onde $u(x)$ é uma função a ser determinada. Calculando as derivadas primeira e segunda,

$$y_2'(x) = u(x) + xu'(x) \quad \text{e} \quad y_2''(x) = 2u'(x) + xu''(x),$$

substituindo na equação diferencial e rearranjando, obtemos

$$x^2 u''(x) + (2x - x^2) u'(x) = 0.$$

Introduzindo a substituição $u'(x) = v$, onde $v = v(x)$, temos

$$x^2 \frac{dv}{dx} + (2x - x^2) v = 0$$

$$\frac{dv}{v} = \left(1 - \frac{2}{x}\right) dx.$$

Integrando os dois membros desta equação diferencial, segue

$$\ln|v| = x - 2\ln x + k,$$

ou ainda, na seguinte forma

$$v = k_1 \frac{e^x}{x^2},$$

com k e k_1 constantes arbitrárias e $k_1 = e^k$. A fim de obter $u(x)$ devemos integrar $v(x)$, de modo a obter

$$u(x) = k_1 \int \frac{1}{x^2} e^x dx,$$

1.18. EXERCÍCIOS RESOLVIDOS

onde $e^x = 1 + x + \frac{x^2}{2!} + \frac{x^3}{3!} + \frac{x^4}{4!} + \cdots$, logo

$$\begin{aligned} u(x) &= k_1 \int \frac{1}{x^2}\left(1 + x + \frac{x^2}{2!} + \frac{x^3}{3!} + \frac{x^4}{4!} + \cdots\right) dx \\ &= k_1 \int \left(\frac{1}{x^2} + \frac{1}{x} + \frac{1}{2} + \frac{x}{6} + \frac{x^2}{24} + \cdots\right) dx \\ &= k_1 \left(-\frac{1}{x} + \ln x + \frac{x}{2} + \frac{x^2}{12} + \frac{x^3}{72} + \cdots\right). \end{aligned}$$

Assim, a segunda solução linearmente independente, $y_2(x)$, é

$$y_2(x) = x \ln x - 1 + \frac{x^2}{2} + \frac{x^3}{12} + \frac{x^4}{72} + \cdots$$

onde omitimos k_1 por simplicidade. A solução geral para a equação diferencial é dada por

$$y(x) = c_1 x + c_2 \left(x \ln x - 1 + \frac{x^2}{2} + \frac{x^3}{12} + \frac{x^4}{72} + \cdots\right),$$

com c_1 e c_2 constantes arbitrárias.

Exercício 1.66. *Sejam $x = x(t)$ e $y = y(t)$. Resolva o sistema de equações diferenciais*

$$\begin{cases} x' = 2x + 3y, \\ y' = 2x + y, \end{cases}$$

pelo método de eliminação.

Isolamos y na primeira equação diferencial de modo a obter $y = \frac{1}{3}(x' - 2x)$. Derivando tal expressão, em relação à variável t, obtemos $y' = \frac{1}{3}(x'' - 2x')$. Substituindo na segunda equação do sistema, segue

$$\frac{1}{3}(x'' - 2x') = 2x + \frac{1}{3}(x' - 2x),$$

ou ainda, $x'' - 3x' - 4x = 0$. A solução desta equação diferencial de segunda ordem, linear, homogênea, com coeficientes constantes é $x(t) = c_1 e^{-t} + c_2 e^{4t}$, onde c_1 e c_2 são constantes arbitrárias. Assim, $y(t)$ é

$$y(t) = \frac{1}{3}(x' - 2x) = \frac{1}{3}(-c_1 e^{-t} + 4c_2 e^{4t} - 2c_1 e^{-t} - 2c_2 e^{4t}) = -c_1 e^{-t} + \frac{2}{3} c_2 e^{4t}.$$

Exercício 1.67. *Determine a solução, por eliminação, para o seguinte sistema de equações* *diferenciais*

$$\begin{cases} x' + y = t, \\ y' - x = -t, \end{cases}$$

onde $x = x(t)$ *e* $y = y(t)$.

Isolamos y na primeira equação do sistema, de modo a obter

$$y = t - x'.$$

Diferenciando esta expressão em relação à variável t, obtemos

$$y' = 1 - x''$$

e, substituindo na segunda equação do sistema, segue que

$$x'' + x = t + 1. \tag{1.32}$$

A solução para esta equação diferencial de segunda ordem, linear e homogênea é dada por $x_h(t) = c_1 \cos t + c_2 \operatorname{sen} t$, onde c_1 e c_2 são constantes arbitrárias. Através do método dos coeficientes a determinar propomos uma solução particular na forma

$$x_p(t) = At + B,$$

com A e B constantes a serem determinadas. Derivando a solução particular proposta e substituindo na Eq.(1.32), temos $A = 1$ e $B = 1$. Portanto, a solução geral para a Eq.(1.32) é

$$x(t) = c_1 \cos t + c_2 \operatorname{sen} t + t + 1,$$

com c_1 e c_2 constantes arbitrárias. Para $y(t)$, substituímos x em $y = t - x'$, de modo a obter

$$y(t) = c_1 \operatorname{sen} t - c_2 \cos t + t - 1.$$

Exercício 1.68. *Resolva o seguinte PVI, constituído pelo sistema de equações diferenciais*

$$\begin{cases} \dfrac{dx}{dt} = x + y + 4z, \\ \dfrac{dy}{dt} = 2y, \\ \dfrac{dz}{dt} = x + y + z, \end{cases}$$

1.18. EXERCÍCIOS RESOLVIDOS

e pelas condições iniciais $x(0) = 1$, $y(0) = 3$ *e* $z(0) = 0$ *com* $x = x(t)$, $y = y(t)$ *e* $z = z(t)$.

Suponha que a solução admite a seguinte forma

$$x = \alpha e^{\lambda t}, \quad y = \beta e^{\lambda t} \quad e \quad z = \mu e^{\lambda t},$$

onde α, β μ e λ devem ser determinadas. Derivando estas expressões

$$x' = \alpha \lambda e^{\lambda t}, \quad y' = \beta \lambda e^{\lambda t} \quad e \quad z' = \mu \lambda e^{\lambda t}$$

e, substituindo no sistema, obtemos

$$\begin{cases} (\lambda - 1)\alpha - \beta - 4\mu = 0, \\ (\lambda - 2)\beta = 0, \\ -\alpha - \beta + (\lambda - 1)\mu = 0. \end{cases}$$

O determinante fornece a equação característica

$$D = \begin{vmatrix} \lambda - 1 & -1 & -4, \\ 0 & \lambda - 2 & 0, \\ -1 & -1 & \lambda - 1, \end{vmatrix} = (\lambda - 1)^2 (\lambda - 2) - 4(\lambda - 2) = (\lambda - 2)(\lambda + 1)(\lambda - 3) = 0,$$

cujas raízes são $\lambda_1 = 2$, $\lambda_2 = -1$ e $\lambda_3 = 3$. Para $\lambda_1 = 2$, temos o sistema algébrico

$$\begin{cases} \alpha - \beta - 4\mu = 0, \\ 0\beta = 0, \\ -\alpha - \beta + \mu = 0, \end{cases}$$

onde $\alpha = -\frac{5}{3}\beta$, $\mu = -\frac{2}{3}\beta$ e β uma constante arbitrária. A solução, neste caso, é dada por

$$x = -\frac{5}{3}\beta e^{2t}, \quad y = \beta e^{2t} \quad e \quad z = -\frac{2}{3}\beta e^{2t}.$$

Por outro lado, para $\lambda_2 = -1$, obtemos

$$\begin{cases} -2\alpha - \beta - 4\mu = 0, \\ -3\beta = 0, \\ -\alpha - \beta - 2\mu = 0, \end{cases}$$

de onde segue $\alpha = -2\mu$ e $\beta = 0$, logo a solução é dada por

$$x = -2\mu e^{-t}, \quad y = 0, \quad e \quad z = \mu e^{-t},$$

onde μ uma constante arbitrária. Por fim, para $\lambda_3 = 3$, temos

$$\begin{cases} 2\alpha - \beta - 4\mu = 0, \\ \beta = 0, \\ -\alpha - \beta + 2\mu = 0, \end{cases}$$

onde $\alpha = 2\mu$ e $\beta = 0$. Neste caso, a solução é

$$x = 2\mu e^{3t}, \quad y = 0, \quad e \quad z = \mu e^{3t},$$

onde μ é uma constante arbitrária. A solução geral para o sistema de equações diferenciais é

$$\begin{aligned} x(t) &= -\frac{5}{3}c_1 e^{2t} - 2c_2 e^{-t} + 2c_3 e^{3t}, \\ y(t) &= c_1 e^{2t}, \\ z(t) &= -\frac{2}{3}c_1 e^{2t} + c_2 e^{-t} + c_3 e^{3t}, \end{aligned}$$

onde c_1, c_2 e c_3 são constantes arbitrárias. Impondo as condições iniciais $x(0) = 1$, $y(0) = 3$ e $z(0) = 0$, obtemos $c_1 = 3$, $c_2 = -1/2$ e $c_3 = 5/2$. Portanto, a solução para o PVI é

$$\begin{aligned} x(t) &= -5e^{2t} + e^{-t} + 5e^{3t}, \\ y(t) &= 3e^{2t}, \\ z(t) &= -2e^{2t} - \frac{1}{2}e^{-t} + \frac{5}{2}e^{3t}. \end{aligned}$$

Exercício 1.69. *Determine a solução geral para o seguinte sistema de equações diferenciais*

$$\begin{cases} \dfrac{dx}{dt} = -6x + 5y, \\ \dfrac{dy}{dt} = -5x + 4y, \end{cases}$$

onde $x = x(t)$ e $y = y(t)$.

Admitindo que a solução tem a forma

$$x = \alpha e^{\lambda t} \quad e \quad y = \beta e^{\lambda t},$$

1.18. EXERCÍCIOS RESOLVIDOS

o determinante a seguir nos dá a equação característica

$$D = \begin{vmatrix} \lambda+6 & -5 \\ 5 & \lambda-4 \end{vmatrix} = (\lambda+6)(\lambda-4)+25 = (\lambda+1)^2 = 0,$$

de onde segue $\lambda_1 = \lambda_2 = -1$. Procuramos, neste caso, uma solução na forma

$$\begin{aligned} x(t) &= (\alpha_1 + \beta_1 t)e^{-t} \\ y(t) &= (\alpha_2 + \beta_2 t)e^{-t}, \end{aligned}$$

onde $\alpha_1, \alpha_2, \beta_1$ e β_2 são constantes arbitrárias. Retornando à primeira equação do sistema, obtemos

$$(\beta_1 - \alpha_1) - \beta_1 t = (-6\alpha_1 + 5\alpha_2) + (5\beta_2 - 6\beta_1)t.$$

Igualando os coeficientes destes polinômios, temos

$$\alpha_2 = \alpha_1 + \frac{1}{5}\beta_1 \quad \text{e} \quad \beta_1 = \beta_2.$$

Voltando na solução proposta, podemos escrever

$$\begin{aligned} x(t) &= (c_1 + c_2 t)e^{-t} \\ y(t) &= \left(c_1 + \frac{1}{5}c_2 + c_2 t\right)e^{-t}, \end{aligned}$$

com c_1 e c_2 constantes arbitrárias.

Exercício 1.70. *Determine a solução geral para o sistema de equações diferenciais homogêneo*

$$\begin{cases} \dfrac{dx}{dt} = -x + 5y, \\ \dfrac{dy}{dt} = -x + 6y, \end{cases}$$

onde $x = x(t)$ *e* $y = y(t)$.

O determinante que fornece a equação característica é dado por

$$D = \begin{vmatrix} \lambda+1 & -5 \\ 1 & \lambda-1 \end{vmatrix} = (\lambda+1)(\lambda-1)+5 = \lambda^2+4 = 0.$$

As raízes para tal equação são $\lambda_1 = -2i$ e $\lambda_2 = 2i$. Procuramos, assim, uma solução na forma

$$x(t) = \alpha_1 \cos 2t + \alpha_2 \operatorname{sen} 2t$$
$$y(t) = \beta_1 \cos 2t + \beta_2 \cos 2t,$$

onde α_1, α_2, β_1 e β_2 devem ser determinadas. Calculando a derivada primeira para $x(t)$ e substituindo na primeira equação do sistema, já simplificando a exponencial, podemos escrever

$$-2\alpha_1 \operatorname{sen} 2t + 2\alpha_2 \cos 2t = (-\alpha_1 + 5\beta_1)\cos 2t + (-\alpha_2 + 5\beta_2)\operatorname{sen} 2t.$$

Igualando os coeficientes das funções seno e cosseno, obtemos o sistema algébrico

$$\begin{cases} -2\alpha_1 = -\alpha_2 + 5\beta_2, \\ 2\alpha_2 = -\alpha_1 + 5\beta_1, \end{cases}$$

de onde segue $\beta_1 = \frac{2}{5}\alpha_2 + \frac{1}{5}\alpha_1$ e $\beta_2 = \frac{1}{5}\alpha_2 - \frac{2}{5}\alpha_1$. Retornando à solução proposta, temos

$$x(t) = c_1 \cos 2t + c_2 \operatorname{sen} 2t,$$
$$y(t) = \left(\frac{1}{5}c_1 + \frac{2}{5}c_2\right)\cos 2t + \left(-\frac{2}{5}c_1 + \frac{1}{5}c_2\right)\operatorname{sen} 2t,$$

onde c_1 e c_2 são constantes arbitrárias.

Exercício 1.71. *Sejam $x = x(t)$ e $y = y(t)$. Resolva o PVI, composto pelo sistema de equações diferenciais e condições iniciais*

$$\begin{cases} \dfrac{dx}{dt} = -x - 2y + 3, \\ \dfrac{dy}{dt} = 3x + 4y + 3, \\ x(0) = -4 \quad \text{e} \quad y(0) = 5, \end{cases}$$

através do método dos coeficientes a determinar.

Procuramos a solução para o sistema de equações diferenciais homogêneo, isto é,

$$\begin{cases} \dfrac{dx}{dt} = -x - 2y, \\ \dfrac{dy}{dt} = 3x + 4y. \end{cases}$$

1.18. EXERCÍCIOS RESOLVIDOS

Supomos $x = \alpha e^{\lambda t}$ e $y = \beta e^{\lambda t}$, onde α, β e λ devem ser determinados. Derivando x e y e, substituindo no sistema homogêneo, obtemos o determinante o qual fornece a equação característica

$$D = \begin{vmatrix} \lambda+1 & 2 \\ -3 & \lambda-4 \end{vmatrix} = (\lambda+1)(\lambda-4) + 6 = (\lambda-2)(\lambda-1) = 0.$$

As raízes de tal equação são $\lambda_1 = 1$ e $\lambda_2 = 2$. Para $\lambda_1 = 1$, o sistema homogêneo torna-se

$$\begin{cases} 2\alpha + 2\beta = 0, \\ -3\alpha - 3\beta = 0, \end{cases}$$

de onde segue $\alpha = -\beta$ com β uma constante arbitrária. Neste caso, a solução é

$$x = -\beta e^t \quad \text{e} \quad y = \beta e^t. \tag{1.33}$$

Por outro lado, para $\lambda_2 = 2$, temos

$$\begin{cases} 3\alpha + 2\beta = 0, \\ -3\alpha - 2\beta = 0, \end{cases}$$

logo $\alpha = -\frac{2}{3}\beta$. A solução, neste caso, é

$$x = -\frac{2}{3}\beta e^{2t} \quad \text{e} \quad y = \beta e^{2t},$$

onde β é uma constante arbitrária. A solução geral do sistema de equações diferenciais homogêneo é

$$\begin{aligned} x(t) &= -c_1 e^t - \frac{2}{3} c_2 e^{2t} \\ y(t) &= c_1 e^t + c_2 e^{2t}, \end{aligned}$$

com c_1 e c_2 constantes arbitrárias. Procuramos uma solução particular na forma

$$x_p(t) = A \quad \text{e} \quad y_p(t) = B$$

com A e B constantes a serem determinadas. Ao substituir tais expressões no sistema não homogêneo, obtemos o seguinte sistema algébrico

$$\begin{cases} A + 2B = 3, \\ -3A - 4B = 3, \end{cases}$$

cuja solução é $A = -9$ e $B = 6$. Portanto, a solução geral para o sistema não homogêneo é

$$\begin{cases} x(t) = -c_1 e^t - \dfrac{2}{3} c_2 e^{2t} - 9, \\ y(t) = c_1 e^t + c_2 e^{2t} + 6, \end{cases}$$

com c_1 e c_2 constantes arbitrárias. Impondo as condições iniciais $x(0) = -4$ e $y(0) = 5$, obtemos $c_1 = -13$ e $c_2 = 12$. A solução para o sistema de equações diferenciais não homogêneo é

$$\begin{aligned} x(t) &= 13e^t - 8e^{2t} - 9, \\ y(t) &= -13e^t + 12e^{2t} + 6. \end{aligned}$$

Exercício 1.72. *Sejam $x = x(t)$ e $y = y(t)$. Utilize o método dos coeficientes a determinar para obter a solução geral do sistema de equações diferenciais*

$$\begin{cases} \dfrac{dx}{dt} = -x + 5y + \operatorname{sen} t, \\ \dfrac{dy}{dt} = -x + y - 2\cos t. \end{cases}$$

A solução geral para o sistema não homogêneo consiste na soma da solução para o sistema homogêneo com uma solução particular. A solução geral para o sistema homogêneo foi obtida no **Exercício 1.70**. Procuramos uma solução particular, para o sistema não homogêneo, na forma

$$\begin{aligned} x_p(t) &= a_1 \operatorname{sen} t + b_1 \cos t, \\ y_p(t) &= a_2 \operatorname{sen} t + b_2 \cos t, \end{aligned}$$

onde a_1, a_2, b_1 e b_2 são constantes arbitrárias a serem determinadas. Derivando $x_p(t)$ e $y_p(t)$ e, então substituindo no sistema não homogêneo, segue

$$\begin{cases} a_1 \cos t - b_1 \operatorname{sen} t = -a_1 \operatorname{sen} t - b_1 \cos t + 5a_2 \operatorname{sen} t + 5b_2 \cos t + \operatorname{sen} t, \\ a_2 \cos t - b_2 \operatorname{sen} t = -a_1 \operatorname{sen} t - b_1 \cos t + a_2 \operatorname{sen} t + b_2 \cos t - 2\cos t. \end{cases}$$

1.18. EXERCÍCIOS RESOLVIDOS

A partir deste sistema, obtemos o seguinte sistema algébrico

$$\begin{cases} -a_1 - b_1 + 5b_2 = 0, \\ -a_1 + 5a_2 + b_1 = -1, \\ -a_2 - b_1 + b_2 = 2, \\ -a_1 + a_2 + b_2 = 0, \end{cases}$$

cuja solução é $a_1 = -1/3$, $a_2 = 1/3$, $b_1 = -3$ e $b_2 = -2/3$. Portanto, a solução geral para o sistema de equações diferenciais não homogêneo é

$$\begin{aligned} x(t) &= x_h(t) + x_p(t), \\ y(t) &= y_h(t) + y_p(t), \end{aligned}$$

ou ainda, na forma explícita

$$\begin{aligned} x(t) &= c_1 \cos 2t + c_2 \operatorname{sen} 2t - \frac{1}{3}\operatorname{sen} t - 3\cos t, \\ y(t) &= \left(\frac{1}{5}c_1 + \frac{2}{5}c_2\right)\cos 2t + \left(-\frac{2}{5}c_1 + \frac{1}{5}c_2\right)\operatorname{sen} 2t + \frac{1}{3}\operatorname{sen} t - \frac{2}{3}\cos t, \end{aligned}$$

com c_1 e c_2 constantes arbitrárias.

Exercício 1.73. *Utilize o método de variação de parâmetros para resolver o seguinte PVI, constituído pelo sistema*

$$\begin{cases} \dfrac{dx}{dt} = 3x - y + 4e^{2t}, \\ \dfrac{dy}{dt} = -x + 3y + 4e^{4t}, \end{cases}$$

e pelas condições inciais $x(0) = 1$ e $y(0) = 1$, onde $x = x(t)$ e $y = y(t)$.

Vamos determinar a solução geral para o sistema homogêneo associado, dado por

$$\begin{cases} \dfrac{dx}{dt} = 3x - y, \\ \dfrac{dy}{dt} = -x + 3y. \end{cases}$$

O determinante a seguir fornece a equação característica

$$D = \begin{vmatrix} \lambda - 3 & 1 \\ 1 & \lambda - 3 \end{vmatrix} = (\lambda - 3)^2 - 1 = \lambda^2 - 6\lambda + 8 = 0,$$

cujas raízes são $\lambda_1 = 2$ e $\lambda_2 = 4$. Para $\lambda_1 = 2$, temos o seguinte sistema algébrico

$$\begin{cases} -\alpha + \beta = 0, \\ \alpha - \beta = 0, \end{cases}$$

de onde concluímos que $\beta = \alpha$. Neste caso, a solução geral para o sistema homogêneo é

$$x(t) = \alpha e^{2t} \quad \text{e} \quad y(t) = \alpha e^{2t},$$

onde α é uma constante arbitrária. Por outro lado, para $\lambda_2 = 4$, temos $\alpha + \beta = 0$, ou seja, $\alpha = -\beta$, assim

$$x(t) = -\beta e^{4t} \quad \text{e} \quad y(t) = \beta e^{4t}$$

com β uma constante arbitrária. A solução geral para o sistema homogêneo é

$$\begin{aligned} x_h(t) &= c_1 e^{2t} - c_2 e^{4t}, \\ y_h(t) &= c_1 e^{2t} + c_2 e^{4t}, \end{aligned}$$

com c_1 e c_2 constantes arbitrárias. A fim de obter uma solução particular para o sistema não homogêneo, propomos uma solução na forma

$$\begin{aligned} x_p(t) &= c_1(t) e^{2t} - c_2(t) e^{4t}, \\ y_p(t) &= c_1(t) e^{2t} + c_2(t) e^{4t}, \end{aligned}$$

onde $c_1(t)$ e $c_2(t)$ devem ser determinadas. Substituindo estas equações no sistema não homogêneo, obtemos

$$\begin{cases} c_1'(t) e^{2t} - c_2'(t) e^{4t} = 4 e^{2t}, \\ c_1'(t) e^{2t} + c_2'(t) e^{4t} = 4 e^{4t}. \end{cases}$$

Resolvendo este sistema algébrico, obtemos $c_1'(t) = 2 + 2e^{2t}$ e $c_2'(t) = 2 - 2e^{-2t}$ e, após integração, temos $c_1(t) = 2t + e^{2t}$ e $c_2(t) = 2t + e^{-2t}$. Assim, a solução particular procurada é dada por

$$\begin{aligned} x_p(t) &= 2t e^{2t} + e^{4t} - 2t e^{4t} - e^{2t}, \\ y_p(t) &= 2t e^{2t} + e^{4t} + 2t e^{4t} + e^{2t}. \end{aligned}$$

1.18. EXERCÍCIOS RESOLVIDOS

A solução geral para o sistema não homogêneo é

$$x(t) = c_1 e^{2t} - c_2 e^{4t} + 2te^{2t} + e^{4t} - 2te^{4t} - e^{2t},$$
$$y(t) = c_1 e^{2t} + c_2 e^{4t} + 2te^{2t} + e^{4t} + 2te^{4t} + e^{2t},$$

onde c_1 e c_2 são constantes arbitrárias. Impondo as condições iniciais $x(0) = 1$ e $y(0) = 1$, obtemos o seguinte sistema algébrico nas incógnitas c_1 e c_2,

$$\begin{cases} c_1 - c_2 = 1, \\ c_1 + c_2 = -1, \end{cases}$$

cuja solução é $c_1 = 0$ e $c_2 = -1$. Finalmente, podemos escrever a solução para o sistema não homogêneo

$$x(t) = 2e^{4t} + 2te^{2t} - 2te^{4t} - e^{2t},$$
$$y(t) = 2te^{2t} + 2te^{4t} + e^{2t}.$$

Exercício 1.74. *Determine a solução geral, através do método de variação de parâmetros, para o seguinte sistema de equações diferenciais*

$$\begin{cases} \dfrac{dx}{dt} = x + y + e^t, \\ \dfrac{dy}{dt} = x + y + e^{2t}, \\ \dfrac{dz}{dt} = 3z + te^{3t}, \end{cases}$$

com $x = x(t)$, $y = y(t)$ e $z = z(t)$.

Supomos que a solução para o sistema homogêneo admite a seguinte forma $x = \alpha e^{\lambda t}$, $y = \beta e^{\lambda t}$ e $z = \mu e^{\lambda t}$, onde α, β, μ e λ são constantes a serem determinadas. O determinante, associado ao sistema homogêneo, nos dá a equação característica,

$$D = \begin{vmatrix} \lambda - 1 & -1 & 0 \\ -1 & \lambda - 1 & 0 \\ 0 & 0 & \lambda - 3 \end{vmatrix} = (\lambda - 1)^2(\lambda - 3) - (\lambda - 3) = \lambda(\lambda - 2)(\lambda - 3) = 0,$$

cujas raízes são $\lambda_1 = 0$, $\lambda_2 = 2$ e $\lambda_3 = 3$. Para $\lambda_1 = 0$, temos $\beta = -\alpha$ e $\mu = 0$, logo a solução para o sistema homogêneo é

$$x = \alpha, \quad y = -\alpha \quad \text{e} \quad z = 0,$$

com α uma constante arbitrária. Para $\lambda_2 = 2$, temos $\alpha = \beta$ e $\mu = 0$, neste caso a solução é

$$x = \beta e^{2t}, \quad y = \beta e^{2t} \quad \text{e} \quad z = 0,$$

onde β é uma constante arbitrária. Por fim, para $\lambda_3 = 3$, segue que $\alpha = \beta = 0$ e μ uma constante arbitrária, logo

$$x = y = 0 \quad \text{e} \quad z = \mu e^{3t}.$$

Portanto, a solução geral para o sistema homogêneo é

$$\begin{aligned} x(t) &= c_1 + c_2 e^{2t}, \\ y(t) &= -c_1 + c_2 e^{2t}, \\ z(t) &= c_3 e^{3t}, \end{aligned}$$

com c_1, c_2 e c_3 constantes arbitrárias. Propomos uma solução particular com a seguinte forma

$$\begin{aligned} x_p(t) &= c_1(t) + c_2(t) e^{2t}, \\ y_p(t) &= -c_1(t) + c_2(t) e^{2t}, \\ z_p(t) &= c_3(t) e^{3t}, \end{aligned}$$

e, após substituí-la no sistema não homogêneo segue

$$\begin{cases} c_1'(t) + c_2'(t) e^{2t} = e^t, \\ -c_1'(t) + c_2'(t) e^{2t} = e^{2t}, \\ \qquad\qquad c_3'(t) = t. \end{cases}$$

Somando as duas primeiras equações deste sistema, temos

$$c_2'(t) = \frac{1}{2}(e^{-t} + 1).$$

Substituindo $c_2'(t)$ na primeira expresssão do sistema, obtém-se

$$c_1'(t) = \frac{1}{2}(e^t - e^{2t}).$$

1.18. EXERCÍCIOS RESOLVIDOS

Integrando $c_1'(t), c_2'(t)$ e $c_3'(t)$, em relação à variável t, podemos escrever

$$c_1(t) = \frac{1}{2}e^t - \frac{1}{4}e^{2t},$$
$$c_2(t) = \frac{1}{2}t - \frac{1}{2}e^{-t},$$
$$c_3(t) = \frac{1}{2}t^2,$$

então a solução particular é dada por

$$x_p(t) = -\frac{1}{4}e^{2t} + \frac{1}{2}te^{2t},$$
$$y_p(t) = -e^t + \frac{1}{4}e^{2t} + \frac{1}{2}te^{2t},$$
$$z_p(t) = \frac{1}{2}t^2 e^{3t}.$$

A solução geral para o sistema não homogêneo é

$$x(t) = c_1 + c_2 e^{2t} - \frac{1}{4}e^{2t} + \frac{1}{2}te^{2t},$$
$$y(t) = -c_1 + c_2 e^{2t} - e^t + \frac{1}{4}e^{2t} + \frac{1}{2}te^{2t},$$
$$z(t) = c_3 e^{3t} + \frac{1}{2}t^2 e^{3t},$$

onde c_1, c_2 e c_3 são constantes arbitrárias.

Exercício 1.75. *Resolva a equação diferencial vetorial homogênea* $\vec{x}' = A\vec{x}$, *onde*

$$A = \begin{pmatrix} 4 & 3 \\ -4 & -4 \end{pmatrix}$$

com $x = x(\mu)$.

Os autovalores associados à matriz A,

$$\det A = \begin{vmatrix} 4-\lambda & 3 \\ -4 & -4-\lambda \end{vmatrix} = (4-\lambda)(-4-\lambda) + 12 = (\lambda-2)(\lambda+2) = 0,$$

são $\lambda_1 = 2$ e $\lambda_2 = -2$. Temos, então, o seguinte sistema algébrico, nas incógnitas α e β,

$$\begin{cases} e^{-2\mu} = \alpha - 2\mu\beta, \\ e^{2\mu} = \alpha + 2\mu\beta, \end{cases}$$

com solução $\alpha = \frac{1}{2}(e^{-2\mu} + e^{2\mu})$ e $\beta = \frac{1}{4\mu}(e^{2\mu} - e^{-2\mu})$. Assim,

$$\begin{aligned} e^{\mu A} &= \alpha I + \beta \mu A = \frac{1}{2}(e^{-2\mu} + e^{2\mu})\begin{pmatrix} 1 & 0 \\ 0 & 1 \end{pmatrix} + \frac{1}{4}(e^{2\mu} - e^{-2\mu})\begin{pmatrix} 4 & 3 \\ -4 & -4 \end{pmatrix} \\ &= \frac{1}{2}\begin{pmatrix} -e^{-2\mu} + 3e^{2\mu} & \frac{3}{2}e^{2\mu} - \frac{3}{2}e^{-2\mu} \\ 2e^{-2\mu} - 2e^{2\mu} & 3e^{-2\mu} - e^{2\mu} \end{pmatrix}. \end{aligned}$$

A solução geral é dada por

$$\begin{aligned} \vec{x}(\mu) &= e^{\mu A}\vec{C} = \frac{1}{2}\begin{pmatrix} -e^{-2\mu} + 3e^{2\mu} & \frac{3}{2}e^{2\mu} - \frac{3}{2}e^{-2\mu} \\ 2e^{-2\mu} - 2e^{2\mu} & 3e^{-2\mu} - e^{2\mu} \end{pmatrix}\begin{pmatrix} C_1 \\ C_2 \end{pmatrix} \\ &= \frac{1}{2}\begin{pmatrix} -C_1 - \frac{3}{2}C_2 \\ 2C_1 + 3C_2 \end{pmatrix}e^{-2\mu} + \frac{1}{2}\begin{pmatrix} 3C_1 + \frac{3}{2}C_2 \\ -2C_1 - C_2 \end{pmatrix}e^{2\mu}, \end{aligned}$$

onde C_1 e C_2 são constantes arbitrárias.

Exercício 1.76. *Determine a solução geral para a equação diferencial vetorial homogênea*

$$\vec{x}' = \begin{pmatrix} 5 & -9 \\ 1 & -1 \end{pmatrix}\vec{x},$$

onde $x = x(\mu)$.

Iniciemos calculando os autovalores associados à matriz A, para tanto devemos resolver a equação algébrica

$$\det A = \begin{vmatrix} 5-\lambda & -9 \\ 1 & -1-\lambda \end{vmatrix} = (5-\lambda)(-1-\lambda) + 9 = (\lambda - 2)^2 = 0,$$

cujas raízes são $\lambda_1 = \lambda_2 = 2$. Temos a seguinte equação

$$e^{2\mu} = \alpha + 2\mu\beta, \tag{1.34}$$

onde α e β devem ser determinados. A fim de obter um sistema algébrico com duas equações e duas incógnitas, derivamos a Eq.(1.34), em relação a μ, de modo a obter

$$2e^{2\mu} = 2\beta \quad \Rightarrow \quad \beta = e^{2\mu}.$$

Retornando à Eq.(1.34) e substituindo o valor de β, obtemos $\alpha = (1 - 2\mu)e^{2\mu}$. De posse de α

1.18. EXERCÍCIOS RESOLVIDOS 191

e β, podemos calcular $e^{\mu A} = \alpha I + \beta \mu A$, isto é,

$$e^{\mu A} = \begin{pmatrix} (1-2\mu)e^{2\mu} & 0 \\ 0 & (1-2\mu)e^{2\mu} \end{pmatrix} + \begin{pmatrix} 5\mu e^{2\mu} & -9\mu e^{2\mu} \\ \mu e^{2\mu} & -\mu e^{2\mu} \end{pmatrix}$$

$$= \begin{pmatrix} e^{2\mu} + 3\mu e^{2\mu} & -9\mu e^{2\mu} \\ \mu e^{2\mu} & e^{2\mu} - 3\mu e^{2\mu} \end{pmatrix}.$$

A solução geral para a equação diferencial vetorial homogênea é

$$\vec{x}(\mu) = e^{\mu A}\vec{C} = \begin{pmatrix} e^{2\mu} + 3\mu e^{2\mu} & -9\mu e^{2\mu} \\ \mu e^{2\mu} & e^{2\mu} - 3\mu e^{2\mu} \end{pmatrix} \begin{pmatrix} C_1 \\ C_2 \end{pmatrix}$$

$$= C_1 \begin{pmatrix} 1+3\mu \\ \mu \end{pmatrix} e^{2\mu} + C_2 \begin{pmatrix} -9\mu \\ 1-3\mu \end{pmatrix} e^{2\mu},$$

com C_1 e C_2 constantes arbitrárias.

Exercício 1.77. *Sejam $x = x(\mu)$ e $y = y(\mu)$. Resolva o sistema equações diferenciais não homogêneo*

$$\frac{d}{d\mu}\begin{pmatrix} x \\ y \end{pmatrix} = \begin{pmatrix} 2 & 8 \\ 0 & 4 \end{pmatrix}\begin{pmatrix} x \\ y \end{pmatrix} + \begin{pmatrix} 2 \\ 16\mu \end{pmatrix}.$$

Os autovalores associados à matriz são $\lambda_1 = 2$ e $\lambda_2 = 4$. O sistema algébrico nas incógnitas α e β

$$\begin{cases} e^{2\mu} = \alpha + 2\mu\beta, \\ e^{4\mu} = \alpha + 4\mu\beta, \end{cases}$$

admite como solução $\alpha = 2e^{2\mu} - e^{4\mu}$ e $\beta = \frac{1}{2\mu}(e^{4\mu} - e^{2\mu})$. A exponencial da matriz é

$$e^{\mu A} = \begin{pmatrix} e^{2\mu} & 4e^{4\mu} - 4e^{2\mu} \\ 0 & e^{4\mu} \end{pmatrix}.$$

A solução geral para o sistema não homogêneo é dada por

$$\vec{x}(\mu) = e^{\mu A}\vec{C} + e^{\mu A}\int_0^\mu e^{-\xi A}f(\xi)d\xi$$

$$= \begin{pmatrix} e^{2\mu} & 4e^{4\mu} - 4e^{2\mu} \\ 0 & e^{4\mu} \end{pmatrix}\begin{pmatrix} C_1 \\ C_2 \end{pmatrix} + e^{\mu A}\int_0^\mu \begin{pmatrix} e^{-2\xi} & 4e^{-4\xi} - 4e^{-2\xi} \\ 0 & e^{-4\xi} \end{pmatrix}\begin{pmatrix} 2 \\ 16\xi \end{pmatrix}d\xi.$$

Após efetuar o produto de matrizes do integrando, integrar de $\xi = 0$ até $\xi = \mu$ e rearrajar,

podemos escrever

$$\begin{pmatrix} x \\ y \end{pmatrix} = C_1 \begin{pmatrix} 1 \\ 0 \end{pmatrix} e^{2\mu} + C_2 \begin{pmatrix} 4 \\ 1 \end{pmatrix} e^{4\mu} + C_2 \begin{pmatrix} -4 \\ 0 \end{pmatrix} e^{2\mu}$$
$$+ e^{\mu A} \begin{pmatrix} 15e^{-2\mu} - 4\mu e^{-4\mu} - 16\mu e^{-4\mu} + 32\mu e^{-2\mu} - 11 \\ -4\mu e^{-4\mu} - e^{-4\mu} + 1 \end{pmatrix},$$

ou ainda,

$$\begin{pmatrix} x \\ y \end{pmatrix} = \begin{pmatrix} C_1 - 4C_2 - 15 \\ 0 \end{pmatrix} e^{2\mu} + \begin{pmatrix} 4C_2 + 4 \\ C_2 + 1 \end{pmatrix} e^{4\mu} + \begin{pmatrix} 11 + 16\mu \\ -1 - 4\mu \end{pmatrix},$$

com C_1 e C_2 constantes arbitrárias.

Exercício 1.78. *Sejam $x = x(t)$, $y = y(t)$ e $z = z(t)$. Considere o sistema linear de equações diferenciais ordinárias*

$$\begin{cases} \dfrac{dx}{dt} = 2x - 7y, \\ \dfrac{dy}{dt} = 5x + 10y + 4z, \\ \dfrac{dz}{dt} = 5y + 2z. \end{cases}$$

Determine os autovalores e autovetores de modo a obter a solução geral.

Denotamos por A, a matriz associada ao sistema de equações diferenciais, dada por

$$A = \begin{pmatrix} 2 & -7 & 0 \\ 5 & 10 & 4 \\ 0 & 5 & 2 \end{pmatrix}.$$

A fim de determinar os autovalores associados a esta matriz, devemos determinar as raízes da equação algébrica de grau três

$$\begin{vmatrix} 2-\lambda & -7 & 0 \\ 5 & 10-\lambda & 4 \\ 0 & 5 & 2-\lambda \end{vmatrix} = (2-\lambda)^2(10-\lambda) + 35(2-\lambda) - 20(2-\lambda)$$
$$= (2-\lambda)(\lambda-7)(\lambda-5) = 0,$$

1.18. EXERCÍCIOS RESOLVIDOS

de onde segue $\lambda_1 = 2$, $\lambda_2 = 5$ e $\lambda_3 = 7$. Para $\lambda_1 = 2$, devemos determinar a, b e c satisfazendo

$$\begin{pmatrix} 0 & -7 & 0 \\ 5 & 8 & 4 \\ 0 & 5 & 0 \end{pmatrix} \begin{pmatrix} a \\ b \\ c \end{pmatrix} = \begin{pmatrix} 0 \\ 0 \\ 0 \end{pmatrix},$$

de onde obtemos $a = -\frac{4}{5}c$ e $b = 0$. Escolhendo $c = 5$, temos $a = -4$. Para $\lambda_2 = 5$, devemos determinar a, b e c satisfazendo

$$\begin{pmatrix} -3 & -7 & 0 \\ 5 & 5 & 4 \\ 0 & 5 & -3 \end{pmatrix} \begin{pmatrix} a \\ b \\ c \end{pmatrix} = \begin{pmatrix} 0 \\ 0 \\ 0 \end{pmatrix},$$

ou seja, $a = -\frac{7}{5}c$ e $b = \frac{3}{5}c$. Admitindo $c = 5$, obtemos $a = -7$ e $b = 3$. Por fim, para $\lambda_3 = 7$, devemos determinar a, b e c tal que

$$\begin{pmatrix} -5 & -7 & 0 \\ 5 & 3 & 4 \\ 0 & 5 & -5 \end{pmatrix} \begin{pmatrix} a \\ b \\ c \end{pmatrix} = \begin{pmatrix} 0 \\ 0 \\ 0 \end{pmatrix},$$

de onde segue $a = -\frac{7}{5}b$ e $c = b$. Devido a liberdade de escolha, admitimos $b = 5$, logo $a = -7$ e $c = 5$. Portanto, os autovetores associados aos autovalores, $\lambda_1 = 2$, $\lambda_2 = 5$ e $\lambda_3 = 7$, são, respectivamente,

$$\begin{pmatrix} -4 \\ 0 \\ 5 \end{pmatrix}, \quad \begin{pmatrix} -7 \\ 3 \\ 5 \end{pmatrix} \quad \text{e} \quad \begin{pmatrix} -7 \\ 5 \\ 5 \end{pmatrix}.$$

Portanto, a solução geral para o sistema homogêneo é

$$\vec{x}(t) = c_1 \begin{pmatrix} -4 \\ 0 \\ 5 \end{pmatrix} e^{2t} + c_2 \begin{pmatrix} -7 \\ 3 \\ 5 \end{pmatrix} e^{5t} + c_3 \begin{pmatrix} -7 \\ 5 \\ 5 \end{pmatrix} e^{7t},$$

com c_1, c_2 e c_3 constantes arbitrárias.

Exercício 1.79. *Sejam* $x = x(t)$ *e* $y = y(t)$. *Determine os autovalores e autovetores associados* à matriz dos coeficientes do seguinte sistema de equações diferenciais

$$\begin{cases} \dfrac{dx}{dt} = 4x + 5y, \\ \dfrac{dy}{dt} = -2x + 6y. \end{cases}$$

Obtenha a solução geral.

Sejam λ os autovalores associados à matriz A de coeficientes do sistema. Devemos resolver a seguinte equação algébrica de grau dois

$$\begin{vmatrix} 4-\lambda & 5 \\ -2 & 6-\lambda \end{vmatrix} = (4-\lambda)(6-\lambda) + 10 = \lambda^2 - 10\lambda + 34 = 0,$$

cujas raízes são $\lambda_1 = 5 - 3i$ e $\lambda_2 = 5 + 3i$. Para $\lambda_1 = 5 - 3i$, devemos determinar a e b que satisfaçam

$$\begin{pmatrix} -1+3i & 5 \\ -2 & 1+3i \end{pmatrix} \begin{pmatrix} a \\ b \end{pmatrix} = \begin{pmatrix} 0 \\ 0 \end{pmatrix},$$

de onde obtemos $a = \frac{1}{2}(1+3i)b$. Escolhendo $b = 2$, temos $a = 1 + 3i$, assim o autovetor associado a λ_1 é

$$\begin{pmatrix} 1+3i \\ 2 \end{pmatrix} = \begin{pmatrix} 1 \\ 2 \end{pmatrix} + i \begin{pmatrix} 3 \\ 0 \end{pmatrix}.$$

Deste modo, podemos escrever

$$\begin{aligned} \vec{x}_{1h} &= \begin{pmatrix} 1+3i \\ 2 \end{pmatrix} e^{(5-3i)t} = e^{5t} \left[\begin{pmatrix} 1 \\ 2 \end{pmatrix} + i \begin{pmatrix} 3 \\ 0 \end{pmatrix} \right] [\cos 3t - i\,\text{sen}\,3t] \\ &= \begin{pmatrix} \cos 3t + 3\,\text{sen}\,3t \\ 2\cos 3t \end{pmatrix} e^{5t} - i \begin{pmatrix} \text{sen}\,3t - 3\cos 3t \\ 2\,\text{sen}\,3t \end{pmatrix} e^{5t}. \end{aligned}$$

Portanto, a solução geral é dada por

$$\vec{x}(t) = c_1 \begin{pmatrix} \cos 3t + 3\,\text{sen}\,3t \\ 2\cos 3t \end{pmatrix} e^{5t} + c_2 \begin{pmatrix} \text{sen}\,3t - 3\cos 3t \\ 2\,\text{sen}(3t) \end{pmatrix} e^{5t},$$

com c_1 e c_2 constantes arbitrárias.

Exercício 1.80. *Sejam $x = x(t)$ e $y = y(t)$. Determine a matriz fundamental para o sistema*

1.18. EXERCÍCIOS RESOLVIDOS

de equações diferenciais

$$\begin{cases} \dfrac{dx}{dt} = 2x - y, \\ \dfrac{dy}{dt} = 3x - 2x. \end{cases}$$

Os autovalores associados à matriz do sistema são $\lambda_1 = -1$ e $\lambda_2 = 1$. Para determinar os autovetores associados a λ_1 e λ_2, respectivamente, devemos determinar a_1, a_2, b_1 e b_2 satisfazendo

$$\begin{pmatrix} 3 & -1 \\ 3 & -1 \end{pmatrix} \begin{pmatrix} a_1 \\ b_1 \end{pmatrix} = \begin{pmatrix} 0 \\ 0 \end{pmatrix} \quad e \quad \begin{pmatrix} 1 & -1 \\ 3 & -3 \end{pmatrix} \begin{pmatrix} a_2 \\ b_2 \end{pmatrix} = \begin{pmatrix} 0 \\ 0 \end{pmatrix}$$

de onde segue $b_1 = 3a_1$ e $a_2 = b_2$. Escolhemos $a_1 = 1$ e $b_2 = 1$, logo $b_1 = 3$ e $a_2 = 1$. Portanto, a matriz fundamental para o sistema de equações dado possui em suas colunas os autovetores associados ao sistema, isto é,

$$F(t) = \begin{pmatrix} e^{-t} & e^t \\ 3e^{-t} & e^t \end{pmatrix}.$$

Exercício 1.81. *Sejam $x = x(t)$ e $y = y(t)$. Utilize a matriz fundamental do* **Exercício 1.80** *para determinar a solução para o sistema de equações diferenciais*

$$\begin{cases} x' = 2x - y, \\ y' = 3x - 2y, \end{cases}$$

satisfazendo as condições iniciais $x(0) = 2$ e $y(0) = -1$.

A solução geral para o sistema homogêneo é dada por

$$\begin{aligned} \vec{x}(t) &= F(t)\vec{C} \\ &= \begin{pmatrix} e^{-t} & e^t \\ 3e^{-t} & e^t \end{pmatrix} \begin{pmatrix} c_1 \\ c_2 \end{pmatrix} \\ &= c_1 \begin{pmatrix} 1 \\ 3 \end{pmatrix} e^{-t} + c_2 \begin{pmatrix} 1 \\ 1 \end{pmatrix} e^t, \end{aligned}$$

com c_1 e c_2 constantes arbitrárias. A partir das condições inicias, $x(0) = 2$ e $y(0) = -1$, obtemos, o seguinte sistema algébrico

$$\begin{cases} c_1 + c_2 = 2, \\ 3c_1 + c_2 = -1, \end{cases}$$

cuja solução é $c_1 = -3/2$ e $c_2 = 7/2$. Finalmente, podemos escrever a solução para o sistema de equações diferenciais dado

$$\vec{x}(t) = -\frac{3}{2}\begin{pmatrix} 1 \\ 3 \end{pmatrix} e^{-t} + \frac{7}{2}\begin{pmatrix} 1 \\ 1 \end{pmatrix} e^{t}.$$

Exercício 1.82. *Utilize o método de variação de parâmetros para resolver o sistema*

$$\vec{x}'(t) = \begin{pmatrix} 0 & -1 \\ 1 & 0 \end{pmatrix} \vec{x}(t) + \begin{pmatrix} \sec t \\ 0 \end{pmatrix}.$$

Inicialmente, devemos determinar a matriz fundamental, para tanto é necessário calcular os autovalores associados à matriz dos coeficientes, isto é,

$$\begin{vmatrix} 0-\lambda & -1 \\ 1 & 0-\lambda \end{vmatrix} = \lambda^2 + 1 = 0,$$

onde $\lambda_1 = -i$ e $\lambda_2 = i$. A fim de determinar o autovetor associado ao autovalor $\lambda_1 = -i$, devemos encontrar valores para a e b tais que

$$\begin{pmatrix} i & -1 \\ 1 & i \end{pmatrix} \begin{pmatrix} a \\ b \end{pmatrix} = \begin{pmatrix} 0 \\ 0 \end{pmatrix}$$

de onde concluímos que $b = ia$. Admitindo $a = 1$, temos $b = i$ e, portanto o autovetor associado ao autovalor é

$$\begin{pmatrix} 1 \\ i \end{pmatrix}.$$

A solução geral para o sistema homogêneo é

$$\vec{x}_h(t) = c_1 \begin{pmatrix} \cos t \\ \sen t \end{pmatrix} + c_2 \begin{pmatrix} \sen t \\ -\cos t \end{pmatrix},$$

com c_1 e c_2 constantes arbitrárias. A matriz fundamental é

$$F(t) = \begin{pmatrix} \cos t & \sen t \\ \sen t & -\cos t \end{pmatrix}.$$

Procedendo como na DEFINIÇÃO 1.17.5, temos que determinar $\vec{u}(t)$ satisfazendo

$$\vec{u}'(t) = F^{-1}(t)g(t),$$

onde $g(t)$ é o termo não homogêneo. A matriz dos cofatores da matriz fundamental é

$$F_{co}(t) = \begin{pmatrix} -\cos t & -\operatorname{sen} t \\ -\operatorname{sen} t & \cos t \end{pmatrix}.$$

e $\det F = -1$, então

$$F^{-1} = \frac{1}{\det F} F_{ad} = \begin{pmatrix} \cos t & \operatorname{sen} t \\ \operatorname{sen} t & -\cos t \end{pmatrix}.$$

Neste caso, temos

$$\vec{u}'(t) = \begin{pmatrix} \cos t & \operatorname{sen} t \\ \operatorname{sen} t & -\cos t \end{pmatrix} \begin{pmatrix} \sec t \\ 0 \end{pmatrix} = \begin{pmatrix} 1 \\ \tan t \end{pmatrix}$$

e, após integração, segue

$$\vec{u}(t) = \begin{pmatrix} t \\ -\ln|\cos t| \end{pmatrix}.$$

A solução geral para o sistema não homogêneo é

$$\begin{aligned} \vec{x}(t) &= F(t) \int^t F^{-1}(\xi) g(\xi) d\xi + F(t)\vec{C} \\ &= \begin{pmatrix} t\cos t - \operatorname{sen} t \cdot \ln|\cos t| \\ t\operatorname{sen} t + \cos t \cdot \ln|\cos t| \end{pmatrix} + c_1 \begin{pmatrix} \cos t \\ \operatorname{sen} t \end{pmatrix} + c_2 \begin{pmatrix} \operatorname{sen} t \\ -\cos t \end{pmatrix}, \end{aligned}$$

onde c_1 e c_2 são constantes arbitrárias.

1.19 Exercícios propostos

1. Seja $y = y(x)$. Determine uma região do plano xy onde as hipóteses do teorema de existência e unicidade são satifeitas:

(a) $y' = \dfrac{x-y}{2x+5y}$,

(b) $y' = (x^2 + y^2)^{3/2}$.

2. Seja $y = y(x)$. Determine (sem resolver o problema) o maior intervalo no qual existe solução para cada uma das equações diferenciais contendo x_0:

   (a) $x(2+x)y' + 2(1+x)y = 1 + 3x^2$, $\quad x_0 = -\dfrac{1}{2}$,

   (b) $(x^2 - 1)y' + (x-1)y = x^3 + x^2 - x - 1$, $\quad x_0 = -\dfrac{1}{2}$.

3. Seja $y = y(x)$. Utilizando variáveis separáveis, determine a solução explícita das seguintes equações diferenciais ordinárias:

   (a) $\dfrac{dy}{dx} = x e^{2x^2} \operatorname{sen}(e^{x^2})$,

   (b) $\dfrac{dy}{dx} = \dfrac{6x^3 - 11x^2 - 44x + 9}{x^4 - 8x^2 - 9}$,

   (c) $\dfrac{dy}{dx} = \dfrac{1}{xy + x + y + 1}$,

   (d) $\begin{cases} (3e^x \tan y)dx + (1 - e^x)\sec^2 y \, dy = 0, \\ y(\ln 2) = \dfrac{\pi}{4}, \end{cases}$

   (e) $\begin{cases} \dfrac{dy}{dx} = \dfrac{2\cos 2x}{3 + 2y}, \\ y(0) = -1. \end{cases}$

4. Seja $y = y(x)$. Considere o seguinte PVI:

$$\begin{cases} y' = 2(1+x)(1+y^2), \\ y(0) = 0. \end{cases}$$

   (a) Utilize o método para equações diferenciais separáveis para determinar uma solução particular para o problema dado.

   (b) Determine o maior intervalo para o qual a solução encontrada é válida.

5. Seja $y = y(x)$. Verifique que os coeficientes das equações diferenciais dadas são funções homogêneas e, então resolva-as através da mudança de variável $v = y/x$, com $v = v(x)$:

   (a) $x\,dy - y\,dx = x \cot\dfrac{y}{x}\,dx = 0$,

1.19. EXERCÍCIOS PROPOSTOS

   (b) $(x^2 - xy + y^2)dx - xy\,dy = 0$,

   (c) $x(\ln x - \ln y)dy - y\,dx = 0, \quad x > 0, y > 0$.

6. Seja $y = y(x)$. Mostre que as seguinte equações diferencias são exatas, então resolva-as:

   (a) $x\cos y \cdot y' - 2yy' = -x - \sen y$,

   (b) $(3 + y + 2y^2 \sen^2 x)dx + (x + 2xy - y\sen 2x)dy = 0$,

   (c) $\left(\dfrac{1}{y}\sen\dfrac{x}{y} - \dfrac{y}{x^2}\cos\dfrac{y}{x} + 1\right)dx + \left(\dfrac{1}{x}\cos\dfrac{y}{x} - \dfrac{x}{y^2}\sen\dfrac{x}{y} + \dfrac{1}{y^2}\right)dy = 0$.

7. Seja $y = y(x)$. Considere a seguinte equação diferencial

$$(y^2 \sen x)dx + yf(x)dy = 0.$$

   Determine todas as funções f para que a equação diferencial seja exata.

8. Seja $y = y(x)$. Verifique que as seguintes equações diferenciais não são exatas. Determine um fator integrante para cada uma destas equações diferenciais e, então resolva-as:

   (a) $(x^2 - \sen^2 y)dx + (x\sen 2y)dy = 0$,

   (b) $y\,dx - (2x + y^3 e^y)dy = 0$.

9. Seja $y = y(x)$. Introduza uma mudança de variável apropriada a fim de obter a solução explícita para o PVI,

$$\begin{cases} \dfrac{dy}{dx} = (-2x + y)^2 - 7, \\ y(0) = 0. \end{cases}$$

10. Seja $y = y(x)$. Obtenha a solução para as equações diferenciais lineares:

    (a) $y' + \dfrac{1}{x\ln x}y = 9x^2, \quad x > 0$,

    (b) $\begin{cases} \dfrac{dy}{dx} + xy = xe^{x^2/2}, \\ y(0) = 1, \end{cases}$

    (c) $\begin{cases} (2x + 3)y' = y + \sqrt{2x+3}, \\ y(-1) = 0. \end{cases}$

11. Seja $y = y(x)$. Resolva as seguintes equações diferenciais de Bernoulli:

(a) $\dfrac{dy}{dx} + \dfrac{3}{x}y = \dfrac{12y^{2/3}}{\sqrt{1+x^2}}, \quad x > 0,$

(b) $y' = y - xy^3 e^{-2x},$

(c) $(x-a)(x-b)(y' - \sqrt{y}) = 2(b-a)y,$ onde a e b são constantes.

12. Seja $y = y(x)$. Determine a solução contínua para o PVI

$$\begin{cases} y' - y = f(x), \\ y(0) = 0, \end{cases}$$

onde

$$f(x) = \begin{cases} 1, & \text{se } x < 1, \\ 2 - x, & \text{se } x \geq 1. \end{cases}$$

13. Sejam $x > 0$ e $y = y(x)$. Determine a solução para a equação diferencial de Riccati

$$x^2 y' - xy - x^2 y^2 = 1,$$

onde $y_1(x) = -x^{-1}$ é uma solução particular.

14. Seja $y = y(x)$. Determine a solução geral para as equações diferenciais abaixo, utilizando o método dos coeficientes a determinar:

(a) $y'' + 2y' - 3y = 2xe^{-3x},$

(b) $y'' + 4y = \operatorname{senh} x \operatorname{sen} 2x.$

15. Seja $y = y(x)$. Utilize o método de redução de ordem para determinar uma segunda solução linearmente independente para a equação diferencial

$$x^2 y'' - x(2 + x\cot x)y' + (2 + x\cot x)y = 0,$$

sabendo que $y_1(x) = x$ é uma solução para esta equção diferencial.

16. Seja $y = y(x)$. Utilize o método de variação de parâmetros e o resultado do exercício anterior para determinar a solução geral para a equação diferencial não homogênea

$$x^2 y'' - x(2 + x\cot x)y' + (2 + x\cot x)y = x^3 \operatorname{sen} x.$$

1.19. EXERCÍCIOS PROPOSTOS

17. Sejam $x > 0$ e $y = y(x)$. Considere a equação diferencial

$$y'' - 2my' + m^2 y = e^{mx} \ln x,$$

onde m é uma constante real.

  (a) Seja $y_1(x) = e^{mx}$ uma solução para a respectiva equação diferencial homogênea dada. Utilize o método de redução de ordem para obter a segunda solução linearmente independente.

  (b) Determine a solução geral da EDO através do método de variação de parâmetros.

18. Determine a solução da EDO

$$y'' - 2xy' - 4y = 0$$

através da expansão em série de Maclaurin.

19. Seja $y = y(x)$. Encontre os quatro primeiros termos da solução em forma de série, em torno de $x_0 = 0$, das seguintes EDOs:

  (a) $(x^2 - 1)y'' + (4x - 1)y' + 2y = 0,$

  (b) $y'' + (2 - 4x^2)y' - 8xy = 0,$

  (c) $y'' + (\operatorname{sen} x)y = 0.$

20. Seja $y = y(x)$. Determine, através do método de Frobenius, os cinco primeiros termos das duas soluções linearmente independentes da equação diferencial

$$3x^2 y'' + x(1 + 3x^2)y' - 2xy = 0, \quad x > 0.$$

21. Sejam $x = x(t)$ e $y = y(t)$. Resolva os sistemas de equações diferenciais através do método de eliminação:

  (a) $\begin{cases} x' = 4x + 2y, \\ y' = -x + y, \end{cases}$

(b) $\begin{cases} x' = 5x + 3y, \\ y' = -3x - y, \\ x(0) = 1 \quad \text{e} \quad y(0) = -2. \end{cases}$

22. Sejam $x = x(t)$, $y = y(t)$ e $z = z(t)$. Encontre os autovalores e autovetores associados aos sistemas de equações diferenciais e, então determine a solução geral:

(a) $\begin{cases} x' = 5x + y + 3z, \\ y' = x + 7y + z, \\ z' = 3x + y + 5z, \end{cases}$

(b) $\begin{cases} x' = x + 2y + 2z, \\ y' = 2x + y + 2z, \\ z' = 4y + z, \end{cases}$

(c) $\begin{cases} x' = 2x + 5y + z, \\ y' = -5x - 6y + 4z, \\ z' = 2z. \end{cases}$

23. Sejam $x = x(t)$ e $y = y(t)$. Utilize o método dos coeficientes a determinar para obter a solução geral para os seguintes sistemas de equações diferenciais não homogêneos:

(a) $\dfrac{d}{dt}\begin{pmatrix} x \\ y \end{pmatrix} = \begin{pmatrix} 0 & 1 \\ -1 & 0 \end{pmatrix}\begin{pmatrix} x \\ y \end{pmatrix} + \begin{pmatrix} 0 \\ 2\cos t \end{pmatrix},$

(b) $\dfrac{d}{dt}\begin{pmatrix} x \\ y \\ z \end{pmatrix} = \begin{pmatrix} 2 & -1 & -1 \\ 3 & -2 & -3 \\ -1 & 1 & 2 \end{pmatrix}\begin{pmatrix} x \\ y \\ z \end{pmatrix} + \begin{pmatrix} 2e^{2t} \\ 0 \\ 0 \end{pmatrix}.$

24. Sejam $x = x(t)$ e $y = y(t)$. Determine a solução geral para os seguintes sistemas de equações diferenciais não homogêneos através do método de variação de parâmetros:

(a) $\begin{cases} \dfrac{dx}{dt} = -x + 2y, \\ \dfrac{dy}{dt} = -3x + 4y + \dfrac{e^{3t}}{(e^{2t} + 1)}, \end{cases}$

1.19. EXERCÍCIOS PROPOSTOS

(b) $\begin{cases} \dfrac{dx}{dt} = 5z+5, \\ \dfrac{dy}{dt} = 5y-10, \\ \dfrac{dz}{dt} = 5x+40. \end{cases}$

Respostas e/ou sugestões

1. (a) $2x+5y > 0$ ou $2x+5y < 0$,

   (b) $f(x,y)$ e $\dfrac{\partial}{\partial y} f(x,y)$ são contínuas em todo o plano xy.

2. (a) $-2 < x < 0$,

   (b) $-1 < x < \infty$.

3. (a) $y(x) = -\dfrac{1}{2}\cos(e^{x^2}) + \dfrac{1}{2}\operatorname{sen}(e^{x^2}) + c$,

   (b) $y(x) = -\ln|x-3| + 2\ln|x+3| + \dfrac{5}{2}\ln(x^2+1) - 2\arctan x + c$,

   (c) $y(x) = -1 \pm \sqrt{2\ln|x+1| + C}$,

   (d) $y(x) = \operatorname{arcctg}\left(\dfrac{1}{(e^x-1)^3}\right)$,

   (e) $y(x) = -\dfrac{3}{2} + \sqrt{\dfrac{1}{4} + \operatorname{sen} 2x}$.

4. (a) $y(x) = \tan(x^2 + 2x)$,

   (b) Devemos ter $x^2 + 2x \neq k\pi + \dfrac{\pi}{2}$, com $k = 0, \pm 1, \pm 2, \ldots$. A partir da fórmula de Bhaskara, tem-se: $x \neq -1 \pm \sqrt{1 + k\pi + \dfrac{\pi}{2}}$, $k = 0, 1, 2, \cdots$. O maior intervalo para o qual a solução encontrada é válida, contendo $x_0 = 0$, ocorre com $k = 0$, ou seja, $-1 - \sqrt{1 + \dfrac{\pi}{2}} < x < -1 + \sqrt{1 + \dfrac{\pi}{2}}$.

5. (a) $\cos\dfrac{y}{x} = \dfrac{c}{x}$,

   (b) $(y-x)e^{y/x} = c$,

   (c) $\dfrac{y}{\ln y - \ln x + 1} = c$.

6. (a) $\dfrac{x^2}{2} + x\operatorname{sen} y - y^2 = c$,

(b) Note que, $\cos 2x = 1 - 2\operatorname{sen}^2 x$.
$$3x + xy + xy^2 - \frac{1}{2}y^2 \operatorname{sen} 2x = c,$$

(c) $-\cos\dfrac{x}{y} + \operatorname{sen}\dfrac{y}{x} + x - \dfrac{1}{y} = c.$

7. $f(x) = -2\cos x + c.$

8. (a) Note que, $\operatorname{sen} 2y = 2\operatorname{sen} y \cos y$.
$$x + \frac{\operatorname{sen}^2 y}{x} = c,$$

(b) $x - y^2 e^y = cy^2.$

9. $y(x) = 2x + \dfrac{3(1 - e^{6x})}{1 + e^{6x}}.$

10. (a) $y(x) = \dfrac{x^3(3\ln x - 1) + c}{\ln x},$

(b) $y(x) = \cosh\dfrac{x^2}{2},$

(c) $y(x) = \dfrac{1}{2}\sqrt{2x+3}\ln|2x+3|.$

11. (a) $y(x) = [x^{-1}(4\sqrt{1+x^2} + c)]^3,$

(b) $y(x) = \pm\sqrt{\dfrac{e^{2x}}{x^2 + c}},$

(c) $y(x) = \dfrac{1}{4}\left(\dfrac{x-b}{x-a}\right)^2 [x + (b-a)\ln|x-b| + c]^2.$

12. $y(x) = \begin{cases} e^x - 1 & \text{se } x < 1, \\ e^x(1 - e^{-1}) + x - 1 & \text{se } x \geq 1. \end{cases}$

13. $y(x) = \dfrac{1}{x}\left[\dfrac{1}{c - \ln x} - 1\right].$

14. (a) $y(x) = c_1 e^{-3x} + c_2 e^x - \dfrac{1}{8}xe^{-3x}(2x+1),$

(b) $y(x) = c_1 \operatorname{sen} 2x + c_2 \cos 2x + \dfrac{1}{17}\operatorname{senh} x \operatorname{sen} 2x - \dfrac{4}{17}\cosh x \cos 2x.$

15. $y_2(x) = x\cos x.$

16. $y(x) = x\operatorname{sen} x - x^2\cos x + c_1 x + c_2 x\cos x.$

17. (a) $y_2(x) = xe^{mx},$

1.19. EXERCÍCIOS PROPOSTOS

(b) $y(x) = c_1 e^{mx} + c_2 x e^{mx} + \dfrac{1}{4} x^2 e^{mx}(2\ln x - 3)$.

18. $y(x) = a_0 \left[1 + \displaystyle\sum_{n=1}^{\infty} \dfrac{2^n}{1 \cdot 3 \cdot 5 \cdots (2n-1)} x^{2n} \right] + a_1 \left[\displaystyle\sum_{n=0}^{\infty} \dfrac{1}{n!} x^{2n+1} \right]$.

19. **(a)** $y(x) = a_0 \left(1 + x^2 - \dfrac{1}{3}x^3 + \dfrac{13}{12}x^4 - \cdots \right) + a_1 \left(x - \dfrac{1}{2}x^2 + \dfrac{7}{6}x^3 - \dfrac{19}{24} + \cdots \right)$,

(b) $y(x) = a_0 \left(1 + \dfrac{4}{3}x^3 - \dfrac{2}{3}x^4 + \dfrac{4}{15}x^5 + \cdots \right) + a_1 \left(x - x^2 + \dfrac{2}{3}x^3 + \dfrac{2}{3}x^4 + \cdots \right)$,

(c) Utilize a representação em série para sen$x$, isto é, sen$x = \displaystyle\sum_{n=0}^{\infty} (-1)^n \dfrac{x^{2n+1}}{(2n+1)!}$.

$y(x) = a_0 \left(1 - \dfrac{1}{6}x^3 + \dfrac{1}{120}x^5 + \dfrac{1}{180}x^6 + \cdots \right) + a_1 \left(x - \dfrac{1}{12}x^4 + \dfrac{1}{180}x^6 + \dfrac{1}{504}x^7 + \cdots \right)$.

20. $y_1(x) = 1 + 2x + \dfrac{1}{2}x^2 - \dfrac{5}{21}x^3 - \dfrac{73}{840}x^4 + \cdots$,

$y_2(x) = x^{2/3} \left(1 + \dfrac{2}{5}x - \dfrac{3}{40}x^2 - \dfrac{43}{660}x^3 + \dfrac{31}{3696}x^4 + \cdots \right)$.

21. **(a)** $x(t) = -2c_1 e^{3t} - c_2 e^{2t}$,
$y(t) = c_1 e^{3t} + c_2 e^{2t}$,

(b) $x(t) = (1 - 3t)e^{2t}$,
$y(t) = (-2 + 3t)e^{2t}$,

22. **(a)** $x(t) = c_1 e^{9t} - c_2 e^{2t} + c_3 e^{6t}$,
$y(t) = c_1 e^{9t} - 2c_3 e^{6t}$,
$z(t) = c_1 e^{9t} + c_2 e^{2t} + c_3 e^{6t}$,

(b) $x(t) = c_1 e^{5t} + \left[c_2 + c_3 \left(\dfrac{3}{2} + t \right) \right] e^{-t}$,
$y(t) = c_1 e^{5t} + (c_2 + c_3 t)e^{-t}$
$z(t) = c_1 e^{5t} - [2c_2 + c_3(1 + 2t)]e^{-t}$,

(c) $x(t) = 28c_1 e^{2t} + [c_2(4\cos 3t - 3\operatorname{sen} 3t) + c_3(3\cos 3t + 4\operatorname{sen} 3t)]e^{-2t}$,
$y(t) = -5c_1 e^{2t} + [-5c_2 \cos 3t - 5c_3 \operatorname{sen} 3t]e^{-2t}$,
$z(t) = 25c_1 e^{2t}$.

23. **(a)** $x(t) = c_1 \cos t + c_2 \operatorname{sen} t + t \operatorname{sen} t$
$y(t) = -c_1 \operatorname{sen} t + c_2 \cos t + \operatorname{sen} t + t \cos t$,

(b) $x(t) = c_1 + (c_2 + c_3)e^t + 3e^{2t}$,
$y(t) = 3c_1 + c_2 e^t + 3e^{2t}$,
$z(t) = -c_1 + c_3 e^t - e^{2t}$.

24. (a) $x(t) = c_1 e^t + 2c_2 e^{2t} - e^t \ln(e^{2t} + 1) + 2e^{2t} \arctan e^t$,
$y(t) = c_1 e^t + 3c_2 e^{2t} - e^t \ln(e^{2t} + 1) + 3e^{2t} \arctan e^t$,

(b) $x(t) = c_1 e^{5t} + c_2 e^{5t} + c_3 e^{-5t} - 8$,
$y(t) = c_2 e^{5t} + 2$,
$z(t) = c_1 e^{5t} + c_2 e^{5t} - c_3 e^{-5t} - 1$.

Capítulo 2

Série de Fourier

Ainda que tenhamos mais de um tipo de série de Fourier, optamos por deixar o título do capítulo no singular, pois no desenvolver da teoria, apresentamos as séries de Fourier em senos e cossenos, exemplos de funções ímpares e pares, respectivamente, e discutimos as séries de Fourier complexas, porém sendo, todas elas, uma particular série de Fourier.

Visto que a série de Fourier está associada às funções pares e ímpares nos parece bastante natural começar o capítulo apresentando e discutindo a ortogonalidade das funções seno, uma função ímpar e cosseno, uma função par. Ainda mais, sempre visando a série de Fourier, abordamos o que chamamos de preliminares necessárias para o bom desenvolvimento do capítulo com o intuito de apresentar definições e conceitos que serão importantes no decorrer do texto, ainda que fiquem melhor caracterizados num curso de análise.

Após a apresentação da série de Fourier, associada com as funções seno e cosseno, ambas periódicas com período 2π radianos, estendemos a discussão para uma função periódica com período 2ℓ. Ao final, apresentamos as séries de Fourier complexas, utilizando a conhecida relação de Euler, envolvendo as funções seno e cosseno e a função exponencial para, ao final, discutir aproximações por meio de polinômios trigonométricos.

A utilização da série de Fourier associada aos problemas advindos da metodologia da separação de variáveis, será discutida após o estudo das equações diferenciais parciais, lineares e com coeficientes constantes.

Concluímos o capítulo com as séries de Fourier-Bessel associadas a problemas onde a simetria cilíndrica desempenha papel fundamental, bem como com as séries de Fourier-Legendre, estas associadas a problemas envolvendo uma simetria esférica. Por fim, assim como as séries de Fourier, estas duas outras séries serão utilizadas após a separação de variáveis, conforme Capítulo 2 (volume 2).

2.1 Ortogonalidade das funções trigonométricas

Nesta seção, após a introdução do conceito de ortogonalidade, usando a paridade das funções seno e cosseno, vamos discutir a ortogonalidade das funções trigonométricas, seno e cosseno, ambas periódicas, com período 2π radianos.

DEFINIÇÃO 2.1.1. ORTOGONALIDADE.

Considere duas funções da variável real x, denotadas por $u(x) = u$ e $v(x) = v$ e um intervalo $a \leq x \leq b$. As funções u e v são ditas ortogonais no intervalo $a \leq x \leq b$ se seu produto interno (u,v), definido a partir da integral

$$(u,v) = \int_a^b u(x)\,v(x)\,dx$$

é igual a zero. Nas séries de Fourier-Bessel e Fourier-Legendre, vamos considerar a ortogonalidade em relação a uma função, a chamada função peso.

É importante notar que, dos gráficos das funções seno e cosseno, podemos reconhecer diretamente que o conceito de ortogonalidade está associado com o conceito de perpendicularidade. Ainda mais, da geometria analítica, dizemos que dois vetores são ortogonais se o ângulo formado por eles é igual a $\pi/2$ radianos, isto é, formam entre eles um ângulo reto.

EXEMPLO 2.1. *Mostre que as funções $u(x) = \operatorname{sen}\pi x$ e $v(x) = \cos \pi x$ são ortogonais nos intervalos $-1 < x < 1$ e $0 < x < 1$.*

Começamos com o primeiro intervalo. Devemos calcular a integral

$$(u,v) = \int_{-1}^{1} \operatorname{sen}\pi x \cos \pi x\, dx.$$

Utilizando a expressão para o seno do arco dobro, temos

$$(u,v) = \frac{1}{2}\int_{-1}^{1} \operatorname{sen} 2\pi x\, dx$$

cuja integração permite escrever

$$(u,v) = \frac{1}{2}\left(-\frac{\cos 2\pi x}{2}\right)\Big|_{x=-1}^{x=1} = -\frac{1}{4}[\cos 2\pi - \cos(-2\pi)] = 0$$

logo, neste intervalo, as funções são ortogonais. Por um procedimento inteiramente análogo,

2.1. ORTOGONALIDADE DAS FUNÇÕES TRIGONOMÉTRICAS

para o segundo intervalo, $0 < x < 1$, podemos escrever

$$(u,v) = \frac{1}{2}\int_0^1 \operatorname{sen} 2\pi x \, dx$$

ou ainda, efetuando a integração

$$(u,v) = \frac{1}{2}\left(-\frac{\cos 2\pi x}{2}\right)\bigg|_{x=0}^{x=1} = -\frac{1}{4}[\cos 2\pi - \cos(0)] = 0.$$

DEFINIÇÃO 2.1.2. PARIDADE.

Seja $f : \mathbb{R} \to \mathbb{R}$. Chama-se função par a toda função que satisfaça a relação

$$f(-x) = f(x)$$

analogamente, definimos uma função ímpar, através da relação

$$f(-x) = -f(x).$$

EXEMPLO 2.2. PARIDADE DAS FUNÇÕES SENO E COSSENO.

É imediato verificar que as funções $u(x) = \operatorname{sen} x$ e $v(x) = \cos x$ são funções ímpar e par, respectivamente. Associe com os eixos trigonométricos a fim de se certificar que a primeira é simétrica em relação ao centro do círculo trigonométrico enquanto a segunda é simétrica em relação ao eixo vertical. Lembre que o eixo horizontal está associado às projeções ortogonais que fornecem o cosseno e o eixo vertical às projeções ortogonais que fornecem o seno.

DEFINIÇÃO 2.1.3. PERIODICIDADE.

Sejam $f : \mathbb{R} \to \mathbb{R}$, $\ell \in \mathbb{R}$ e $n \in \mathbb{Z}$. Uma função que satisfaça a relação

$$f(x + 2n\ell) = f(x)$$

é chamada periódica com período 2ℓ. Ao menor 2ℓ damos o nome de período fundamental.

EXEMPLO 2.3. PERIODICIDADE DAS FUNÇÕES SENO E COSSENO.

Podemos verificar que as funções trigonométricas $u = \operatorname{sen} x$ e $v = \cos x$ são funções periódicas com período 2π radianos. Ambas, satisfazem a relação que define a periodicidade de uma função: $\operatorname{sen}(x + 2\pi) = \operatorname{sen} x$ e $\cos(x + 2\pi) = \cos x$, como pode ser comprovado utilizando a expressão para o seno e o cosseno da soma de dois arcos. Ainda mais, $2\pi k$ com $k \in \mathbb{Z}$ também é um período.

EXEMPLO 2.4. PERÍODO FUNDAMENTAL.

Do resultado do EXEMPLO 2.1, os dois resultados são iguais, podemos concluir que o segundo intervalo está contido no primeiro e em ambos o produto escalar é nulo, caracterizando a ortogonalidade das funções. Ainda mais, o período fundamental é $\ell = 1$.

EXEMPLO 2.5. CALCULANDO UMA INTEGRAL.

Utilizando as definições de periodicidade e paridade das funções trigonométricas seno e cosseno, calcular a integral

$$\int_{-\pi}^{\pi} \operatorname{sen} x \cos x \, dx.$$

Essa integral pode, em princípio, ser calculada utilizando a expressão trigonométrica para o arco dobro, $\operatorname{sen} 2x = 2 \operatorname{sen} x \cos x$, porém, visto que as funções seno é ímpar e cosseno é par, elas têm o seu produto uma função ímpar, logo em sendo o intervalo simétrico, a integral é zero. Como será visto nos exercícios, podemos estender esse resultado.

DEFINIÇÃO 2.1.4. SÍMBOLO DE KRONECKER.

Sejam $n, k \in \mathbb{N}$. Definimos o símbolo (delta) de Kronecker, denotado por δ_{nk}, através de

$$\delta_{nk} = \begin{cases} 1, & \text{se } n = k, \\ 0, & \text{se } n \neq k. \end{cases}$$

A importância desta definição está em podermos simplificar resultados envolvendo o conceito de ortogonalidade de funções, não só das funções trigonométricas. Como vamos ver mais à frente, será útil quando estudarmos a ortogonalidade das funções de Bessel e dos polinômios de Legendre, relacionados com as respectivas séries de Fourier-Bessel e Fourier-Legendre.

EXEMPLO 2.6. CALCULANDO UMA INTEGRAL DEPENDENDO DE NÚMEROS INTEIROS.

Sejam $n, k \in \mathbb{N}$. Discuta o cálculo da integral

$$\int_{-\pi}^{\pi} \operatorname{sen} kx \operatorname{sen} nx \, dx.$$

Note que, se tivéssemos $\cos kx$ no lugar de $\operatorname{sen} kx$ e considerando $n = 1 = k$ o resultado é zero, como verificado no EXEMPLO 2.5. A maneira de se calcular essa integral é expressar o produto das duas funções seno em termos de uma diferença de cossenos da diferença e da soma de arcos, isto é, utilizar a seguinte expressão trigonométrica

$$2 \operatorname{sen} A \operatorname{sen} B = \cos(A - B) - \cos(A + B),$$

sendo $A = kx$ e $B = nx$. Assim, a integral pode ser escrita na seguinte forma

$$\int_{-\pi}^{\pi} \operatorname{sen} kx \operatorname{sen} nx \, dx = \frac{1}{2} \int_{-\pi}^{\pi} [\cos(kx - nx) - \cos(kx + nx)] \, dx.$$

Dessa expressão é imediato verificar que devem ser discutidos dois casos, isto é, $n = k$ e $n \neq k$, pois no primeiro caso a primeira parcela não depende dos números n e k. Comecemos, então, com o caso $n = k \neq 0$, logo (note que mantivemos o primeiro membro sem alteração)

$$\int_{-\pi}^{\pi} \operatorname{sen} kx \operatorname{sen} nx \, dx = \frac{1}{2} \int_{-\pi}^{\pi} [1 - \cos(2kx)] \, dx$$

onde utilizamos o resultado $\cos 0 = 1$. As duas integrais são imediatas, logo, neste caso temos

$$\int_{-\pi}^{\pi} \operatorname{sen} kx \operatorname{sen} nx \, dx = \pi.$$

Passemos ao caso em que $n \neq k$. Em analogia ao anterior, vamos manter a integral do primeiro membro inalterada e integrar as duas parcelas no segundo membro, de onde segue

$$\int_{-\pi}^{\pi} \operatorname{sen} kx \operatorname{sen} nx \, dx = \frac{1}{2} \left[\frac{\operatorname{sen}(kx-nx)}{k-n} - \frac{\operatorname{sen}(kx+nx)}{k+n} \right]_{x=-\pi}^{x=\pi}.$$

Visto que os denominadores são distintos de zero, ao substituírmos seja $x = -\pi$ ou $x = \pi$, os numeradores são nulos, pois o seno de um múltiplo inteiro de π é sempre zero, logo

$$\int_{-\pi}^{\pi} \operatorname{sen} kx \operatorname{sen} nx \, dx = 0.$$

Então, reunindo os dois resultados e utilizando o símbolo de Kronecker, obtemos

$$\int_{-\pi}^{\pi} \operatorname{sen} kx \operatorname{sen} nx \, dx = \pi \delta_{kn}.$$

Como já mencionamos, o caso geral será discutido nos exercícios.

2.2 Preliminares

Como preliminares, antes de definirmos a série de Fourier, vamos recordar alguns conceitos e definições que se somam à ortogonalidade das funções trigonométricas, seno e cosseno, e às periodicidade e paridade de uma função.

DEFINIÇÃO 2.2.1. DESCONTINUIDADE DE SALTO. *Sejam $a, x \in \mathbb{R}$, $I = (b,c)$ um intervalo na reta e $a \in I$. Uma função, $f(x)$, é dita ter uma descontinuidade de salto, também conhecida* *como descontinuidade de primeira espécie, se:* (i) $f(x)$, *para* $x = a$ *está definida (ou não) e é um número real, e* (ii) *os limites laterais são diferentes,*

$$L_1 = \lim_{x \to a^+} f(x) \neq \lim_{x \to a^-} f(x) = L_2,$$

com L_1 e L_2 números reais e distintos. Ver Figura 2.1.

Se $x = a$ é o ponto de descontinuidade, a quantidade $\delta = f(a+0) - f(a-0)$ é chamada o salto da função $f(x)$ em a. Podemos, com isso, sem formalidade, dizer que a função "deu um salto", conforme o senso comum. Por outro lado, no caso de o salto, δ, ser infinito, dizemos que a descontinuidade é de segunda espécie.

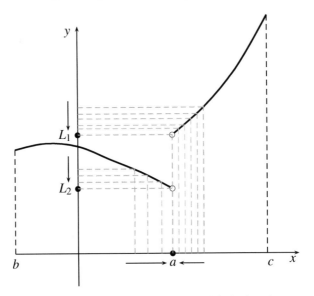

Figura 2.1: Limites laterais. Descontinuidade de salto.

DEFINIÇÃO 2.2.2. FUNÇÃO UM-A-UM. *Uma função $f(x)$ é chamada um-a-um se, para cada ponto do domínio, admite um único valor no intervalo.*

DEFINIÇÃO 2.2.3. FUNÇÃO SUAVE. *Uma função $f(x)$ é dita função suave no intervalo fechado $[b, c]$ se tem derivada contínua em $[b, c]$.*

DEFINIÇÃO 2.2.4. FUNÇÃO SECCIONALMENTE CONTÍNUA. *Uma função $f(x)$ é chamada seccionalmente contínua, ou ainda função contínua por partes, no intervalo I se esse intervalo pode ser particionado num número finito de subintervalos $b = x_0 < x_1 < \cdots < x_j < x_{j+1} < \cdots < x_k = c$ com $j = 0, 1, 2, \ldots, k-1$ e $k = 1, 2, \ldots$ de maneira que:*

2.2. PRELIMINARES

(i) $f(x)$ seja contínua em cada subintervalo aberto $x_j < x < x_{j+1}$ com $j = 0, 1, 2, \ldots, k-1$ e $k = 1, 2, \ldots$

(ii) em cada um dos subintervalos, os limites $\lim_{x \to b} f(x)$ e $\lim_{x \to c} f(x)$ sejam números finitos.

Alternativamente, $f(x)$ é seccionalmente contínua no intervalo I se for contínua em todo I, exceto num número finito de pontos, onde apresenta descontinuidades de salto.

DEFINIÇÃO 2.2.5. FUNÇÃO ABSOLUTAMENTE CONTÍNUA. *Uma função $f(x)$ é absolutamente contínua num intervalo aberto (a,b) se, e somente se, tem derivada primeira, $f'(x)$, em quase todo o intervalo e obedece a relação*

$$\int_a^x f'(\xi)\, d\xi = f(x) - f(a).$$

Em outras palavras: as funções absolutamente contínuas são todas aquelas que se podem representar como uma integral da própria derivada.

DEFINIÇÃO 2.2.6. FUNÇÃO SECCIONALMENTE DIFERENCIÁVEL. *Uma função $f : \mathbb{R} \to \mathbb{R}$ é dita seccionalmente diferenciável, ou diferenciável por partes, se é seccionalmente contínua e se a derivada f' for também seccionalmente contínua.*

EXEMPLO 2.7. FUNÇÃO SECCIONALMENTE CONTÍNUA.

Sejam $\varepsilon \in \mathbb{R}$ e $f : \mathbb{R} \to \mathbb{R}$ tal que

$$f(x) = \begin{cases} \varepsilon, & 0 \leq x < \pi, \\ 0, & -\pi \leq x < 0, \end{cases}$$

e $f(x + 2\pi) = f(x)$, conforme Figura 2.2. Discuta a periodicidade, a continuidade e a diferenciabilidade da função.

Do esboço do gráfico, verificamos, afinal já havia sido dado, que o período da função é igual a 2π, pois $2\ell = \pi - (-\pi) = 3\pi - \pi = \cdots = 2\pi$. A função é seccionalmente contínua, pois é contínua em todos os intervalos e tem uma descontinuidade de salto dada por $\delta = \varepsilon - 0 = \varepsilon$.

LEMMA 2.2.1. *Sejam $[a,b]$ um intervalo e f uma função real. Se $f : [a,b] \to \mathbb{R}$ é uma função seccionalmente contínua, então f é limitada e integrável nesse intervalo.*

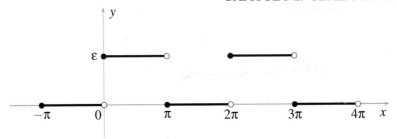

Figura 2.2: Esboço do gráfico da função do EXEMPLO 2.7.

DEFINIÇÃO 2.2.7. VALOR MÉDIO DE UMA FUNÇÃO EM UM PONTO. *Seja $x = a$ um ponto de descontinuidade da função, isto é, a função não está definida no ponto $x = a$, mas existem os limites laterais à esquerda e à direita em $x = a$. Definimos a função neste ponto como sendo o valor médio, a média aritmética, dos limites laterais à esquerda e à direita em $x = a$,*

$$f_M(a) = \frac{1}{2}[f(a+) + f(a-)].$$

No caso de a função ser contínua em $x = a$, temos $f(a+) = f(a-) = f_M(x) = f(x)$.

DEFINIÇÃO 2.2.8. FUNÇÃO ABSOLUTAMENTE INTEGRÁVEL.

Sejam $[a,b]$ um intervalo e $f : \mathbb{R} \to \mathbb{R}$ uma função real. A função f é dita absolutamente integrável sobre um intervalo $[a,b]$, se

$$\int_a^b |f(\xi)| \, d\xi < \infty$$

Se $a = -\infty$ e $b = +\infty$ dizemos que a função é absolutamente integrável na reta real.

EXEMPLO 2.8. *Seja $a \in \mathbb{R}$. Mostre que a função $f(x) = \operatorname{sen} x$ é integrável e absolutamente integrável no intervalo $a < x < a + 2\pi$.*

Primeiramente, a integrabilidade

$$\int_a^{a+2\pi} \operatorname{sen} x \, dx = -\cos x \Big|_{x=a}^{x=a+2\pi} = -\cos(a+2\pi) + \cos a = 0$$

de onde segue que f é integrável nesse intervalo. De maneira análoga podemos mostrar a integrabilidade absoluta. Visto que $|\operatorname{sen} x| \leq 1$ mostra-se que essa função é absolutamente integrável num intervalo arbitrário $[b,c]$.

DEFINIÇÃO 2.2.9. CONDIÇÕES DE DIRICHLET. *Uma função $f : \mathbb{R} \to \mathbb{R}$ é dita satisfazer as condições de Dirichlet se:*

(i) é uma função um-a-um e periódica $f(x+2n\ell) = f(x)$ com $n \in \mathbb{N}$ e período 2ℓ,
(ii) é contínua por partes,
(iii) tem um número finito de mínimos e de máximos.

Uma forma alternativa, para caracterizar as condições de Dirichlet, é tal que a função $f(x)$, num período, deve:

(i) possuir um número finito de descontinuidades,
(ii) ter um número finito de mínimos e de máximos,
(iii) ser absolutamente integrável.

DEFINIÇÃO 2.2.10. FUNÇÃO CIRCULARMENTE CONTÍNUA. *Uma função $f(x)$ se diz circularmente contínua no intervalo aberto $(-\pi, \pi)$ se, além de contínua, satisfaz a relação $f(\pi) = f(-\pi)$.*

2.3 Série de Fourier

A fim de introduzir o conceito de série de Fourier, começamos com as séries trigonométricas envolvendo senos e cossenos, visto serem funções ortogonais e periódicas. Após o cálculo dos coeficientes dessa série vamos impor condições a fim de que tenhamos o necessário para propor uma definição do que atende pelo nome de série de Fourier.

DEFINIÇÃO 2.3.1. SÉRIE TRIGONOMÉTRICA. *Sejam $a, b \in \mathbb{R}$ com $b > a$. Suponhamos uma função f, periódica com período $2\ell \equiv b - a$ e que admite a expansão em série trigonométrica*

$$f(x) = \frac{a_0}{2} + \sum_{k=1}^{\infty} \left\{ a_k \cos\left[\frac{k\pi(2x-b-a)}{b-a}\right] + b_k \operatorname{sen}\left[\frac{k\pi(2x-b-a)}{b-a}\right] \right\}$$

chamada série trigonométrica da função f, sendo a_0, a_k e b_k com $k = 1, 2, \ldots$ os coeficientes, a serem convenientemente determinados. A notação $a_0/2$ visa simplificar resultados que se seguem e será justificado quando do cálculo dos coeficientes.

Diante da DEFINIÇÃO 2.3.1 é evidente a pergunta: uma vez conhecida a função $f(x)$ qual deve ser a relação com os coeficientes? ou ainda, como se comportam os coeficientes a fim de que $f(x)$ possa ser representada pela série trigonométrica?

Para respondermos a esta pergunta, devemos impor condições. Vamos admitir que: (i) $f(x)$ seja integrável e (ii) a série e as séries obtidas quando multiplicamos essa série, ora por funções seno, ora por funções cossenos, sejam integráveis termo a termo no intervalo $[a,b]$.

Então, começamos com a série. Vamos integrar os dois membros termo a termo no intervalo $[a,b]$, de onde segue

$$\int_a^b f(x)\,dx = \int_a^b \frac{a_0}{2}\,dx + \int_a^b \sum_{k=1}^{\infty}\left\{a_k\cos\left[\frac{k\pi(2x-b-a)}{b-a}\right] + b_k\,\text{sen}\left[\frac{k\pi(2x-b-a)}{b-a}\right]\right\}dx.$$

Utilizando a ortogonalidade das funções trigonométricas, as duas integrais envolvendo a função seno e a função cosseno, não contribuem, logo

$$\int_a^b f(x)\,dx = \int_a^b \frac{a_0}{2}\,dx = \frac{b-a}{2}a_0$$

ou ainda, explicitando o coeficiente a_0, na forma

$$a_0 = \frac{2}{b-a}\int_a^b f(x)\,dx. \tag{2.1}$$

Seja $n = 1, 2, \ldots$ Vamos, agora, multiplicar os dois membros da expansão por

$$\binom{\cos}{\text{sen}}\left[\frac{n\pi(2x-b-a)}{b-a}\right].$$

Utilizando a ortogonalidade das funções seno e cosseno, a parcela envolvendo o coeficiente a_0 não contribui, enquanto para as outras duas devemos calcular as integrais

$$\int_a^b f(x)\binom{\cos}{\text{sen}}\left[\frac{n\pi(2x-b-a)}{b-a}\right]dx =$$

$$\int_a^b \binom{\cos}{\text{sen}}\left[\frac{n\pi(2x-b-a)}{b-a}\right]\left\{\sum_{k=1}^{\infty}\left\{a_k\cos\left[\frac{k\pi(2x-b-a)}{b-a}\right] + b_k\,\text{sen}\left[\frac{k\pi(2x-b-a)}{b-a}\right]\right\}\right\}dx$$

ou ainda, visto que apenas os termos $n = k$ contribuem e já voltando no índice k para os coeficientes, na seguinte forma

$$\int_a^b f(x)\binom{\cos}{\text{sen}}\left[\frac{k\pi(2x-b-a)}{b-a}\right]dx =$$

$$\int_a^b \binom{\cos}{\text{sen}}\left[\frac{k\pi(2x-b-a)}{b-a}\right]\left\{a_k\cos\left[\frac{k\pi(2x-b-a)}{b-a}\right] + b_k\,\text{sen}\left[\frac{k\pi(2x-b-a)}{b-a}\right]\right\}dx.$$

Mais uma vez, pela ortogonalidade das funções trigonométricas seno e cosseno, temos

$$\int_a^b f(x)\binom{\cos}{\text{sen}}\left[\frac{k\pi(2x-b-a)}{b-a}\right]dx = \binom{a_k}{b_k}\int_a^b \binom{\cos^2}{\text{sen}^2}\left[\frac{k\pi(2x-b-a)}{b-a}\right]dx.$$

2.3. SÉRIE DE FOURIER

Para calcular as integrais remanescentes, utilizamos as relações trigonométricas envolvendo o arco dobro, escritas na forma

$$\cos^2\theta = \frac{1+\cos 2\theta}{2} \quad \text{e} \quad \text{sen}^2\theta = \frac{1-\cos 2\theta}{2}.$$

Dessas duas expressões, só nos restam os termos independentes, pois aqueles contendo ora seno, ora cosseno, não contribuem, de onde segue

$$\int_a^b f(x) \begin{pmatrix}\cos\\\text{sen}\end{pmatrix} \left[\frac{k\pi(2x-b-a)}{b-a}\right] dx = \begin{pmatrix}a_k\\b_k\end{pmatrix} \int_a^b \frac{dx}{2},$$

que, após integrado e rearranjado, permite escrever para os coeficientes

$$\begin{pmatrix}a_k\\b_k\end{pmatrix} = \frac{2}{b-a}\int_a^b f(x) \begin{pmatrix}\cos\\\text{sen}\end{pmatrix} \left[\frac{k\pi(2x-b-a)}{b-a}\right] dx. \qquad (2.2)$$

Das relações obtidas nas Eq.(2.1) e Eq.(2.2) fica clara a intenção de definirmos o coeficiente a_0 com sendo $a_0/2$. Com isso, temos para os coeficientes a_k

$$a_k = \frac{2}{b-a}\int_a^b f(x)\cos\left[\frac{k\pi(2x-b-a)}{b-a}\right] dx \qquad (2.3)$$

com $k = 0, 1, 2, \ldots$ bem como para os coeficientes b_k, com $k = 1, 2, \ldots$,

$$b_k = \frac{2}{b-a}\int_a^b f(x)\,\text{sen}\left[\frac{k\pi(2x-b-a)}{b-a}\right] dx. \qquad (2.4)$$

EXEMPLO 2.9. $f(x)$ É UMA FUNÇÃO PAR.

Utilizando a paridade das funções trigonométricas seno e cosseno e sabendo que a função $f(x)$ é uma função par, obtemos $b_k = 0$ para $k = 1, 2, 3, \ldots$ (ver **Exercícios 2.7** e **2.8**).

EXEMPLO 2.10. $f(x)$ É UMA FUNÇÃO ÍMPAR.

Como no EXEMPLO 2.9, se $f(x)$ é uma função ímpar, então $a_k = 0$ para $k = 0, 1, 2, \ldots$ (ver **Exercício 2.9**).

DEFINIÇÃO 2.3.2. *Chama-se série de Fourier a expressão conforme* DEFINIÇÃO 2.3.1 *cujos coefieientes são dados pelas* Eq.(2.3) *e* Eq.(2.4)

EXEMPLO 2.11. $f(x)$ TEM PERÍODO 2ℓ.

Visto que o período é 2ℓ, podemos escrever $a = -\ell$ e $b = \ell$. Substituindo tais valores na expressão que fornece a série de Fourier, obtemos

$$f(x) = \frac{a_0}{2} + \sum_{k=1}^{\infty} \left[a_k \cos\left(\frac{k\pi x}{\ell}\right) + b_k \operatorname{sen}\left(\frac{k\pi x}{\ell}\right) \right] \qquad (2.5)$$

enquanto, para os coeficientes, as expressões

$$a_k = \frac{1}{\ell} \int_{-\ell}^{\ell} f(x) \cos\left(\frac{k\pi x}{\ell}\right) dx, \qquad k = 0, 1, 2, \ldots \qquad (2.6)$$

e

$$b_k = \frac{1}{\ell} \int_{-\ell}^{\ell} f(x) \operatorname{sen}\left(\frac{k\pi x}{\ell}\right) dx, \qquad k = 1, 2, 3, \ldots \qquad (2.7)$$

DEFINIÇÃO 2.3.3. SÉRIE DE FOURIER COM PERÍODO 2ℓ. *Uma função $f(x)$ satisfazendo as condições de Dirichlet pode ser expandida como uma série trigonométrica de senos e cossenos, chamada série de Fourier, na forma da Eq.(2.5) sendo os coeficientes a_0, a_k e b_k, chamados coeficientes de Fourier, obtidos a partir da ortogonalidade das funções trigonométricas senos e cossenos, e dados pelas Eq.(2.6) e Eq.(2.7)*

EXEMPLO 2.12. $f(x)$ TEM PERÍODO 2π.

Utilizando a Eq.(2.5) com $\ell = \pi$ obtemos a expressão que fornece a série de Fourier

$$f(x) = \frac{a_0}{2} + \sum_{k=1}^{\infty} [a_k \cos(kx) + b_k \operatorname{sen}(kx)]$$

enquanto, para os coeficientes, a partir das Eq.(2.6) e Eq.(2.7), as expressões

$$a_k = \frac{1}{\pi} \int_{-\pi}^{\pi} f(x) \cos(kx) dx, \qquad k = 0, 1, 2, \ldots$$

e

$$b_k = \frac{1}{\pi} \int_{-\pi}^{\pi} f(x) \operatorname{sen}(kx) dx, \qquad k = 1, 2, 3, \ldots$$

2.3. SÉRIE DE FOURIER

TEOREMA 2.3.1. TEOREMA DE FOURIER. *Seja $f : \mathbb{R} \to \mathbb{R}$ uma função seccionalmente diferenciável, periódica e com período 2ℓ. Então, a série de Fourier converge, em cada ponto x, para a soma $\frac{1}{2}[f(x_0 + 0) + f(x_0 - 0)]$ logo,*

$$\frac{1}{2}[f(x_0+0)+f(x_0-0)] = \frac{a_0}{2} + \sum_{k=1}^{\infty}\left[a_k \cos\left(\frac{k\pi x}{\ell}\right) + b_k \operatorname{sen}\left(\frac{k\pi x}{\ell}\right)\right]$$

onde, entendemos pela notação anterior, $f(x_0 \pm 0) := \lim_{\varepsilon \to 0} f(x_0 \pm \varepsilon)$.
Em particular, se $f(x)$ é seccionalmente diferenciável e contínua em x, tem-se

$$f(x) = \frac{a_0}{2} + \sum_{k=1}^{\infty}\left[a_k \cos\left(\frac{k\pi x}{\ell}\right) + b_k \operatorname{sen}\left(\frac{k\pi x}{\ell}\right)\right].$$

Daqui em diante deve ficar claro que ao usarmos a igualdade para a expansão em série de Fourier, tenhamos em mente que nos pontos de descontinuidade a função converge para a média aritmética dos valores dos limites laterais.

Antes de passarmos a uma aplicação, é conveniente deixar claro que: (i) as séries de Fourier podem ser estendidas a fenômenos não periódicos, caracterizados por funções não periódicas, o que nos leva às integrais e transformadas de Fourier, conforme Capítulo 1 (volume 2) e (ii) a nomenclatura expansão a meia escala ou quarto de escala está relacionada com o conceito de extensão, podendo ser par ou ímpar, a conveniência do problema em questão.

EXEMPLO 2.13. EXTENSÕES PAR E ÍMPAR.

Estendemos o domínio de $f(x)$, definida no intervalo $0 \leq x \leq \ell$, para todo o intervalo simétrico $-\ell \leq x \leq \ell$ de modo que a extensão seja uma função par ou uma função ímpar. Diante disso, construir a série de Fourier da função estendida, conforme f_p uma função par,

$$f_p(x) = \begin{cases} f(-x), & \text{se } -\ell \leq x < 0, \\ f(x), & \text{se } 0 < x \leq \ell, \end{cases}$$

bem como f_i uma função ímpar

$$f_i(x) = \begin{cases} -f(-x), & \text{se } -\ell \leq x < 0, \\ f(x), & \text{se } 0 < x \leq \ell. \end{cases}$$

Note que, nos dois casos, o domínio está representado na segunda linha das expressões anteriores, pois $f_p(x) = f(x)$ e $f_i(x) = f(x)$, ambas no intervalo $0 \leq x \leq \ell$. Ainda mais, na extensão ímpar $f(0) = 0$. Disso advém o nome meia escala. Nunca é demais mencionar que, quando a extensão for par os coeficientes b_k serão nulos e quando a extensão for ímpar os coeficientes a_k serão nulos, o que sempre simplifica o problema.

EXEMPLO 2.14. *Considere a função $f(x) = x$ no intervalo fechado $[0,\pi]$. Discorra como escrever essa função como uma série em senos.*

Visto que queremos uma série em senos, temos para os coeficientes a_k com $k = 0, 1, \ldots$, então devemos escrever f para os demais valores de x de modo que tenhamos uma função ímpar, isto é, uma extensão ímpar. Logo, basta estender o intervalo para $-\pi < x \leq \pi$ de modo que tenhamos a função periódica com período 2π.

EXEMPLO 2.15. EXPANSÃO EM SÉRIE DE FOURIER E A SÉRIE DE EULER.

Considere a função $f(x) = x^2$, definida no intervalo fechado $[-\ell, \ell]$, admitida periódica de período 2ℓ. (a) Obtenha a série de Fourier de $f(x)$ e (b) Mostre que vale o resultado

$$\sum_{k=1}^{\infty} \frac{1}{k^2} = \frac{\pi^2}{6}$$

conhecida como série de Euler.

Começamos com o cálculo sos coeficientes de Fourier. Para a_0, temos

$$a_0 = \frac{1}{\ell} \int_{-\ell}^{\ell} x^2 \, dx$$

de onde segue $a_0 = \dfrac{2\ell^2}{3}$. Para a_k temos

$$a_k = \frac{1}{\ell} \int_{-\ell}^{\ell} x^2 \cos\left(\frac{k\pi x}{\ell}\right) dx$$

que, após integração por partes, fornece $a_k = \dfrac{4\ell^2(-1)^k}{k^2 \pi^2}$ para $k = 1, 2, \ldots$ Visto que a função é uma função par e o intervalo de integração é simétrico, os demais coeficientes b_k para $k = 1, 2, \ldots$ são todos nulos.

Coletando os resultados, podemos escrever para a série da função

$$f(x) = \frac{\ell^2}{3} + \frac{4\ell^2}{\pi^2} \sum_{k=1}^{\infty} \frac{(-1)^k}{k^2} \cos\left(\frac{k\pi x}{\ell}\right)$$

que representa a série de Fourier associada à função. Para mais detalhes, veja **Exercício 2.21**. (b) Visto que $f(-\ell) = f(\ell)$, pelo teorema da convergência, a série é uma série convergente no extremo $x = \ell$, logo substituindo $x = \ell$ na expressão precedente, obtemos

$$\ell^2 = \frac{\ell^2}{3} + \frac{4\ell^2}{\pi^2} \sum_{k=1}^{\infty} \frac{(-1)^k}{k^2} \cos k\pi.$$

2.3. SÉRIE DE FOURIER

Utilizando a relação $\cos k\pi = (-1)^k$, rearranjando e simplificando, obtemos

$$\sum_{k=1}^{\infty} \frac{1}{k^2} = \frac{\pi^2}{6}$$

que é o resultado desejado, a chamada série de Euler.

Antes de introduzirmos um maneira alternativa de escrever as séries de Fourier, e discutir uma aplicação, vamos apresentar a chamada identidade de Parseval. Essa é uma relação que envolve os coeficientes da série de Fourier com a função, através de uma integral.

TEOREMA 2.3.2. IDENTIDADE DE PARSEVAL. *Considere uma função, $f(x)$, periódica de período 2ℓ. Admita que a série de Fourier para $f(x)$ convirja uniformemente para $f(x)$ no intervalo aberto $(-\ell, \ell)$. Se a_k e b_k são os coeficientes de Fourier dados por*

$$a_k = \frac{1}{\ell} \int_{-\ell}^{\ell} f(x) \cos\left(\frac{k\pi x}{\ell}\right) dx, \qquad k = 0, 1, 2, \ldots$$

e

$$b_k = \frac{1}{\ell} \int_{-\ell}^{\ell} f(x) \operatorname{sen}\left(\frac{k\pi x}{\ell}\right) dx, \qquad k = 1, 2, 3, \ldots$$

então, vale a relação

$$\frac{a_0^2}{2} + \sum_{k=1}^{\infty} (a_k^2 + b_k^2) = \frac{1}{\ell} \int_{-\ell}^{\ell} f^2(x) \, dx$$

chamada identidade de Parseval.

DEMONSTRAÇÃO. *Veja* **Exercício 2.27**. ∎

EXEMPLO 2.16. IDENTIDADE DE PARSEVAL.

Considere a função $f(x) = x^3 - \pi^2 x$, definida no intervalo fechado $[-\pi, \pi]$, admitida periódica, com período 2π. (a) Obtenha a expansão em série de Fourier para a função $f(x)$ e (b) Utilize a identidade de Parseval a fim de mostrar que

$$\sum_{k=1}^{\infty} \frac{1}{k^6} = \frac{\pi^6}{945}.$$

(a) Neste caso a função é uma função ímpar, de onde segue $a_k = 0$ para todo $k = 0, 1, \ldots$. Devemos, então, calcular a seguinte integral

$$b_k = \frac{2}{\pi} \int_0^{\pi} (x^3 - \pi^2 x) \operatorname{sen} kx \, dx$$

onde já escrevemos o fator de dois multiplicando a integral de zero até π, no lugar de $-\pi$ até π. A integração é efetuada através de integração por partes e, após simplificação, resulta em

$$b_k = \frac{12}{k^3}(-1)^k$$

com $k = 1, 2, \ldots$ Com os coeficients determinados, temos para a respectiva série de Fourier

$$f(x) = \sum_{k=1}^{\infty} \frac{12}{k^3}(-1)^k \operatorname{sen} kx \cdot$$

(b) Utilizando a identidade de Parseval, podemos escrever a igualdade

$$144 \sum_{k=1}^{\infty} \frac{1}{k^6} = \frac{2}{\pi} \int_0^\pi (x^3 - \pi^2 x)^2 \, dx$$

onde, aqui também, utilizamos a paridade da função. A integral remanescente é uma integral imediata de onde segue, após integração e simplificação,

$$\sum_{k=1}^{\infty} \frac{1}{k^6} = \frac{\pi^6}{945}$$

que é o resultado desejado.

Devido a importância na resolução das equações diferenciais, vamos apresentar dois teoremas, um sobre as condições a serem impostas a fim de que possamos integrar uma série de Fourier, e outro sobre as condições a serem impostas para derivarmos uma série de Fourier.

TEOREMA 2.3.3. INTEGRAÇÃO DA SÉRIE DE FOURIER. *Se $f(x)$ é uma função seccionalmente contínua no intervalo fechado $[-\ell, \ell]$ e periódica de período 2ℓ, então, a série de Fourier de $f(x)$, seja ela convergente ou não, pode ser integrada termo a termo entre quaisquer limites.*

DEMONSTRAÇÃO. *Veja* **Exercício 2.25**. ∎

Por outro lado, a fim de apresentar um teorema envolvendo a derivação termo a termo de uma série de Fourier, utilizamos um resultado comum a todas as séries de funções, a saber: uma série de funções é diferenciável termo a termo se essa nova série que assim se obtém é uniformemente convergente [15]. Aqui, vamos nos restringir ao caso de uma função que seja absoluta e circularmente contínua.

2.3. SÉRIE DE FOURIER

TEOREMA 2.3.4. DERIVAÇÃO DA SÉRIE DE FOURIER. *Se uma função $f(x)$ é absoluta e circularmente contínua no intervalo aberto $(-\ell, \ell)$, periódica de período 2ℓ e, se $f'(x)$ é seccionalmente contínua neste mesmo intervalo, então, sua série de Fourier é derivável termo a termo e a série assim obtida é a série de Fourier de $f'(x)$.*

DEMONSTRAÇÃO. *Veja* **Exercício 2.22**. ∎

APLICAÇÃO 2.1. EQUAÇÃO DIFERENCIAL DE ORDEM DOIS. OSCILAÇÕES FORÇADAS.

Vamos discutir as oscilações forçadas corresponde à resolução da equação não homogênea, diferentemente das oscilações livres que estão associadas às equações diferenciais homogêneas. Considere a função $f(x)$, no intervalo $-\pi < x < \pi$, tal que $f(x + 2\pi) = f(x)$ dada por

$$f(x) = \frac{x}{12}(\pi^2 - x^2).$$

(a) Expresse $f(x)$ como uma série de Fourier e (b) Sendo ω^2 uma constante positiva, resolva a equação diferencial ordinária

$$\frac{d^2}{dx^2}y(x) + \omega^2 y(x) = f(x)$$

impondo a restrição $|\omega| \neq 1, 2, \ldots$ a partir da metologia da série de Fourier, isto é, admita que a solução e a derivada segunda podem ser expressas como séries de Fourier.

Primeiro, note que a expansão em série de Fourier da função no segundo membro, foi obtida no EXEMPLO 2.16 a menos de um fator multiplicativo. Vamos supor que a solução da equação diferencial possa ser escrita em termos de uma série de Fourier. Visto que o segundo membro é uma função ímpar na variável x, basta que partamos com uma série de termos ímpares, pois a outra, em cossenos, força os coeficientes serem todos nulos.

Então, utilizando o resultado do EXEMPLO 2.16, devemos resolver a seguinte equação diferencial ordinária, linear e não homogênea

$$\left(\frac{d^2}{dx^2} + \omega^2\right) \sum_{k=1}^{\infty} b_k \operatorname{sen} kx = -\sum_{k=1}^{\infty} \frac{(-1)^k}{k^3} \operatorname{sen} kx$$

ou seja, devemos determinar os coeficientes b_k. Calculando a derivada segunda, substituindo na equação diferencial e rearranjando, podemos escrever

$$\sum_{k=1}^{\infty} (k^2 - \omega^2) b_k \operatorname{sen} kx = \sum_{k=1}^{\infty} \frac{(-1)^k}{k^3} \operatorname{sen} kx.$$

Sendo $k^2 - \omega^2 \neq 0$, identificando os dois membros, concluímos que

$$b_k = \frac{(-1)^k}{k^3(k^2 - \omega^2)}$$

de onde segue, então, a série de Fourier para $y(x)$, a solução da equação diferencial

$$y(x) = \sum_{k=1}^{\infty} \frac{(-1)^k}{k^3(k^2 - \omega^2)} \operatorname{sen} kx.$$

Antes de passarmos às séries de Fourier complexas, vamos ressaltar que, em particular nas engenharias, é costume encontrarmos os termos expansão a meia escala, ou a meio período, bem como um quarto de período, dentre outras nomenclaturas. Ressaltamos que essa nomenclatura está associada com o argumento das funções trigonométricas seno e cossenos.

Visto que partimos do caso geral, isto é, o argumento das funções trigonométricas foi considerado na forma $\dfrac{k\pi(2x - b - a)}{b - a}$ sendo k o índice de soma, x a variável independente, a o extremo à esquerda do intervalo e b o extremo à direita do intervalo, ou ainda, na forma $[a, b]$, não nos parece salutar escrever, para cada um dos casos, expansões em série de Fourier bem como as expressões para os coeficientes. Em resumo, dependendo do que queremos, escolhemos os valores de a e b de forma conveniente.

2.4 Séries de Fourier. Formas alternativas

Aqui, introduzimos as séries de Fourier em termos das funções trigonométricas, seno e cosseno. Ora, nem sempre esta é a melhor maneira. Como a relação de Euler expressa a exponencial complexa em termos das funções seno e cosseno, parece natural escrever uma maneira alternativa da série de Fourier em termos da exponencial. Ainda mais, diante da relação envolvendo o seno e o cosseno com a tangente, também parece natural expressar, alternativamente, a série de Fourier, utilizando essa relação, às vezes chamada amplitude/fase.

EXEMPLO 2.17. SÉRIE DE FOURIER COMPLEXA.

Escrever as expressões para a série de Fourier e os respectivos coeficientes na forma complexa. Vamos, desde o início, trabalhar com um intervalo simétrico, pois além de útil nos leva às expressões mais simples.

Consideremos $f(x)$ uma função seccionalmente contínua no intervalo fechado $[-\ell, \ell]$ e a

2.4. SÉRIES DE FOURIER. FORMAS ALTERNATIVAS

respectiva série de Fourier, na forma clássica,

$$f(x) = \frac{a_0}{2} + \sum_{k=1}^{\infty}\left[a_k \cos\left(\frac{k\pi x}{\ell}\right) + b_k \operatorname{sen}\left(\frac{k\pi x}{\ell}\right)\right],$$

sendo os respectivos coeficientes de Fourier, dados por

$$a_k = \frac{1}{\ell}\int_{-\ell}^{\ell} f(x)\cos\left(\frac{k\pi x}{\ell}\right)\,\mathrm{d}x$$

com $k = 0, 1, 2, \ldots$, incorporamos a_0 na expressão, pois $\cos 0 = 1$, e

$$b_k = \frac{1}{\ell}\int_{-\ell}^{\ell} f(x)\operatorname{sen}\left(\frac{k\pi x}{\ell}\right)\,\mathrm{d}x$$

com $k = 1, 2, 3, \ldots$ Por outro lado, lembrando da relação de Euler $e^{i\mu} = \cos\mu + i\operatorname{sen}\mu$, podemos expressar tanto o cosseno quanto o seno em termos das exponenciais que, substituindo na expressão para a clássica expansão em série de Fourier, fornece

$$f(x) = \frac{a_0}{2} + \sum_{k=1}^{\infty}\left[\frac{a_k - ib_k}{2}\exp\left(i\frac{k\pi x}{\ell}\right) + \frac{a_k + ib_k}{2}\exp\left(-i\frac{k\pi x}{\ell}\right)\right]. \tag{2.8}$$

Introduzindo a notação, com $k = 1, 2, \ldots$ (veja **Exercício 2.38**)

$$c_0 = \frac{a_0}{2}, \qquad c_k = \frac{a_k - ib_k}{2}, \qquad c_{-k} = \frac{a_k + ib_k}{2}$$

podemos escrever para a n-ésima soma parcial da série dada na Eq.(2.8)

$$S_n = \sum_{k=-n}^{n} c_n \exp\left(i\frac{k\pi x}{\ell}\right)$$

de onde segue para a série de Fourier a forma complexa

$$f(x) \equiv \lim_{n\to\infty} S_n = \sum_{k=-\infty}^{\infty} c_n \exp\left(i\frac{k\pi x}{\ell}\right)$$

e, desde que o limite exista, a convergência da série está garantida.

Em analogia à expansão, podemos mostrar que os respectivos coeficientes são tais que

$$c_n = \frac{1}{2\ell}\int_{-\ell}^{\ell} f(x)\exp\left(-i\frac{k\pi x}{\ell}\right)\,\mathrm{d}x.$$

Para mais detalhes, veja **Exercício 2.36**.

EXEMPLO 2.18. FORMA COMPLEXA.

Obtenha a série de Fourier complexa para a função

$$f(x) = \begin{cases} -1, & \text{se } -\pi \le x < 0, \\ 1, & \text{se } 0 \le x < \pi. \end{cases}$$

Começamos por determinar os coeficientes, a partir da expressão para c_k,

$$c_k = \frac{1}{2\pi} \int_{-\pi}^{0} (-1) e^{-ikx} dx + \frac{1}{2\pi} \int_{0}^{\pi} (1) e^{-ikx} dx$$

que, após efetuarmos as integrações e simplificar, fornece

$$c_k = \frac{1}{k\pi i}[1 - (-1)^k].$$

Utilizando a paridade, permite separar k um número ímpar e k um número par, logo

$$c_k = \begin{cases} 0, & \text{se } k = 2, 4, 6, \ldots \\ \dfrac{2}{\pi i k}, & \text{se } k = 1, 3, 5, \ldots \end{cases} \quad (2.9)$$

de onde podemos escrever para a expansão em série de Fourier complexa

$$f(x) = \frac{2}{i\pi} \sum_{k=-\infty}^{+\infty} \frac{e^{i(2k-1)x}}{2k-1}.$$

EXEMPLO 2.19. SÉRIE DE FOURIER AMPLITUDE/FASE.

Sejam a_k e b_k os coeficientes de Fourier conforme obtidos no EXEMPLO 2.17. Utilizando a expressão trigonométrica

$$\cos(A+B) = \cos A \cos B - \operatorname{sen} A \operatorname{sen} B = \cos A \left(\cos B - \tan A \operatorname{sen} B \right)$$

podemos escrever uma outra maneira alternativa para a série de Fourier, a saber

$$f(x) = \frac{A_0}{2} + \sum_{k=1}^{\infty} A_k \cos\left(\frac{k\pi x}{\ell} - \phi_k\right)$$

onde introduzimos a chamada amplitude, denotada por A_k, a partir da expressão,

$$A_k = \sqrt{a_k^2 + b_k^2}$$

enquanto ϕ_k, a chamada fase, pela expressão

$$\phi_k = \begin{cases} \arctan(b_k/a_k), & a_k \neq 0, \\ \pi/2, & a_k = 0 \cdot \end{cases}$$

Ressaltamos que uma expressão similar pode ser obtida quando utilizamos a expressão trigonométrica envolvendo o seno da soma de dois arcos,

$$f(x) = \sum_{k=1}^{\infty} B_k \operatorname{sen}\left(\frac{k\pi x}{\ell} + \varphi_k\right)$$

onde, agora, a amplitude, denotada por B_k, é dada por

$$B_k = \sqrt{a_k^2 + b_k^2}$$

enquanto φ_k, a fase, é dada pela expressão

$$\varphi_k = \begin{cases} \arctan(a_k/b_k), & b_k \neq 0, \\ \pi/2, & b_k = 0 \cdot \end{cases}$$

2.5 Séries de Fourier-Bessel e Fourier-Legendre

Após o método de separação de variáveis, conforme Capítulo 2 (volume 2), ser utilizado visando a resolução de uma equação diferencial parcial, dependendo da geometria, as séries de Fourier-Bessel (simetria cilíndrica) e de Fourier-Legendre (simetria esférica) emergem naturalmente. Aqui, vamos apresentar o básico das funções de Bessel e das funções de Legendre, em particular, os clássicos polinômios de Legendre, visando exclusivamente as séries de Fourier-Bessel e Fourier-Legendre.

2.5.1 Série de Fourier-Bessel

Antes de apresentarmos e discutirmos o que atende pelo nome de série de Fourier-Bessel, vamos recuperar alguns resultados envolvendo a função de Bessel, solução de uma equação diferencial ordinária de segunda ordem. A equação de Bessel é dada por

$$x^2 y'' + x y' + (x^2 - \mu^2) y = 0, \quad y = y(x)$$

sendo μ um parâmetro, ainda que possa ser um complexo, aqui será um real.

Utilizando o método de Frobenius, obtemos, para $\mu \geq 0$, uma solução da equação diferencial de Bessel, denotada por $J_\mu(\cdot)$, dada pela seguinte série

$$J_\mu(x) = \left(\frac{x}{2}\right)^\mu \sum_{n=0}^{\infty} \frac{(-1)^n (x/2)^{2n}}{n!\Gamma(\mu+n+1)}$$

a chamada função de Bessel de primeira espécie. $\Gamma(\cdot)$ é a chamada função gama, uma generalização do conceito de fatorial [1, 17].

Uma segunda solução linearmente independente da equação de Bessel é dada pela função de Bessel de segunda espécie que, dependendo da normalização, é denotada por $Y_\mu(\cdot)$ ou $N_\nu(\cdot)$, às vezes chamada função de Neumann e que foge ao escopo deste trabalho [1]. Devido a importância das funções de Bessel, mencionamos o clássico tratado sobre essa função [27], bem como o texto [28] para várias aplicações das funções de Bessel.

Enfim, apresentamos algumas relações envolvendo a função de Bessel, pois serão indispensáveis quando nos depararmos com as equações diferenciais separadas e as devidas condições de contorno impostas. Vamos apresentá-las como propriedades, cujas demonstrações podem ser encontradas em vários livros sobre esse tema [1, 17].

PROPRIEDADE 2.5.1. ORDEM INTEIRA.

Consideremos a ordem da função de Bessel $\mu = k$ com $k = 0, 1, 2, \ldots$. Vale a relação

$$J_{-k}(x) = (-1)^k J_k(x).$$

PROPRIEDADE 2.5.2. RELAÇÕES DE RECORRÊNCIA.

Seja $\mu \in \mathbb{R}$. Valem as relações de recorrência

$$J_{\mu-1}(x) - J_{\mu+1}(x) = 2J'_\mu(x)$$

$$J_{\mu-1}(x) + J_{\mu+1}(x) = \frac{2\mu}{x} J_\mu(x)$$

onde a linha (') denota derivada em relação ao argumento. Note que, a segunda relação de recorrência não envolve a derivada e, ainda mais, permite determinar, a partir do conhecimento das funções de Bessel de ordens zero e um, todas as demais funções de Bessel de ordem inteira. Essa relação de recorrência é conhecida como relação de recorrência pura.

PROPRIEDADE 2.5.3. FUNÇÃO GERATRIZ.

2.5. SÉRIES DE FOURIER-BESSEL E FOURIER-LEGENDRE

Chama-se função geratriz, denotada por $\mathbb{G}(x,t)$, para a função de Bessel de primeira espécie, uma função de duas variáveis dada pela expressão

$$\mathbb{G}(x,t) = \sum_{n=-\infty}^{\infty} J_n(x)t^n$$

que apresenta a função de Bessel como coeficiente de uma expansão em série de potências.

Usando o fato que $J_0(0) = 1$ podemos escrever para a função geratriz

$$\mathbb{G}(x,t) = \sum_{n=-\infty}^{\infty} J_n(x)t^n = \exp\left[\frac{1}{2}\left(t - \frac{1}{t}\right)x\right].$$

PROPRIEDADE 2.5.4. REPRESENTAÇÃO INTEGRAL.

Utilizando a função geratriz e as séries de Laurent, que fogem ao escopo desse trabalho [3], obtemos a seguinte representação integral para as funções de Bessel de ordem inteira

$$J_n(x) = \frac{1}{\pi}\int_0^\pi \cos(x\,\mathrm{sen}\,\theta - n\theta)\,\mathrm{d}\theta,$$

com $n = 0, 1, 2, \ldots$

PROPRIEDADE 2.5.5. ORTOGONALIDADE.

Como já mencionamos, na resolução de problemas a partir do método de separação de variáveis, equações de Bessel e suas variações emergem naturalmente. Vamos, então, considerar a equação diferencial ordinária

$$x^2 y'' + xy' + (\lambda^2 x^2 - p^2)y = 0, \quad y = y(x) \tag{2.10}$$

com λ um parâmetro e p a ordem. É imediato verificar que com a mudança de variável $x \to \lambda x$ obtemos uma equação diferencial de Bessel (a clássica equação de Bessel) logo a solução dessa equação nada mais é que uma função de Bessel com argumento λx.

Consideremos λ e μ dois números não negativos e as funções $y = J_p(\lambda x)$ e $z = J_p(\mu x)$ com a ordem da função de Bessel $p \geq -1$, onde y e z correspondem à variável dependente na Eq.(2.10). Diante dessas considerações podemos escrever as relações de ortogonalidade das funções de Bessel, separando em dois casos [2]:

(i) $\lambda \neq \mu$.

$$\int_0^1 xJ_p(\lambda x)J_p(\mu x)\,\mathrm{d}x = \frac{\mu J_p(\lambda)J_p'(\mu) - \lambda J_p(\mu)J_p'(\lambda)}{\lambda^2 - \mu^2} \tag{2.11}$$

onde a linha (') denota derivada em relação ao argumento.

(ii) $\lambda = \mu$.

$$\int_0^1 x[J_p(\lambda x)]^2 \, dx = \frac{1}{2}\left[[J_p'(\lambda)]^2 + \left(1 - \frac{p^2}{\lambda^2}\right)[J_p(\lambda)]^2\right] \tag{2.12}$$

que é obtida, a partir da Eq.(2.11), fazendo uso da regra de l'Hôpital.

Os casos particulares envolvendo as clássicas condições de contorno, Dirichlet, Neumann e mista, advindas de um particular problema envolvendo separação de variáveis, serão apresentadas a seguir, de forma generalizada, como exemplos.

EXEMPLO 2.20. CONDIÇÕES DE DIRICHLET.

Considere λ e μ, zeros (raízes) da função de Bessel $J_p(\lambda) = 0 = J_p(\mu)$. A partir das Eq.(2.11) e Eq.(2.12) podemos escrever

$$\int_0^1 x J_p(\lambda x) J_p(\mu x) \, dx = \begin{cases} 0, & \text{se } \lambda \neq \mu, \\ \frac{1}{2}[J_p'(\lambda)]^2, & \text{se } \lambda = \mu. \end{cases} \tag{2.13}$$

EXEMPLO 2.21. CONDIÇÕES DE NEUMANN.

Considere λ e μ, zeros (raízes) da derivada da função de Bessel $J_p'(\lambda) = 0 = J_p'(\mu)$. A partir das Eq.(2.11) e Eq.(2.12) podemos escrever

$$\int_0^1 x J_p(\lambda x) J_p(\mu x) \, dx = \begin{cases} 0, & \text{se } \lambda \neq \mu, \\ \frac{1}{2}\left(1 - \frac{p^2}{\lambda^2}\right)[J_p(\lambda)]^2, & \text{se } \lambda = \mu. \end{cases} \tag{2.14}$$

EXEMPLO 2.22. CONDIÇÕES MISTAS.

Considere λ e μ, zeros (raízes) da equação $\lambda J_p'(\lambda) + h J_p(\lambda) = 0 = \mu J_p'(\mu) + h J_p(\mu)$, com h uma constante. A partir das Eq.(2.11) e Eq.(2.12) podemos escrever

$$\int_0^1 x J_p(\lambda x) J_p(\mu x) \, dx = \begin{cases} 0, & \text{se } \lambda \neq \mu, \\ \frac{1}{2}\left(1 + \frac{h^2 - p^2}{\lambda^2}\right)[J_p(\lambda)]^2, & \text{se } \lambda = \mu. \end{cases} \tag{2.15}$$

DEFINIÇÃO 2.5.1. SÉRIE DE FOURIER-BESSEL.

2.5. SÉRIES DE FOURIER-BESSEL E FOURIER-LEGENDRE

Consideremos uma função $y(x)$ definida no intervalo fechado $[0,b]$. Chama-se série de Fourier-Bessel a expansão da função $y(x)$ na forma

$$y(x) = \sum_{n=1}^{\infty} c_n \phi_n(x)$$

onde os coeficientes de Fourier-Bessel são dados por

$$c_n = \frac{\int_0^b xy(x) J_p(k_{p,n}x)\,dx}{\int_0^b x[J_p(k_{p,n}x)]^2\,dx},$$

sendo $k_{p,n}$ os autovalores associados ao problema de Sturm-Liouville, conforme Capítulo 2 (volume 2).

Em analogia à ortogonalidade das funções de Bessel, os três tipos de condições, conforme as Eq.(2.13), Eq.(2.14) e Eq.(2.15) serão de grande importância no cálculo dos coeficientes de Fourier-Bessel e serão explicitados após a separação de variáveis.

Concluímos a seção destacando que a convergência das séries de Fourier-Bessel, tem tratamento similar ao tratamento aquele dado às séries de Fourier [2].

2.5.2 Série de Fourier-Legendre

Antes de apresentarmos e discutirmos o que atende pelo nome de série de Fourier-Legendre, vamos recuperar alguns resultados envolvendo os polinômios de Legendre, solução de uma equação diferencial ordinária de segunda ordem. A equação de Legendre é dada por

$$\frac{d}{dx}\left[(1-x^2)\frac{d}{dx}y(x)\right] + \alpha(\alpha+1)y(x) = 0$$

sendo α um parâmetro real. Aqui, devido ao fato que para $\alpha = \ell$, um inteiro não negativo, emergir naturalmente no estudo de problemas envolvendo simetria esférica, vamos apenas discutir esse caso, que nos conduz aos clássicos polinômios de Legendre.

Em analogia às funções de Bessel, começamos apresentando algumas propriedades satisfeitas por esses polinômios, denotados por $P_\ell(x)$ com $\ell = 0,1,2,\ldots$, apresentadas como propriedades. Visto que os polinômios de Legendre satisfazem a equação de Legendre que é uma equação diferencial ordinária de segunda ordem, a outra solução linearmente independente é dada em termos das funções de Legendre de segunda espécie e ordem ℓ, que não serão discutidas no presente trabalho, pois estamos interessados apenas nas séries de Fourier-Legendre onde emergem os polinômios de Legendre.

PROPRIEDADE 2.5.6. POLINÔMIOS DE LEGENDRE.

Consideremos $\ell = 0, 1, 2, 3$. Os quadro primeiros polinômios de Legendre são

$$P_0(x) = 1, \quad P_1(x) = x, \quad P_2(x) = \frac{1}{2}(3x^2 - 1), \quad P_3(x) = \frac{1}{2}(5x^3 - 3x).$$

Utilizando o método de Frobenius para resolver a equação de Legendre, transferimos o problema para os coeficientes da série, podemos escrever uma expansão em série, porém, como são polinômios, a chamada fórmula de Rodrigues é mais conveniente.

PROPRIEDADE 2.5.7. FÓRMULA DE RODRIGUES.

Seja $n = 0, 1, 2, \ldots$. Os polinômios de Legendre podem ser dados por

$$P_n(x) = \frac{1}{2^n n!} \frac{d^n}{dx^n}(x^2 - 1)^n.$$

EXEMPLO 2.23. *Utilize a fórmula de Rodrigues para calcular $P_4(x)$.*

Considerando $n = 4$ na fórmula de Rodrigues obtemos

$$P_4(x) = \frac{1}{2^4 4!} \frac{d^4}{dx^4}(x^2 - 1)^4$$

que, após calculadas as derivadas, fornece, já rearranjando

$$P_4(x) = \frac{1}{8}(35x^4 - 30x^2 + 3).$$

PROPRIEDADE 2.5.8. ORTOGONALIDADE.

Sejam $P_n(x)$ e $P_m(x)$ com n e m inteiros não negativos e $-1 < x < 1$. Vale a relação de ortogonalidade dos polinômios de Legendre, nesse intervalo,

$$\int_{-1}^{1} P_n(x) P_m(x) \, dx = \begin{cases} 0, & \text{para } m \neq n, \\ \dfrac{2}{2n+1}, & \text{para } m = n. \end{cases} \quad (2.16)$$

Em analogia às funções de Bessel, vamos apresentar a função geratriz, denotada por $\mathbb{G}(x,t)$, para os polinômios de Legendre.

PROPRIEDADE 2.5.9. FUNÇÃO GERATRIZ.

2.5. SÉRIES DE FOURIER-BESSEL E FOURIER-LEGENDRE

Na região de convergência da expansão em série de $\mathbb{G}(x,t)$, temos

$$\mathbb{G}(x,t) = \frac{1}{\sqrt{1-2xt+t^2}} = \sum_{n=0}^{\infty} P_n(x)t^n$$

ou seja, os coeficientes da série são exatamente os polinômios de Legendre.

PROPRIEDADE 2.5.10. RELAÇÕES DE RECORRÊNCIA.

Seja $n \geq 1$. Valem as relações de recorrência

$$(2n+1)xP_n(x) = (n+1)P_{n+1}(x) + nP_{n-1}(x),$$

$$(x^2-1)P'_n(x) = nxP_n(x) - nP_{n-1}(x).$$

A primeira relação de recorrência é conhecida como relação de recorrência pura, pois não envolve a derivada. Dados $P_0(x)$ e $P_1(x)$ podemos obter, um a um, os demais $P_n(x)$.

Antes de definirmos as séries de Fourier-Legendre, vamos destacar, devido a sua importância em física, em particular na Mecânica Quântica, o que é conhecido com o nome de operadores de criação e destruição, associados aos polinômios de Legendre. Brevemente, operadores que abaixam ou aumentam de uma unidade a ordem.

PROPRIEDADE 2.5.11. AUMENTO OU ABAIXAMENTO DA ORDEM.

Os polinômios de Legendre de ordem $n+1$ e $n-1$ podem ser dados pelas expressões

$$P_{n+1}(x) = xP_n(x) - \frac{1-x^2}{n+1}P'_n(x), \quad n \geq 0$$

$$P_{n-1}(x) = xP_n(x) + \frac{1-x^2}{n}P'_n(x), \quad n \geq 1$$

respectivamente, uma vez conhecido o polinômio de ordem n.

Por fim, ressaltamos que, a partir dessas duas expressões, conforme PROPRIEDADE 2.5.11, podemos recuperar a equação diferencial de Legendre.

DEFINIÇÃO 2.5.2. SÉRIE DE FOURIER-LEGENDRE.

Sejam $P_n(x)$ os polinômios de Legendre de ordem $n = 0, 1, 2, \ldots$. Chama-se expansão em série de Fourier-Legendre de uma função $y(x)$ a expressão da forma

$$y(x) = \sum_{n=0}^{\infty} c_n P_n(x)$$

com os coeficientes de Fourier-Legendre dados por

$$c_n = \frac{2n+1}{2} \int_{-1}^{1} y(x) P_n(x)\, dx.$$

Concluímos a seção destacando que a convergência das séries de Fourier-Legendre, tem tratamento similar aquele dado às séries de Fourier [2].

2.6 Exercícios resolvidos

Nesta seção vamos apresentar e discutir, efetuando os cálculos, exercícios resolvidos destacando que, além da bibliografia mencionada no texto, fizemos uso das referências [4, 17, 21, 22, 23, 24].

Exercício 2.1. *Mostre que a soma de duas funções pares é par e a soma de duas funções ímpares é ímpar.*

Sejam $f(x) = f(-x)$ e $g(x) = g(-x)$ duas funções pares, então

$$h(x) = f(x) + g(x) = f(-x) + g(-x) = h(-x).$$

Portanto, $h(x) = h(-x)$ é par. Por outro lado, sejam $f(x) = -f(-x)$ e $g(x) = -g(-x)$ duas funções ímpares, logo

$$h(x) = f(x) + g(x) = -f(-x) - g(-x) = -[f(-x) + g(-x)] = -h(-x).$$

Assim, concluímos que $h(x) = -h(-x)$ é ímpar.

Exercício 2.2. *Mostre que o produto de funções pares é uma função par e o produto de funções ímpares é uma função par. Mostre também que, o produto de uma função par por uma função ímpar resulta em uma função ímpar.*

Sejam $f(x)$ e $g(x)$ duas funções, par e ímpar, respectivamente, isto é, $f(x) = f(-x)$ e $g(x) = -g(-x)$. Denotamos por $h(x)$ o produto entre estas duas funções e escrevemos

$$h(x) = f(x) \cdot g(x) = f(-x) \cdot [-g(-x)] = -[f(-x) \cdot g(-x)] = -h(-x).$$

Como $h(x) = -h(-x)$, então $h(x)$ é ímpar. Por outro lado, consideremos duas funções pares, $f(x)$ e $g(x)$, respectivamente, ou seja, $f(x) = f(-x)$ e $g(x) = g(-x)$. Neste caso, temos que,

2.6. EXERCÍCIOS RESOLVIDOS

o produto entre estas duas funções, denotado por $p(x)$, é dado por

$$p(x) = f(x) \cdot g(x) = [-f(-x)] \cdot [-g(-x)] = f(-x) \cdot g(-x) = p(-x).$$

Visto que, $p(x) = p(-x)$, a função $p(x)$ é par. Por fim, sejam $f(x) = -f(-x)$ e $g(x) = -g(-x)$ duas funções ímpares. O produto entre estas funções, denotado por $q(x)$, é dado por

$$q(x) = f(x) \cdot g(x) = [-f(-x)] \cdot [-g(-x)] = f(-x) \cdot g(-x) = q(-x)$$

Portanto, $q(x)$ é uma função par.

Exercício 2.3. *Sejam f e g duas funções com período T. Mostre que o produto $f(x) \cdot g(x)$ também é uma função periódica com mesmo período T.*

Seja $p(x) = f(x) \cdot g(x)$, então $p(x+T) = f(x+T) \cdot g(x+T)$. Como $f(x)$ e $g(x)$ são funções periódicas com período T, então satisfazem: $f(x) = f(x+T)$ e $g(x) = g(x+T)$, logo

$$p(x+T) = f(x+T) \cdot g(x+T) = f(x) \cdot g(x) = p(x).$$

Deste modo, concluímos que $p(x)$ é uma função periódica com período T.

Exercício 2.4. *Calcule a integral*

$$\Lambda = \int_{-\ell}^{\ell} \operatorname{sen}\left(\frac{m\pi x}{\ell}\right) \operatorname{sen}\left(\frac{n\pi x}{\ell}\right) dx$$

com m e n inteiros positivos.

Consideremos dois casos. Se $m = n$, temos que

$$\Lambda = \int_{-\ell}^{\ell} \operatorname{sen}^2\left(\frac{n\pi x}{\ell}\right) dx = 2 \int_{0}^{\ell} \operatorname{sen}^2\left(\frac{n\pi x}{\ell}\right) dx.$$

Utilizando a relação trigonométrica

$$\operatorname{sen}^2 x = \frac{1}{2}[1 - \cos(2x)],$$

podemos escrever

$$\Lambda = \int_{0}^{\ell} \left[1 - \cos\left(\frac{2n\pi x}{\ell}\right)\right] dx = \left[x - \frac{\ell}{2n\pi} \operatorname{sen}\left(\frac{2n\pi x}{\ell}\right)\right]_{x=0}^{x=\ell} = \ell.$$

Por outro lado, se $m \neq n$ e considerando a relação trigonométrica

$$\operatorname{sen}\left(\frac{m\pi x}{\ell}\right)\operatorname{sen}\left(\frac{n\pi x}{\ell}\right) = \frac{1}{2}\left\{\cos\left[\frac{(m-n)\pi x}{\ell}\right] - \cos\left[\frac{(m+n)\pi x}{\ell}\right]\right\},$$

tem-se

$$\Lambda = \frac{1}{2}\int_{-\ell}^{\ell}\left\{\cos\left[\frac{(m-n)\pi x}{\ell}\right] - \cos\left[\frac{(m+n)\pi x}{\ell}\right]\right\}dx.$$

Como o integrando é uma função par e o intervalo de integração é simétrico, segue

$$\Lambda = \int_0^{\ell}\cos\left[\frac{(m-n)\pi x}{\ell}\right]dx - \int_0^{\ell}\cos\left[\frac{(m+n)\pi x}{\ell}\right]dx$$

$$= \frac{\ell}{\pi}\left\{\frac{1}{m-n}\operatorname{sen}\left[\frac{(m-n)\pi x}{\ell}\right]\right\}_{x=0}^{x=\ell} - \left\{\frac{1}{m+n}\operatorname{sen}\left[\frac{(m+n)\pi x}{\ell}\right]\right\}_{x=0}^{x=\ell}$$

$$\Lambda = \frac{\ell}{\pi}\left[\frac{\operatorname{sen}(m-n)\pi}{m-n} - \frac{\operatorname{sen}(m+n)\pi}{m+n}\right].$$

Note que, $m-n = k$ e $m+n = j$ são inteiros, logo $\operatorname{sen} k\pi = \operatorname{sen} j\pi = 0$, assim $\Lambda = 0$. Portanto,

$$\int_{-\ell}^{\ell}\operatorname{sen}\left(\frac{m\pi x}{\ell}\right)\operatorname{sen}\left(\frac{n\pi x}{\ell}\right)dx = \ell\delta_{mn} = \ell\begin{cases} 0, & \text{se } m \neq n, \\ 1, & \text{se } m = n, \end{cases}$$

onde δ_{mn} é o símbolo de Kronecker.

Exercício 2.5. *Calcule a integral*

$$\Omega = \int_{-\ell}^{\ell}\cos\left(\frac{m\pi x}{\ell}\right)\cos\left(\frac{n\pi x}{\ell}\right)dx$$

com m e n inteiros positivos.

Consideremos, novamente, dois casos. Primeiramente, seja $m = n$, assim devemos resolver a seguinte integral

$$\Omega = \int_{-\ell}^{\ell}\cos^2\left(\frac{m\pi x}{\ell}\right)dx = 2\int_0^{\ell}\cos^2\left(\frac{m\pi x}{\ell}\right)dx.$$

Utilizando a relação trigonométrica

$$\cos^2 x = \frac{1}{2}[1 + \cos(2x)]$$

2.6. EXERCÍCIOS RESOLVIDOS

podemos reescrever a integral da seguinte forma

$$\Omega = \left[1+\cos\left(\frac{2m\pi x}{\ell}\right)\right]dx = \left[x+\frac{\ell}{2m\pi}\text{sen}\left(\frac{2m\pi x}{\ell}\right)\right]_{x=0}^{x=\ell}$$
$$= \ell + \frac{\ell}{2m\pi}[\text{sen}(2m\pi) - \text{sen}(0)] = \ell,$$

pois $\text{sen}(2m\pi) = \text{sen}(0) = 0$. Por outro lado, se $m \neq n$, temos, através da seguinte relação trigonométrica,

$$\cos\left(\frac{m\pi x}{\ell}\right)\cos\left(\frac{n\pi x}{\ell}\right) = \frac{1}{2}\left\{\cos\left[\frac{(m+n)\pi x}{\ell}\right] + \cos\left[\frac{(m-n)\pi x}{\ell}\right]\right\}$$

que

$$\Omega = \int_0^\ell \left\{\cos\left[\frac{(m+n)\pi x}{\ell}\right] + \cos\left[\frac{(m-n)\pi x}{\ell}\right]\right\}dx$$
$$= \frac{\ell}{\pi}\left\{\frac{1}{m+n}\text{sen}\left[\frac{(m+n)\pi x}{\ell}\right] + \frac{1}{m-n}\text{sen}\left[\frac{(m-n)\pi x}{\ell}\right]\right\}_{x=0}^{x=\ell}$$

$$\Omega = \frac{\ell}{\pi}\left\{\frac{1}{m+n}\text{sen}\,k\pi + \frac{1}{m-n}\text{sen}\,j\pi\right\} = 0,$$

onde $m+n = k$ e $m-n = j$ são inteiros e $\text{sen}(k\pi) = \text{sen}(j\pi) = 0$. Assim, a solução em termos do símbolo de Kronecker é dada por

$$\int_{-\ell}^{\ell} \cos\left(\frac{m\pi x}{\ell}\right)\cos\left(\frac{n\pi x}{\ell}\right)dx = \ell\delta_{mn} = \ell\begin{cases} 0, & \text{se } m \neq n, \\ 1, & \text{se } m = n. \end{cases}$$

Exercício 2.6. *Mostre que*

$$\int_{-\ell}^{\ell} \cos\left(\frac{m\pi x}{\ell}\right)\text{sen}\left(\frac{n\pi x}{\ell}\right)dx = 0,$$

para todo m e n inteiros positivos.

Considere a seguinte relação trigonométrica

$$\cos\left(\frac{m\pi x}{\ell}\right)\text{sen}\left(\frac{n\pi x}{\ell}\right) = \frac{1}{2}\left\{\text{sen}\left[\frac{(m+n)\pi x}{\ell}\right] + \text{sen}\left[\frac{(m-n)\pi x}{\ell}\right]\right\}.$$

Substituindo tal relação na integral, obtemos

$$\int_{-\ell}^{\ell} \cos\left(\frac{m\pi x}{\ell}\right) \text{sen}\left(\frac{n\pi x}{\ell}\right) dx = \frac{1}{2}\int_{-\ell}^{\ell}\left\{\text{sen}\left[\frac{(m+n)\pi x}{\ell}\right] + \text{sen}\left[\frac{(m-n)\pi x}{\ell}\right]\right\} dx.$$

Uma vez que, a função seno é ímpar e estamos integrando em um intervalo simétrico, temos que

$$\int_{-\ell}^{\ell} \cos\left(\frac{m\pi x}{\ell}\right) \text{sen}\left(\frac{n\pi x}{\ell}\right) dx = 0.$$

Exercício 2.7. *Determine o coeficiente a_0 para a série de Fourier de $f(x)$.*

Integrando a série de Fourier de $f(x)$, Eq.(2.5), de $-\ell$ a ℓ e supondo que podemos comutar o operador de integração com o somatório, escrevemos

$$\int_{-\ell}^{\ell} f(x)dx = \frac{a_0}{2}\int_{-\ell}^{\ell} dx + \sum_{k=1}^{\infty}\left[a_k \int_{-\ell}^{\ell}\cos\left(\frac{k\pi x}{\ell}\right)dx + b_k \int_{-\ell}^{\ell}\text{sen}\left(\frac{k\pi x}{\ell}\right)dx\right].$$

Como a série de Fourier converge uniformemente para $f(x)$, podemos integrar termo a termo. Note que,

$$\int_{-\ell}^{\ell} \cos\left(\frac{k\pi x}{\ell}\right)dx = \int_{-\ell}^{\ell}\text{sen}\left(\frac{k\pi x}{\ell}\right)dx = 0,$$

de onde segue

$$\int_{-\ell}^{\ell} f(x)dx = a_0\ell,$$

ou ainda,

$$a_0 = \frac{1}{\ell}\int_{-\ell}^{\ell} f(x)dx.$$

Exercício 2.8. *Determine os coeficientes a_k para a série de Fourier de $f(x)$.*

Multiplicando ambos os lados da série de Fourier de $f(x)$, Eq.(2.5), por $\cos\left(\frac{m\pi x}{\ell}\right)$, onde $m = 1, 2, 3, \ldots$, ainda teremos uma série absolutamente convergente. Logo após, integrando

2.6. EXERCÍCIOS RESOLVIDOS

termo a termo, de $-\ell$ até ℓ, obtemos

$$\int_{-\ell}^{\ell} f(x)\cos\left(\frac{m\pi x}{\ell}\right)dx = \frac{a_0}{2}\underbrace{\int_{-\ell}^{\ell}\cos\left(\frac{m\pi x}{\ell}\right)dx}_{=0} + \sum_{k=1}^{\infty}\left\{a_k\int_{-\ell}^{\ell}\cos\left(\frac{k\pi x}{\ell}\right)\cos\left(\frac{m\pi x}{\ell}\right)dx \right.$$
$$\left. + b_k\int_{-\ell}^{\ell}\operatorname{sen}\left(\frac{k\pi x}{\ell}\right)\cos\left(\frac{m\pi x}{\ell}\right)dx\right\}.$$

A primeira integral, entre chaves, não se anula apenas quando $m = n$, **Exercício 2.5**, porém a segunda integral se anula para quaisquer m e n, **Exercício 2.6**. Assim, podemos escrever

$$\int_{-\ell}^{\ell} f(x)\cos\left(\frac{m\pi x}{\ell}\right)dx = a_m\int_{-\ell}^{\ell}\cos^2\left(\frac{m\pi x}{\ell}\right)dx,$$

ou ainda, como $m = k$,

$$a_k = \frac{1}{\ell}\int_{-\ell}^{\ell} f(x)\cos\left(\frac{k\pi x}{\ell}\right)dx, \quad \text{com} \quad k=1,2,3,\ldots$$

Exercício 2.9. *Determine os coeficientes b_k para a série de Fourier de $f(x)$.*

De maneira análoga ao exercício anterior, podemos multiplicar a série de Fourier de $f(x)$, Eq.(2.5), por $\operatorname{sen}\left(\frac{m\pi x}{\ell}\right)$, onde $m = 1,2,3,\ldots$, e ainda assim teremos uma série absolutamente convergente. Integrando termo a termo, de $-\ell$ a ℓ, temos

$$\int_{-\ell}^{\ell} f(x)\operatorname{sen}\left(\frac{m\pi x}{\ell}\right)dx = \frac{a_0}{2}\underbrace{\int_{-\ell}^{\ell}\operatorname{sen}\left(\frac{m\pi x}{\ell}\right)dx}_{=0} + \sum_{k=1}^{\infty}\left\{a_k\int_{-\ell}^{\ell}\cos\left(\frac{k\pi x}{\ell}\right)\operatorname{sen}\left(\frac{m\pi x}{\ell}\right)dx \right.$$
$$\left. + b_k\int_{-\ell}^{\ell}\operatorname{sen}\left(\frac{k\pi x}{\ell}\right)\operatorname{sen}\left(\frac{m\pi x}{\ell}\right)dx\right\}.$$

A partir do **Exercício 2.6**, sabemos que a primeira integral, entre chaves, anula-se para quaisquer k e m. Por outro lado, a partir do **Exercício 2.4**, a segunda integral, entre chaves, não se anula apenas quando $m = k$. Assim, podemos escrever

$$\int_{-\ell}^{\ell} f(x)\operatorname{sen}\left(\frac{m\pi}{\ell}x\right)dx = b_k\ell,$$

isto é,

$$b_k = \frac{1}{\ell}\int_{-\ell}^{\ell} f(x)\operatorname{sen}\left(\frac{k\pi}{\ell}x\right)dx.$$

Exercício 2.10. Seja $f(x)$ uma função 2π-periódica dada por

$$f(x) = \begin{cases} 0, & \text{se } -\pi < x \leq 0, \\ x, & \text{se } 0 < x < \pi, \end{cases}$$

Obtenha a série de Fourier para $f(x)$. Esboce o gráfico da série de Fourier obtida.

A função $f(x)$ não é nem par, nem ímpar, como mostra o gráfico a seguir.

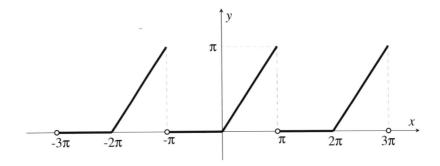

Figura 2.3: Figura para o **Exercício 2.10**.

Neste caso, a série de Fourier é dada por

$$f(x) = \frac{a_0}{2} + \sum_{k=1}^{\infty} [a_k \cos kx + b_k \operatorname{sen} kx],$$

onde

$$a_k = \frac{1}{\pi} \left\{ \int_{-\pi}^{0} 0 \cdot \cos kx \, dx + \int_{0}^{\pi} x \cdot \cos kx \, dx \right\}.$$

Integrando por partes com $u = x$ e $dv = \cos kx \, dx$, obtemos

$$a_k = \frac{1}{\pi} \left[\frac{x \operatorname{sen} kx}{k} \bigg|_{x=0}^{x=\pi} - \frac{1}{k} \int_{0}^{\pi} \operatorname{sen} kx \, dx \right] = \frac{1}{k\pi} \left[\frac{\cos kx}{k} \right]_{x=0}^{x=\pi} = \frac{(-1)^k - 1}{k^2 \pi}.$$

Como não é possível calcular a_0 a partir da expressão anterior, devemos calculá-lo separadamente, isto é,

$$a_0 = \frac{1}{\pi} \left\{ \int_{-\pi}^{0} 0 \cdot dx + \int_{0}^{\pi} x \cdot dx \right\} = \frac{1}{\pi} \left[\frac{x^2}{2} \right]_{x=0}^{x=\pi} = \frac{\pi}{2}.$$

2.6. EXERCÍCIOS RESOLVIDOS

Resta-nos calcular b_k:

$$b_k = \frac{1}{\pi}\left\{\int_{-\pi}^{0} 0 \cdot \operatorname{sen} kx\, dx + \int_{0}^{\pi} x \cdot \operatorname{sen} kx\, dx\right\}.$$

Integrando por partes com $u = x$ e $dv = \operatorname{sen} kx\, dx$, obtemos

$$\begin{aligned}a_k &= \frac{1}{\pi}\left[-\frac{x\cos kx}{k}\bigg|_{x=0}^{x=\pi} + \frac{1}{k}\int_0^\pi \cos kx\, dx\right] = \frac{1}{\pi}\left[-\frac{\pi\cos k\pi}{k}\right] + \frac{1}{k}\underbrace{\left[\frac{\operatorname{sen} kx}{k}\right]_{x=0}^{x=\pi}}_{=0}\\ &= \frac{(-1)^{k+1}}{k}.\end{aligned}$$

A série de Fourier para $f(x)$ é dada por

$$f(x) = \frac{\pi}{4} + \sum_{k=1}^{\infty}\left[\frac{(-1)^k - 1}{k^2\pi}\cos kx + \frac{(-1)^{k+1}}{k}\operatorname{sen} kx\right], \qquad -\pi < x < \pi. \tag{2.17}$$

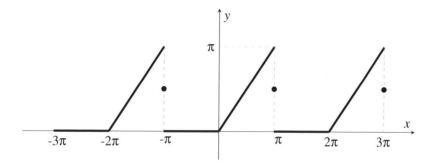

Figura 2.4: Gráfico para a série de Fourier (2.17).

Note que, a série de Fourier para $f(x)$ coincide com a função $f(x)$ nos pontos de continuidade. Nos pontos de descontinuidade a função converge para a média aritmética dos valores dos limites laterais.

Exercício 2.11. *Mostre que*

$$\sum_{k=1}^{\infty}\frac{1}{(2k-1)^2} = \frac{\pi^2}{8}.$$

Seja $f(x)$ dada pelo **Exercício 2.10**. Se $x = 0$, então $f(0) = 0$. Note que,

$$\frac{(-1)^k - 1}{k^2 \pi} = \begin{cases} 0, & \text{se } k \text{ é par,} \\ \dfrac{-2}{k^2 \pi}, & \text{se } k \text{ é ímpar.} \end{cases}$$

Assim, podemos escrever

$$0 = \frac{\pi}{4} + \sum_{k=1}^{\infty} \left[-\frac{2}{(2k-1)^2 \pi} \right],$$

ou ainda,

$$\sum_{k=1}^{\infty} \frac{1}{(2k-1)^2} = \frac{\pi^2}{8}.$$

Exercício 2.12. *Seja $f(x)$ uma função par, seccionalmente contínua, no intervalo fechado $[-\ell, \ell]$, e 2ℓ-periódica. Mostre que, a série de Fourier para $f(x)$ é uma série em cossenos, dada por*

$$\frac{a_0}{2} + \sum_{k=1}^{\infty} a_k \cos\left(\frac{k\pi x}{\ell}\right), \tag{2.18}$$

onde

$$a_k = \frac{2}{\ell} \int_0^{\ell} f(x) \cos\left(\frac{k\pi x}{\ell}\right) dx, \qquad k = 0, 1, 2, \ldots. \tag{2.19}$$

Os coeficientes, a_0, a_k e b_k, foram calculados nos **Exercícios 2.7, 2.8** e **2.9**, respectivamente. Uma vez que, $f(x)$ é par e sen $\left(\frac{k\pi x}{\ell}\right)$ é uma função ímpar, temos que o produto, $f(x) \operatorname{sen}\left(\frac{k\pi x}{\ell}\right)$, é uma função ímpar (ver **Exercício 2.2**), logo

$$b_k = \frac{1}{\ell} \int_{-\ell}^{\ell} f(x) \operatorname{sen}\left(\frac{k\pi x}{\ell}\right) dx = 0, \quad \text{para} \quad k = 1, 2, \ldots.$$

Por outro lado, sendo $f(x)$ e $\cos\left(\frac{k\pi x}{\ell}\right)$ funções pares, então o produto, $f(x) \cos\left(\frac{k\pi x}{\ell}\right)$, é uma função par (ver **Exercício 2.2**), assim

$$a_k = \frac{1}{\ell} \int_{-\ell}^{\ell} f(x) \cos\left(\frac{k\pi x}{\ell}\right) dx = \frac{2}{\ell} \int_0^{\ell} f(x) \cos\left(\frac{k\pi x}{\ell}\right) dx, \quad \text{para} \quad k = 0, 1, 2, \ldots.$$

Portanto, a série de Fourier para $f(x)$ é uma série em cossenos, dada pela Eq.(2.18).

Exercício 2.13. *Seja $f(x)$ uma função ímpar, seccionalmente contínua no intervalo fechado*

2.6. EXERCÍCIOS RESOLVIDOS

$[-\ell, \ell]$ e 2ℓ-periódica. Mostre que, a série de Fourier para $f(x)$ é uma série em cossenos, dada por

$$\sum_{k=1}^{\infty} b_k \operatorname{sen}\left(\frac{k\pi x}{\ell}\right), \qquad (2.20)$$

onde

$$b_k = \frac{2}{\ell} \int_0^{\ell} f(x) \operatorname{sen}\left(\frac{k\pi x}{\ell}\right) dx, \qquad k = 1, 2, \ldots \qquad (2.21)$$

Neste caso, $f(x)$ é ímpar e $\cos\left(\frac{k\pi x}{\ell}\right)$ é uma função par, temos que o produto, $f(x)\cos\left(\frac{k\pi x}{\ell}\right)$, é uma função ímpar (ver **Exercício 2.2**), logo

$$a_k = \frac{1}{\ell} \int_{-\ell}^{\ell} f(x) \cos\left(\frac{k\pi x}{\ell}\right) dx = 0, \quad \text{para} \quad k = 0, 1, 2, \ldots.$$

Por outro lado, sendo $f(x)$ e $\operatorname{sen}\left(\frac{k\pi x}{\ell}\right)$ funções ímpares, então o produto, $f(x)\operatorname{sen}\left(\frac{k\pi x}{\ell}\right)$, é uma função par (ver **Exercício 2.2**), então

$$b_k = \frac{1}{\ell} \int_{-\ell}^{\ell} f(x) \operatorname{sen}\left(\frac{k\pi x}{\ell}\right) dx = \frac{2}{\ell} \int_0^{\ell} f(x) \operatorname{sen}\left(\frac{k\pi x}{\ell}\right) dx, \quad \text{para} \quad k = 1, 2, \ldots.$$

Portanto, a série de Fourier para $f(x)$ é uma série em senos, dada pela Eq.(2.20).

Exercício 2.14. Seja $f(x)$ uma função $2p$-periódica dada por

$$f(x) \begin{cases} \dfrac{1}{p-c}(x+p), & \text{se} \quad -p < x < c, \\ 1, & \text{se} \quad |x| < c, \\ -\dfrac{1}{p-c}(x-p), & \text{se} \quad c < x < p, \end{cases}$$

onde $0 < c < p$. Expanda $f(x)$ em uma série de Fourier.

Note, a partir do gráfico para $f(x)$, Figura 2.5, que esta função é par

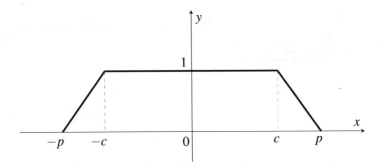

Figura 2.5: Figura para o **Exercício 2.14**.

A série de Fourier para $f(x)$ é uma série de Fourier em cossenos, assim $b_k = 0$. Calculemos, então, os coeficientes a_0 e a_k:

$$\begin{aligned}
a_0 &= \frac{2}{p}\int_0^p f(x)\mathrm{d}x = \frac{2}{p}\left\{\int_0^c \mathrm{d}x - \frac{1}{p-c}\int_c^p (x-p)\mathrm{d}x\right\} \\
&= \frac{2}{p}\left\{x\Big|_{x=0}^{x=c} - \frac{1}{p-c}\left[\frac{x^2}{2} - px\right]_{x=c}^{x=p}\right\} \\
&= \frac{2}{p}\left[c + \frac{(p-c)}{2}\right] = \frac{c+p}{p}
\end{aligned}$$

e

$$a_k = \frac{2}{p}\left\{\int_0^c \cos\left(\frac{k\pi}{p}x\right)\mathrm{d}x - \frac{1}{p-c}\int_c^p (x-p)\cos\left(\frac{k\pi}{p}x\right)\mathrm{d}x\right\}.$$

Integrando, por partes, a segunda integral com $u = (x-p)$ e $\mathrm{d}v = \cos\left(\frac{k\pi}{p}x\right)\mathrm{d}x$, obtemos

$$\begin{aligned}
a_k &= \frac{2}{p}\left\{\frac{p}{k\pi}\left[\mathrm{sen}\left(\frac{k\pi}{p}x\right)\right]_{x=0}^{x=c} - \frac{1}{p-c}\left[\frac{p(x-p)}{k\pi}\mathrm{sen}\left(\frac{k\pi}{p}x\right)\Big|_{x=c}^{x=p} - \frac{p}{k\pi}\int_c^p \mathrm{sen}\left(\frac{k\pi}{p}x\right)\mathrm{d}x\right]\right\} \\
&= \frac{2}{p}\left\{\frac{p}{k\pi}\mathrm{sen}\left(\frac{k\pi c}{p}\right) - \frac{1}{p-c}\left[\frac{-p(c-p)}{k\pi}\mathrm{sen}\left(\frac{k\pi c}{p}\right) + \frac{p^2}{k^2\pi^2}\cos\left(\frac{k\pi}{p}x\right)\Big|_{x=c}^{x=p}\right]\right\} \\
&= -\frac{2p}{k^2\pi^2(p-c)}\left[\cos(k\pi) - \cos\left(\frac{k\pi c}{p}\right)\right] \\
&= \frac{2p}{k^2\pi^2(c-p)}\left[(-1)^k - \cos\left(\frac{k\pi c}{p}\right)\right].
\end{aligned}$$

A série de Fourier para $f(x)$ admite a seguinte representação

$$f(x) = \frac{c+p}{2p} + \frac{2p}{\pi^2(c-p)}\sum_{k=1}^{\infty}\frac{1}{k^2}\left[(-1)^k - \cos\left(\frac{k\pi c}{p}\right)\right]\cos\left(\frac{k\pi}{p}x\right), \qquad -p < x < p.$$

2.6. EXERCÍCIOS RESOLVIDOS

Exercício 2.15. Seja $f(x) = |\operatorname{sen} x|$, no intervalo $-\pi \leq x \leq \pi$, tal que $f(x+2\pi) = f(x)$.
(a) Determine a série de Fourier para $f(x)$.
(b) Utilize o item (a) para calcular as seguintes somas:

$$\sum_{k=1}^{\infty} \frac{1}{4k^2 - 1} \quad \text{e} \quad \sum_{k=1}^{\infty} \frac{(-1)^k}{4k^2 - 1}.$$

(a) Note que, $f(x)$ é par.

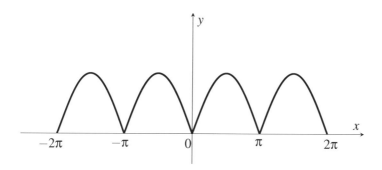

Figura 2.6: Figura para o **Exercício 2.15**.

Assim, devemos determinar a série de Fourier em cossenos para $f(x) = |\operatorname{sen} x| = \operatorname{sen} x$, onde $0 < x < \pi$. Vamos calcular os coeficientes a_0 e a_k, pois $b_k = 0$:

$$a_0 = \frac{2}{\pi} \int_0^\pi \operatorname{sen} x \, dx = \frac{2}{\pi}[-\cos x]\Big|_{x=0}^{x=\pi} = \frac{4}{\pi}.$$

e

$$a_k = \frac{2}{\pi} \int_0^\pi \operatorname{sen} x \cos(kx) dx.$$

Utilizando a relação trigonométrica

$$\operatorname{sen} A \cos B = \frac{1}{2}[\operatorname{sen}(A+B) + \operatorname{sen}(A-B)],$$

podemos escrever

$$a_k = \frac{1}{\pi}\left\{\int_0^\pi \text{sen}[(1+k)x]dx + \int_0^\pi \text{sen}[(1-k)x]dx\right\}$$
$$= \frac{1}{\pi}\left[-\frac{\cos[(1+k)x]}{1+k} - \frac{\cos[(1-k)x]}{1-k}\right]_{x=0}^{x=\pi}$$
$$= -\frac{1}{\pi}\left[\frac{\cos[(1+k)\pi]}{1+k} + \frac{\cos[(1-k)\pi]}{1-k} - \frac{1}{1+k} - \frac{1}{1-k}\right].$$

A partir das seguintes relações

$$\cos(A \pm B) = \cos A \cos B \mp \text{sen}\, A \,\text{sen}\, B,$$

podemos escrever

$$a_k = -\frac{1}{\pi}\left[-\frac{(-1)^k}{1+k} - \frac{(-1)^k}{1-k} - \frac{2}{1-k^2}\right] = \frac{2}{\pi}\frac{[1+(-1)^k]}{1-k^2}, \qquad k=2,3,4,\ldots.$$

Devemos calcular a_1 separadamente, pois não é possível obtê-lo a partir da expressão anterior,

$$a_1 = \frac{2}{\pi}\int_0^\pi \text{sen}\, x \cos x\, dx = \frac{1}{\pi}\int_0^\pi \text{sen}\, 2x\, dx = \frac{1}{\pi}\left[\frac{\cos 2x}{2}\right]_{x=0}^{x=\pi} = 0.$$

A série de Fourier para $f(x)$ é dada por

$$|\text{sen}\, x| = \frac{2}{\pi} + \frac{2}{\pi}\sum_{k=2}^\infty \frac{[1+(-1)^k]}{1-k^2}\cos kx,$$

ou ainda,

$$|\text{sen}\, x| = \frac{2}{\pi} - \frac{4}{\pi}\sum_{k=1}^\infty \frac{\cos(2kx)}{4k^2-1}, \qquad -\pi < x < \pi. \qquad (2.22)$$

(b) Admita $x=0$ na Eq.(2.22), isto é,

$$0 = \frac{2}{\pi} - \frac{4}{\pi}\sum_{k=1}^\infty \frac{1}{4k^2-1} \qquad \Rightarrow \qquad \sum_{k=1}^\infty \frac{1}{4k^2-1} = \frac{1}{2}.$$

Por outro lado, admita $x = \pi/2$ na Eq.(2.22) de modo a obter

$$1 = \frac{2}{\pi} - \frac{4}{\pi}\sum_{k=1}^\infty \frac{\cos k\pi}{4k^2-1} \qquad \Rightarrow \qquad \sum_{k=1}^\infty \frac{(-1)^k}{4k^2-1} = \frac{1}{2} - \frac{\pi}{4}.$$

2.6. EXERCÍCIOS RESOLVIDOS

Exercício 2.16. *Determine a série de Fourier para* $y = f(x)$ *no intervalo* $-\pi < x < \pi$ *representada pelo gráfico a seguir*

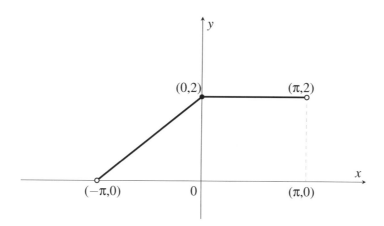

Figura 2.7: Figura para o **Exercício 2.16**.

Inicialmente, vamos determinar a expressão para $f(x)$. No intervalo $-\pi < x \leq 0$, temos uma reta que passa pelos pontos $(-\pi, 0)$ e $(0, 2)$, assim

$$y - y_0 = \alpha(x - x_0), \quad \text{onde} \quad \alpha = \frac{2-0}{0+\pi} = \frac{2}{\pi}$$

$$y - 2 = \frac{2}{\pi}x.$$

A função $f(x)$ pode ser representada por

$$f(x) = \begin{cases} \dfrac{2}{\pi}x + 2, & \text{se} \quad -\pi < x \leq 0, \\ 2, & \text{se} \quad 0 < x < \pi. \end{cases}$$

A seguir calculamos os coeficientes para a série de Fourier de $f(x)$. Comecemos calculando a_0:

$$a_0 = \frac{1}{\pi} \left\{ \int_{-\pi}^{0} \left(\frac{2}{\pi}x + 2 \right) dx + 2 \int_{0}^{\pi} dx \right\} = \frac{1}{\pi} \left\{ \frac{2}{\pi} \left[\frac{x^2}{2} \right]_{x=-\pi}^{x=0} + 2x \bigg|_{x=-\pi}^{x=\pi} \right\} = 3.$$

Calculemos, agora, a_k:

$$a_k = \frac{1}{\pi} \left\{ \int_{-\pi}^{0} \left(\frac{2}{\pi}x + 2 \right) \cos kx \, dx + 2 \int_{0}^{\pi} \cos kx \, dx \right\}.$$

Integrando, por partes, a primeira integral, com $u = \left(\dfrac{2}{\pi}x+2\right)$ e $dv = \cos kx\, dx$, obtemos

$$a_k = \dfrac{1}{\pi}\left\{\underbrace{\left(\dfrac{2}{\pi}x+2\right)\dfrac{\operatorname{sen} kx}{k}\bigg|_{x=-\pi}^{x=0}}_{=0} - \dfrac{2}{k\pi}\int_{-\pi}^{0}\operatorname{sen} kx\, dx + \dfrac{2}{k}\underbrace{[\operatorname{sen} kx]\bigg|_{x=0}^{x=\pi}}_{=0}\right\}$$

$$= \dfrac{1}{\pi}\left\{-\dfrac{2}{k\pi}\left(-\dfrac{1}{k}\right)[\cos kx]\bigg|_{x=-\pi}^{x=0}\right\} = \dfrac{2}{k^2\pi^2}[1-(-1)^k].$$

Finalmente, calculemos b_k

$$b_k = \dfrac{1}{\pi}\left\{\int_{-\pi}^{0}\left(\dfrac{2}{\pi}x+2\right)\operatorname{sen} kx\, dx + 2\int_{0}^{\pi}\operatorname{sen} kx\, dx\right\}.$$

Integrando por partes, a primeira integral, com a escolha $u = \left(\dfrac{2}{\pi}x+2\right)$ e $dv = \operatorname{sen} kx\, dx$, obtemos

$$b_k = \dfrac{1}{\pi}\left\{-\left(\dfrac{2}{\pi}x+2\right)\dfrac{\cos kx}{k}\bigg|_{x=-\pi}^{x=0} + \dfrac{2}{k\pi}\int_{-\pi}^{0}\cos kx\, dx - \dfrac{2}{k}[\cos kx]\bigg|_{x=0}^{x=\pi}\right\}$$

$$= \dfrac{1}{\pi}\left\{-\dfrac{2}{k}-\dfrac{2}{k}[(-1)^k - 1]\right\} = \dfrac{2(-1)^{k+1}}{k\pi}.$$

A série de Fourier para $f(x)$ é dada por

$$\dfrac{3}{2}+2\sum_{k=1}^{\infty}\left\{\dfrac{[1-(-1)^k]}{k^2\pi^2}\cos kx + \dfrac{(-1)^{k+1}}{k\pi}\operatorname{sen} kx\right\}.$$

Exercício 2.17. *A função sinal de x é definida por*

$$f(x) = \operatorname{sgn} x = \begin{cases} -1, & \text{se } -\pi < x < 0, \\ 0, & \text{se } x = 0, \\ 1, & \text{se } 0 < x < \pi, \end{cases}$$

com $f(x \pm 2k\pi) = f(x)$, onde $k \in \mathbb{Z}$. Obtenha a série de Fourier para tal função e esboce o gráfico para a série encontrada. Determine $f(8\pi)$ e $f(\pi/2)$.

A partir do gráfico a seguir podemos notar que $f(x)$ é ímpar.

2.6. EXERCÍCIOS RESOLVIDOS

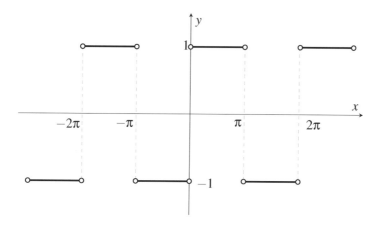

Figura 2.8: Figura para o **Exercício 2.17**.

Assim sendo, devemos calcular apenas os coeficientes b_k, isto é,

$$b_k = \frac{2}{\pi} \int_0^\pi \operatorname{sen}(kx) dx = \frac{2}{\pi} \left[\frac{-\cos(kx)}{k} \right]_{x=0}^{x=\pi}$$

$$= \frac{2[1-(-1)^k]}{k\pi} = \begin{cases} 0, & \text{se } k \text{ é par,} \\ \dfrac{4}{k\pi}, & \text{se } k \text{ é ímpar.} \end{cases}$$

A série de Fourier para a função sinal de x é dada por

$$\operatorname{sgn} x = \frac{4}{\pi} \sum_{k=1}^\infty \frac{\operatorname{sen}[(2k-1)x]}{2k-1}. \tag{2.23}$$

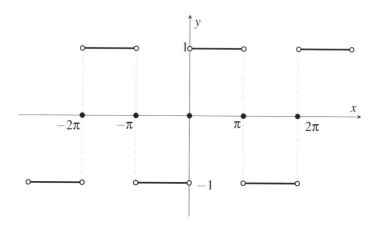

Figura 2.9: Gráfico para a série de Fourier (2.23).

A função $f(x)$ é descontínua em 8π, assim ela converge para a média aritmética dos valores dos limites laterais, isto é,

$$f(8\pi) = \frac{1}{2}\left[\lim_{x \to 8\pi^+} f(x) + \lim_{x \to 8\pi^-} f(x)\right] = \frac{1-1}{2} = 0.$$

Em $x = \pi/2$, a função f é contínua. Pela definição de f, temos que $f(\pi/2) = 1$.

Exercício 2.18. *Obtenha a série de Fourier para $f(x)$ em $-2 \leq x \leq 2$ com $f(x+4) = f(x)$, onde*

$$f(x) = \begin{cases} -x, & \text{se } -2 \leq x \leq 0, \\ x, & \text{se } 0 < x \leq 2. \end{cases}$$

Uma vez que $f(x)$ é par, Figura 2.10, temos $b_k = 0$.

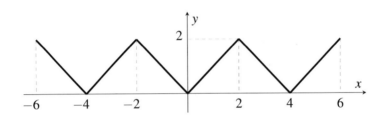

Figura 2.10: Figura para o **Exercício 2.18**.

Calculemos, a seguir, a_0 e a_k:

$$a_0 = \frac{2}{2}\int_0^2 x\,\mathrm{d}x = \left[\frac{x^2}{2}\right]_{x=0}^{x=2} = 2$$

e

$$a_k = \frac{2}{2}\int_0^2 x\cos\left(\frac{k\pi x}{2}\right)\mathrm{d}x.$$

2.6. EXERCÍCIOS RESOLVIDOS

Integrando por partes com $u = x$ e $dv = \cos\left(\dfrac{k\pi x}{2}\right) dx$, obtemos

$$a_k = \left[\underbrace{\dfrac{2x}{k\pi}\operatorname{sen}\left(\dfrac{k\pi x}{2}\right)\Big|_{x=0}^{x=2}}_{=0} - \dfrac{2}{k\pi}\int_0^2 \operatorname{sen}\left(\dfrac{k\pi x}{2}\right) dx\right] = \dfrac{4}{k^2\pi^2}\left[\cos\left(\dfrac{k\pi x}{2}\right)\right]_{x=0}^{x=2}$$

$$= \dfrac{4}{k^2\pi^2}[\cos k\pi - 1] = \dfrac{4}{k^2\pi^2}\begin{cases} 0, & \text{se } k \text{ é par,} \\ -2, & \text{se } k \text{ é ímpar.} \end{cases}$$

Portanto, a série de Fourier para $f(x)$ é

$$f(x) = 1 - \dfrac{8}{\pi^2}\sum_{k=1}^{\infty}\dfrac{1}{(2k-1)^2}\cos\left[\dfrac{(2k-1)\pi x}{2}\right].$$

Exercício 2.19. *Obtenha a série de Fourier para $f(x) = \cos(\alpha x)$, com $\alpha \neq 0, \pm 1, \pm 2, \ldots$, no intervalo $-\pi \leq x \leq \pi$ e, mostre que*

$$\pi\cot(\alpha\pi) = \dfrac{1}{\alpha} + 2\alpha\sum_{k=1}^{\infty}\dfrac{1}{\alpha^2 - k^2}.$$

Uma vez que $\cos(\alpha x)$ é par, a série de Fourier para tal função é uma série em cossenos. Devemos, então calcular os coeficientes a_0 e a_k, ou seja,

$$a_0 = \dfrac{2}{\pi}\int_0^{\pi}\cos(\alpha x)\, dx = \dfrac{2}{\pi}\left[\dfrac{\operatorname{sen}(\alpha x)}{\alpha}\right]_{x=0}^{x=\pi} = \dfrac{2\operatorname{sen}(\alpha\pi)}{\alpha\pi}$$

e

$$a_k = \dfrac{2}{\pi}\int_0^{\pi}\cos(\alpha x)\cos(kx)\, dx.$$

Utilizando a relação trigonométrica

$$\cos A \cos B = \dfrac{1}{2}[\cos(A+B) + \cos(A-B)],$$

na integral para a_k, podemos escrever

$$\begin{aligned} a_k &= \frac{1}{\pi}\int_0^\pi \{\cos[(\alpha+k)x]dx + \cos[(\alpha-k)x]\}\,dx \\ &= \frac{1}{\pi}\left[\frac{\operatorname{sen}[(\alpha+k)x]}{\alpha+k} + \frac{\operatorname{sen}[(\alpha-k)x]}{\alpha-k}\right]_{x=0}^{x=\pi} \\ &= \frac{1}{\pi}\left[\frac{\operatorname{sen}[(\alpha+k)\pi]}{\alpha+k} + \frac{\operatorname{sen}[(\alpha-k)\pi]}{\alpha-k}\right]. \end{aligned}$$

A partir das relações

$$\operatorname{sen}(A\pm B) = \operatorname{sen} A\cos B \pm \operatorname{sen} B\cos A,$$

obtemos

$$a_k = \frac{1}{\pi}\left[\frac{(-1)^k \operatorname{sen}(\alpha\pi)}{\alpha+k} + \frac{(-1)^k \operatorname{sen}(\alpha\pi)}{\alpha-k}\right] = \frac{(-1)^k \operatorname{sen}(\alpha\pi)}{\pi}\left[\frac{2\alpha}{\alpha^2-k^2}\right].$$

A série de Fourier para $f(x)$ é dada por

$$\cos(\alpha x) = \frac{\operatorname{sen}(\alpha\pi)}{\alpha\pi} + \frac{2\alpha\operatorname{sen}(\alpha\pi)}{\pi}\sum_{k=1}^\infty \frac{(-1)^k}{\alpha^2-k^2}\cos(kx).$$

Admitindo $x = \pi$ nesta última expressão, segue que

$$\cos(\alpha\pi) = \frac{\operatorname{sen}(\alpha\pi)}{\alpha\pi} + \frac{2\alpha\operatorname{sen}(\alpha\pi)}{\pi}\sum_{k=1}^\infty \frac{(-1)^{2k}}{\alpha^2-k^2},$$

ou ainda,

$$\pi\cot(\alpha\pi) = \frac{1}{\alpha} + 2\alpha\sum_{k=1}^\infty \frac{1}{\alpha^2-k^2}.$$

Exercício 2.20. (Dente de serra). *Dada a função $f(x) = x$, com $0 \le x \le 1$ e $f(x+2) = f(x)$.* (a) *Estenda $f(x)$ como uma função par e esboce o gráfico no intervalo $-5 \le x \le 5$.* (b) *Determine a série de Fourier para a função estendida.* (c) *Utilize o item (b) para mostrar que*

$$\sum_{k=1}^\infty \frac{1}{(2k-1)^2} = \frac{\pi^2}{8}.$$

(a) Temos que,

$$f(x) = \begin{cases} -x, & \text{se} \quad -1 \leq x \leq 0, \\ x, & \text{se} \quad 0 < x \leq 1. \end{cases}$$

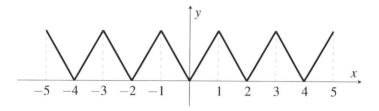

Figura 2.11: Figura para o **Exercício 2.20**.

(b) Como $f(x)$ é par, a série de Fourier é uma série em cossenos, então

$$a_0 = 2\int_0^1 x\,dx = 2\left[\frac{x^2}{2}\right]_{x=0}^{x=1} = 1$$

e

$$a_k = 2\int_0^1 x\cos(k\pi x)\,dx.$$

Integrando por partes com $u = x$ e $dv = \cos(k\pi x)dx$, obtemos

$$a_k = 2\left[\underbrace{\frac{x\operatorname{sen}(k\pi x)}{k\pi}\bigg|_{x=0}^{x=1}}_{=0} - \frac{1}{k\pi}\int_0^1 \operatorname{sen}(k\pi x)\,dx\right] = -\frac{2}{k\pi}\left[-\frac{\cos(k\pi x)}{k\pi}\right]_{x=0}^{x=1}$$

$$= \begin{cases} 0, & \text{se} \quad k \text{ é par} \\ \dfrac{-4}{k^2\pi^2}, & \text{se} \quad k \text{ é ímpar}. \end{cases}$$

A série de Fourier para $f(x)$ é dada por

$$f(x) = \frac{1}{2} - \frac{4}{\pi^2}\sum_{k=1}^{\infty}\frac{\cos[(2k-1)\pi x]}{(2k-1)^2}.$$

(c) Consideremos $x = 0$ na série de Fourier obtida no item anterior, isto é

$$0 = \frac{1}{2} - \frac{4}{\pi^2} \sum_{k=1}^{\infty} \frac{1}{(2k-1)^2},$$

ou ainda,

$$\sum_{k=1}^{\infty} \frac{1}{(2k-1)^2} = \frac{\pi^2}{8}.$$

Exercício 2.21. *Seja $f(x) = x^2$, definida no intervalo fechado $[-\ell, \ell]$, uma função 2ℓ-periódica. Determine a série de Fourier para tal função.*

Uma vez que $f(x)$ é par, sua série de Fourier é uma série em cossenos. Devemos calcular a_0 e a_k. Temos que,

$$a_0 = \frac{2}{\ell} \int_0^\ell x^2 \, dx = \frac{2}{\ell} \left[\frac{x^3}{3} \right]_{x=0}^{x=\ell} = \frac{2\ell^2}{3}$$

e

$$a_k = \frac{2}{\ell} \int_0^\ell x^2 \cos\left(\frac{k\pi x}{\ell}\right) dx.$$

Integrando por partes com $u = x^2$ e $dv = \cos\left(\frac{k\pi x}{\ell}\right) dx$, obtemos

$$a_k = \frac{2}{\ell} \left[\underbrace{\frac{x^2 \ell}{k\pi} \operatorname{sen}\left(\frac{k\pi x}{\ell}\right) \bigg|_{x=0}^{x=\ell}}_{=0} - \frac{2\ell}{k\pi} \int_0^\ell x \operatorname{sen}\left(\frac{k\pi x}{\ell}\right) dx \right] = -\frac{4}{k\pi} \int_0^\ell x \operatorname{sen}\left(\frac{k\pi x}{\ell}\right) dx.$$

Integrando, novamente, por partes com $u = x$ e $dv = \operatorname{sen}\left(\frac{k\pi x}{\ell}\right) dx$, segue que

$$\begin{aligned} a_k &= -\frac{4}{k\pi} \left[-\frac{x\ell}{k\pi} \cos\left(\frac{k\pi x}{\ell}\right) \bigg|_{x=0}^{x=\ell} + \frac{\ell}{k\pi} \int_0^\ell \cos\left(\frac{k\pi x}{\ell}\right) dx \right] \\ &= -\frac{4}{k\pi} \left\{ -\frac{\ell^2}{k\pi} \cos k\pi + \frac{\ell^2}{k^2 \pi^2} \underbrace{\left[\operatorname{sen}\left(\frac{k\pi x}{\ell}\right) \right]_{x=0}^{x=\ell}}_{=0} \right\} = \frac{4\ell^2}{k^2 \pi^2} (-1)^k. \end{aligned}$$

2.6. EXERCÍCIOS RESOLVIDOS

Assim, podemos escrever a série de Fourier para $f(x)$ da seguinte forma

$$x^2 = \frac{\ell^2}{3} + \frac{4\ell^2}{\pi^2} \sum_{k=1}^{\infty} \frac{(-1)^k}{k^2} \cos\left(\frac{k\pi}{\ell}x\right), \quad -\ell \leq x \leq \ell.$$

Exercício 2.22. *Se uma função $f(x)$ é absoluta e circularmente contínua no intervalo aberto $(-\ell, \ell)$, periódica de período 2ℓ e, se $f'(x)$ é seccionalmente contínua neste mesmo intervalo, então, sua série de Fourier é derivável termo a termo. Mostre que, a série de Fourier para $f'(x)$ é*

$$f'(x) = \sum_{k=1}^{\infty} \frac{k\pi}{\ell} \left[-a_k \operatorname{sen}\left(\frac{k\pi x}{\ell}\right) + b_k \cos\left(\frac{k\pi x}{\ell}\right) \right].$$

Sejam as séries de Fourier para f e f', respectivamente

$$f(x) = \frac{a_0}{2} + \sum_{k=1}^{\infty} \left[a_k \cos\left(\frac{k\pi x}{\ell}\right) + b_k \operatorname{sen}\left(\frac{k\pi x}{\ell}\right) \right]$$

e

$$f'(x) = \frac{A_0}{2} + \sum_{k=1}^{\infty} \left[A_k \cos\left(\frac{k\pi x}{\ell}\right) + B_k \operatorname{sen}\left(\frac{k\pi x}{\ell}\right) \right],$$

onde os coeficientes da série para $f(x)$ são dados pelos **Exercícios 2.7, 2.8 e 2.9**. Por outro lado, os coeficientes de Fourier para a série $f'(x)$ são dados por

$$\begin{aligned} A_0 &= \frac{1}{\ell} \int_{-\ell}^{\ell} f'(x) dx, \\ A_k &= \frac{1}{\ell} \int_{-\ell}^{\ell} f'(x) \cos\left(\frac{k\pi x}{\ell}\right) dx, \\ B_k &= \frac{1}{\ell} \int_{-\ell}^{\ell} f'(x) \operatorname{sen}\left(\frac{k\pi x}{\ell}\right) dx. \end{aligned}$$

Vamos determinar a relação existente entre os coeficientes A_0, A_k e B_k com a_0, a_k e b_k. Integrando por partes A_k, onde $k = 0, 1, 2, \ldots$ com a escolha $u = \cos\left(\frac{k\pi x}{\ell}\right)$ e $dv = f'(x)dx$, obtemos

$$\begin{aligned} A_k &= \frac{1}{\ell} \left\{ f(x) \cos\left(\frac{k\pi x}{\ell}\right) \Big|_{x=-\ell}^{x=\ell} + \frac{k\pi}{\ell} \int_{-\ell}^{\ell} f(x) \operatorname{sen}\left(\frac{k\pi x}{\ell}\right) dx \right\} \\ &= \frac{1}{\ell} \left\{ f(\ell) \cos(k\pi) - f(-\ell) \cos(-k\pi) + \frac{k\pi}{\ell} \int_{-\ell}^{\ell} f(x) \operatorname{sen}\left(\frac{k\pi x}{\ell}\right) dx \right\}. \end{aligned}$$

Por hipótese $f(\ell) = f(-\ell)$, então $f(-\ell)\cos(-k\pi) = f(\ell)\cos(k\pi)$, assim

$$A_k = \frac{k\pi}{\ell}\left\{\frac{1}{\ell}\int_{-\ell}^{\ell} f(x)\operatorname{sen}\left(\frac{k\pi x}{\ell}\right)dx\right\} = \frac{k\pi}{\ell}b_k.$$

Em particular, para $k = 0$, temos que $A_0 = 0$. Integrando por partes B_k com sen$\left(\frac{k\pi x}{\ell}\right)$ e $dv = f'(x)dx$, segue que

$$\begin{aligned}
B_k &= \frac{1}{\ell}\left\{f(x)\operatorname{sen}\left(\frac{k\pi x}{\ell}\right)\bigg|_{x=-\ell}^{x=\ell} - \frac{k\pi}{\ell}\int_{-\ell}^{\ell} f(x)\cos\left(\frac{k\pi x}{\ell}\right)dx\right\} \\
&= \frac{1}{\ell}\left\{f(\ell)\operatorname{sen}(k\pi) - f(-\ell)\operatorname{sen}(-k\pi) - \frac{k\pi}{\ell}\int_{-\ell}^{\ell} f(x)\cos\left(\frac{k\pi x}{\ell}\right)dx\right\} \\
&= \frac{1}{\ell}\left\{\underbrace{2f(\ell)\operatorname{sen}(k\pi)}_{=0} - \frac{k\pi}{\ell}\int_{-\ell}^{\ell} f(x)\cos\left(\frac{k\pi x}{\ell}\right)dx\right\} \\
&= -\frac{k\pi}{\ell}\left\{\frac{1}{\ell}\int_{-\ell}^{\ell} f(x)\cos\left(\frac{k\pi x}{\ell}\right)dx\right\} = -\frac{k\pi}{\ell}a_k.
\end{aligned}$$

Deste modo, podemos escrever

$$f'(x) = \sum_{k=1}^{\infty}\frac{k\pi}{\ell}\left[-a_k\operatorname{sen}\left(\frac{k\pi x}{\ell}\right) + b_k\cos\left(\frac{k\pi x}{\ell}\right)\right],$$

que é exatamente o resultado se diferenciássemos $f(x)$ termo a termo. Para os pontos de descontinuidade de $f'(x)$, temos

$$\frac{f'(x^+) + f'(x^-)}{2} = \sum_{k=1}^{\infty}\frac{k\pi}{\ell}\left[-a_k\operatorname{sen}\left(\frac{k\pi x}{\ell}\right) + b_k\cos\left(\frac{k\pi x}{\ell}\right)\right].$$

Exercício 2.23. *Mostre que*

$$\cos x = -\frac{8}{\pi}\sum_{k=1}^{\infty}\frac{k\operatorname{sen}(2kx)}{1-4k^2}, \qquad -\pi \leq x \leq \pi.$$

Como $f(x) = |\operatorname{sen} x|$ é contínua no intervalo $[-\pi, \pi]$ e $f(-\pi) = f(\pi) = 0$, podemos derivar termo a termo a série dada pela Eq.(2.22), de modo a obter

$$\begin{aligned}
\cos x &= -\frac{4}{\pi}\sum_{k=1}^{\infty}\frac{(-2k)\operatorname{sen}(2kx)}{4k^2-1} \\
&= -\frac{8}{\pi}\sum_{k=1}^{\infty}\frac{k\operatorname{sen}(2kx)}{1-4k^2}.
\end{aligned}$$

2.6. EXERCÍCIOS RESOLVIDOS

Exercício 2.24. *A série de Fourier para $f(x) = x$, 2ℓ-periódica, no intervalo $-\ell < x < \ell$, é dada por*

$$x = \frac{2\ell}{\pi} \sum_{k=1}^{\infty} \frac{(-1)^{k+1}}{k} \operatorname{sen}\left(\frac{k\pi x}{\ell}\right).$$

É possível derivar esta série de Fourier termo a termo?

A partir do **Exercício 2.22**, $f(x)$ deve satisfazer as seguintes condições: $f(x)$ deve ser contínua em $[-\ell, \ell]$ e $f(\ell) = f(-\ell)$. Neste caso, $f(x)$ é contínua em $[-\ell, \ell]$, porém $f(-\ell) = -\ell$ e $f(\ell) = \ell$, assim $f(-\ell) \neq f(\ell)$. Portanto, não é possível derivar termo a termo a série de Fourier para $f(x) = x$.

Exercício 2.25. *Seja $f(x)$ uma função seccionalmente contínua no intervalo fechado $[-\ell, \ell]$ e periódica de período 2ℓ. Mostre que, independentemente de a série de Fourier de $f(x)$ convergir ou não, a seguinte identidade é válida*

$$\int_{-\ell}^{x} f(\xi) d\xi = \frac{a_0}{2}(x+\ell) + \sum_{k=1}^{\infty} \frac{\ell}{k\pi}\left\{a_k \operatorname{sen}\left(\frac{k\pi x}{\ell}\right) - b_k\left[\cos\left(\frac{k\pi x}{\ell}\right) - \cos k\pi\right]\right\}. \quad (2.24)$$

Definimos

$$F(x) = \int_{-\ell}^{x} f(\xi) d\xi - \frac{a_0}{2} x.$$

Visto que, $f(x)$ é seccionalmente contínua, então $F(x)$ é contínua. Ainda mais,

$$F'(x) = f(x) - \frac{a_0}{2}$$

é seccionalmente contínua. Note que,

$$F(-\ell) = -\frac{a_0}{2}(-\ell) = \frac{a_0}{\ell}$$

e

$$F(\ell) = \int_{-\ell}^{\ell} f(\xi) d\xi - \frac{a_0}{2}\ell = a_0 \ell - \frac{a_0}{2}\ell = \frac{a_0}{2}\ell, \quad (2.25)$$

ou seja, $F(\ell) = F(-\ell)$. Assim, a série de Fourier de $F(x)$ converge absoluta e uniformemente para $F(x)$ [15]. Logo, podemos escrever

$$F(x) = \frac{A_0}{2} + \sum_{k=1}^{\infty}\left[A_k \cos\left(\frac{k\pi x}{\ell}\right) + B_k \operatorname{sen}\left(\frac{k\pi x}{\ell}\right)\right],$$

onde

$$A_0 = \frac{1}{\ell}\int_{-\ell}^{\ell} F(x)dx,$$

$$A_k = \frac{1}{\ell}\int_{-\ell}^{\ell} F(x)\cos\left(\frac{k\pi x}{\ell}\right)dx,$$

$$B_k = \frac{1}{\ell}\int_{-\ell}^{\ell} F(x)\operatorname{sen}\left(\frac{k\pi x}{\ell}\right)dx.$$

Substituindo a expressão para $F(x)$ em A_k, segue que

$$A_k = \frac{1}{\ell}\int_{-\ell}^{\ell}\left[\int_{-\ell}^{x} f(\xi)d\xi - \frac{a_0}{2}x\right]\cos\left(\frac{k\pi x}{\ell}\right)dx.$$

Integrando por partes com $u = \left[\int_{-\ell}^{x} f(\xi)d\xi - \frac{a_0}{2}x\right]$ e $dv = \cos\left(\frac{k\pi x}{\ell}\right)dx$, obtemos

$$\begin{aligned}
A_k &= \frac{1}{\ell}\left\{\frac{\ell}{k\pi}\operatorname{sen}\left(\frac{k\pi x}{\ell}\right)\left[\int_{-\ell}^{x} f(\xi)d\xi - \frac{a_0}{2}x\right]\Big|_{x=-\ell}^{x=\ell} - \frac{\ell}{k\pi}\int_{-\ell}^{\ell}\left(f(x) - \frac{a_0}{2}\right)\operatorname{sen}\left(\frac{k\pi x}{\ell}\right)dx\right\} \\
&= \frac{1}{\ell}\left(-\frac{\ell}{k\pi}\right)\left\{\int_{-\ell}^{\ell} f(x)\operatorname{sen}\left(\frac{k\pi x}{\ell}\right)dx - \frac{a_0}{2}\underbrace{\int_{-\ell}^{\ell}\operatorname{sen}\left(\frac{k\pi x}{\ell}\right)dx}_{=0}\right\} \\
&= \left(-\frac{\ell}{k\pi}\right)b_k.
\end{aligned}$$

De maneira análoga, substituindo $F(x)$ na expressão para B_k e integrando por partes com $u = \left[\int_{-\ell}^{x} f(\xi)d\xi - \frac{a_0}{2}x\right]$ e $dv = \operatorname{sen}\left(\frac{k\pi x}{\ell}\right)dx$, segue que

$$\begin{aligned}
B_k &= \frac{1}{\ell}\left\{-\frac{\ell}{k\pi}\cos\left(\frac{k\pi x}{\ell}\right)\left[\int_{-\ell}^{x} f(\xi)d\xi - \frac{a_0}{2}x\right]\Big|_{x=-\ell}^{x=\ell} + \frac{\ell}{k\pi}\int_{-\ell}^{\ell}\left(f(x) - \frac{a_0}{2}\right)\cos\left(\frac{k\pi x}{\ell}\right)dx\right\} \\
&= \frac{1}{\ell}\left\{-\frac{\ell}{k\pi}\cos(k\pi)\left[\int_{-\ell}^{\ell} f(\xi)d\xi - \frac{a_0}{2}\ell\right] + \frac{\ell\cos(k\pi)}{k\pi}\left[\int_{-\ell}^{-\ell} f(\xi)d\xi + \frac{a_0}{2}\ell\right]\right. \\
&\quad \left. + \frac{\ell}{k\pi}\int_{-\ell}^{\ell}\left(f(x) - \frac{a_0}{2}\right)\cos\left(\frac{k\pi x}{\ell}\right)dx\right\}
\end{aligned}$$

2.6. EXERCÍCIOS RESOLVIDOS

$$= \frac{1}{\ell}\left\{-\frac{\ell}{k\pi}\cos(k\pi)\frac{a_0}{2}\ell + \frac{\ell}{k\pi}\cos(k\pi)\frac{a_0}{2}\ell + \frac{\ell}{k\pi}\int_{-\ell}^{\ell} f(x)\cos\left(\frac{k\pi x}{\ell}\right)dx\right.$$
$$\left. - \frac{a_0\ell}{2k\pi}\underbrace{\int_{-\ell}^{\ell}\cos\left(\frac{k\pi x}{\ell}\right)dx}_{=0}\right\}$$
$$= \left(\frac{\ell}{k\pi}\right)a_k.$$

Assim,

$$A_k = \left(-\frac{\ell}{k\pi}\right)b_k \quad \text{e} \quad B_k = \left(\frac{\ell}{k\pi}\right)a_k,$$

onde a_k e b_k são os coeficientes da série de Fourier para $f(x)$. Substituindo A_k e B_k na série de Fourier para $F(x)$, obtemos

$$F(x) = \frac{A_0}{2} + \sum_{k=1}^{\infty}\left[-\frac{\ell}{k\pi}b_k\cos\left(\frac{k\pi x}{\ell}\right) + \frac{\ell}{k\pi}a_k\,\text{sen}\left(\frac{k\pi x}{\ell}\right)\right]. \quad (2.26)$$

Admitindo $x = \ell$, na última expressão, e utilizando a Eq.(2.25), temos

$$F(\ell) = \frac{a_0\ell}{2} = \frac{A_0}{2} + \sum_{k=1}^{\infty}\left[-\frac{\ell}{k\pi}b_k\cos k\pi + \frac{\ell}{k\pi}a_k\underbrace{\text{sen}\,k\pi}_{=0}\right]$$

isto é,

$$\frac{A_0}{2} = \frac{a_0\ell}{2} + \sum_{k=1}^{\infty}\left[\frac{\ell}{k\pi}b_k\cos k\pi\right].$$

Substituindo $A_0/2$ na Eq.(2.26), podemos escrever

$$F(x) = \frac{a_0\ell}{2} + \sum_{k=1}^{\infty}\left[\frac{\ell}{k\pi}b_k\cos k\pi\right] + \sum_{k=1}^{\infty}\left[-\frac{\ell}{k\pi}b_k\cos\left(\frac{k\pi x}{\ell}\right) + \frac{\ell}{k\pi}a_k\,\text{sen}\left(\frac{k\pi x}{\ell}\right)\right],$$

ou ainda,

$$\int_{-\ell}^{x} f(\xi)d\xi = \frac{a_0}{2}(x+\ell) + \sum_{k=1}^{\infty}\frac{\ell}{k\pi}\left\{a_k\,\text{sen}\left(\frac{k\pi x}{\ell}\right) - b_k\left[\cos\left(\frac{k\pi x}{\ell}\right) - \cos k\pi\right]\right\}.$$

Exercício 2.26. *Determine a série de Fourier para $f(x) = x^3$, periódica de período 2ℓ, no intervalo $-\ell < x < \ell$.*

Utilizando o resultado do **Exercício 2.25** e a série de Fourier do **Exercício 2.21**, $f(\xi) = \xi^2$, isto é, identificamos $f(\xi) = \xi^2$, $a_0 = \dfrac{2\ell^2}{3}$, $a_k = \dfrac{4\ell^2}{k^2\pi^2}(-1)^k$ e $b_k = 0$, assim, podemos escrever

$$\int_{-\ell}^{x} \xi^2 d\xi = \frac{\ell^2}{3}(x+\ell) + \sum_{k=1}^{\infty} \frac{\ell}{k\pi}\left\{\frac{4\ell^2}{k^2\pi^2}(-1)^k \operatorname{sen}\left(\frac{k\pi x}{\ell}\right)\right\}$$

$$\frac{x^3}{3} = -\frac{\ell^3}{3} + \frac{\ell^2}{3}(x+\ell) + \sum_{k=1}^{\infty} \frac{\ell}{k\pi}\left\{\frac{4\ell^2}{k^2\pi^2}(-1)^k \operatorname{sen}\left(\frac{k\pi x}{\ell}\right)\right\}$$

$$\frac{x^3}{3} = \frac{\ell^2}{3}x + \sum_{k=1}^{\infty} \frac{\ell}{k\pi}\left\{\frac{4\ell^2}{k^2\pi^2}(-1)^k \operatorname{sen}\left(\frac{k\pi x}{\ell}\right)\right\}.$$

A série de Fourier para $g(x) = x$, no intervalo $-\ell < x < \ell$, é dada pelo **Exercício 2.24**, logo

$$x^3 = \ell^2\left[\frac{2\ell}{\pi}\sum_{k=1}^{\infty}\frac{(-1)^{k+1}}{k}\operatorname{sen}\left(\frac{k\pi x}{\ell}\right)\right] + \frac{12\ell^3}{\pi^3}\sum_{k=1}^{\infty}\frac{(-1)^k}{k^3}\operatorname{sen}\left(\frac{k\pi x}{\ell}\right)$$

$$x^3 = \frac{2\ell^3}{\pi}\sum_{k=1}^{\infty}\frac{(-1)^{k+1}}{k}\operatorname{sen}\left(\frac{k\pi x}{\ell}\right) + \frac{12\ell^3}{\pi^3}\sum_{k=1}^{\infty}\frac{(-1)^k}{k^3}\operatorname{sen}\left(\frac{k\pi x}{\ell}\right),$$

ou ainda,

$$x^3 = \frac{2\ell^3}{\pi}\sum_{k=1}^{\infty}\left[\frac{(-1)^k}{k}\left(\frac{6}{\pi^2 k^2} - 1\right)\right]\operatorname{sen}\left(\frac{k\pi x}{\ell}\right).$$

Exercício 2.27. *Suponha que $f(x)$ e $g(x)$ admitem expansão em série de Fourier no intervalo $-\ell \leq x \leq \ell$, isto é,*

$$f(x) = \frac{a_0}{2} + \sum_{k=1}^{\infty}\left[a_k\cos\left(\frac{k\pi x}{\ell}\right) + b_k \operatorname{sen}\left(\frac{k\pi x}{\ell}\right)\right]$$

e

$$g(x) = \frac{\alpha_0}{2} + \sum_{k=1}^{\infty}\left[\alpha_k\cos\left(\frac{k\pi x}{\ell}\right) + \beta_k \operatorname{sen}\left(\frac{k\pi x}{\ell}\right)\right],$$

*com coeficientes dados, conforme **Exercícios 2.7, 2.8 e 2.9**, onde $f(x)$ e $g(x)$ e suas derivadas são contínuas em $-\ell \leq x \leq \ell$ e $f(-\ell) = f(\ell)$, $f'(-\ell) = f'(\ell)$, $g(\ell) = g(-\ell)$ e $g'(-\ell) = g'(\ell)$. Mostre que é válida a identidade de Parseval*

$$\frac{1}{\ell}\int_{-\ell}^{\ell} f(x)g(x)dx = \frac{1}{2}a_0\alpha_0 + \sum_{k=1}^{\infty}(a_k\alpha_k + b_k\beta_k).$$

Multiplicando a série de Fourier de $f(x)$ por $g(x)/\ell$ e, logo após integrando de $x = -\ell$ até

2.6. EXERCÍCIOS RESOLVIDOS

$x = \ell$, temos

$$\frac{1}{\ell}\int_{-\ell}^{\ell} f(x)g(x)\mathrm{d}x = \frac{a_0}{2}\underbrace{\frac{1}{\ell}\int_{-\ell}^{\ell} g(x)\mathrm{d}x}_{\alpha_0}$$

$$+ \sum_{k=1}^{\infty}\left\{a_k\underbrace{\frac{1}{\ell}\int_{-\ell}^{\ell} g(x)\cos\left(\frac{k\pi x}{\ell}\right)\mathrm{d}x}_{\alpha_k} + b_k\underbrace{\frac{1}{\ell}\int_{-\ell}^{\ell} g(x)\,\mathrm{sen}\left(\frac{k\pi x}{\ell}\right)\mathrm{d}x}_{\beta_k}\right\},$$

onde α_0, α_k e β_k são os coeficientes da série de Fourier para $g(x)$, assim, podemos escrever

$$\frac{1}{\ell}\int_{-\ell}^{\ell} f(x)g(x)\mathrm{d}x = \frac{a_0}{2}\alpha_0 + \sum_{k=1}^{\infty}[a_k\alpha_k + b_k\beta_k].$$

Em particular, se $f(x) = g(x)$, temos

$$\frac{1}{\ell}\int_{-\ell}^{\ell} f^2(x)\mathrm{d}x = \frac{a_0^2}{2} + \sum_{k=1}^{\infty}[a_k^2 + b_k^2]. \tag{2.27}$$

Exercício 2.28. *Use a identidade de Parseval para mostrar que*

$$1 + \frac{1}{2^2} + \frac{1}{3^2} + \frac{1}{4^2} + \cdots = \frac{\pi^2}{6}.$$

Consideremos a série de Fourier para $f(x) = \dfrac{x}{2}$ com $-\pi < x < \pi$. Para tanto, considere o **Exercício 2.24**, assim, podemos escrever

$$\frac{x}{2} = \sum_{k=1}^{\infty} \frac{(-1)^{k+1}}{k}\,\mathrm{sen}\,kx, \qquad -\pi < x < \pi.$$

Identificamos $a_k = 0$ para $k = 0, 1, 2, \ldots$ e $b_k = \dfrac{(-1)^{k+1}}{k}$, então a partir da identidade de Parseval, Eq.(2.27), temos

$$\sum_{k=1}^{\infty}\left[\frac{(-1)^{k+1}}{k}\right]^2 = \sum_{k=1}^{\infty}\frac{1}{k^2} = \frac{1}{\pi}\int_{-\pi}^{\pi}\frac{x^2}{4}\mathrm{d}x = \frac{1}{2\pi}\left[\frac{x^3}{3}\right]_{x=0}^{x=\pi} = \frac{\pi^2}{6}.$$

Exercício 2.29. *A função zeta de Riemann é dada por* [16]

$$\xi(s) = \sum_{k=1}^{\infty}\frac{1}{k^s}, \qquad s > 1.$$

Calcule $\xi(4)$.

Considere a série de Fourier de $f(x) = x^2$, calculada no **Exercício 2.21**, com $-\pi < x < \pi$ e dada por

$$x^2 = \frac{\pi^2}{3} + 4\sum_{k=1}^{\infty} \frac{(-1)^k}{k^2} \cos kx,$$

onde $\dfrac{a_0}{2} = \dfrac{\pi^2}{3}$ e $a_k = \dfrac{4(-1)^k}{k^2}$. Utilizando a identidade de Parseval, com $\ell = \pi$, obtemos

$$\frac{1}{\pi}\int_{-\pi}^{\pi} x^4\, dx = \frac{1}{2}\left(\frac{2\pi^2}{3}\right)^2 + \sum_{k=1}^{\infty}\left[\frac{4(-1)^k}{k^2}\right]^2$$

$$\frac{2}{\pi}\left[\frac{x^5}{5}\right]_{x=0}^{x=\pi} = \frac{\pi^4}{9} + 16\sum_{k=1}^{\infty}\frac{1}{k^4},$$

ou ainda,

$$\xi(4) = \sum_{k=1}^{\infty} \frac{1}{k^4} = \left(\frac{2\pi^4}{5} - \frac{4\pi^4}{18}\right)\frac{1}{16} = \frac{\pi^4}{90}.$$

Exercício 2.30. *Mostre que, a função*

$$g(\xi) = \frac{\operatorname{sen}\left[\left(n+\frac{1}{2}\right)\xi\right]}{2\operatorname{sen}\left(\frac{\xi}{2}\right)}$$

é periódica com período 2π.

Devemos mostrar que $g(\xi + 2\pi) = g(\xi)$. Temos que,

$$g(\xi + 2\pi) = \frac{\operatorname{sen}\left[\left(n+\frac{1}{2}\right)(\xi + 2\pi)\right]}{2\operatorname{sen}\left(\frac{\xi + 2\pi}{2}\right)}.$$

A partir das relações trigonométricas

$$\operatorname{sen}(A+B) = \operatorname{sen} A \cos B + \operatorname{sen} B \cos A$$
$$\cos(A+B) = \cos A \cos B - \operatorname{sen} A \operatorname{sen} B,$$

2.6. EXERCÍCIOS RESOLVIDOS

podemos escrever

$$\begin{aligned}
g(\xi+2\pi) &= \frac{\operatorname{sen}\left[\left(n+\frac{1}{2}\right)\xi\right]\cos\left[\left(n+\frac{1}{2}\right)2\pi\right]+\operatorname{sen}\left[\left(n+\frac{1}{2}\right)2\pi\right]\cos\left[\left(n+\frac{1}{2}\right)\xi\right]}{2\left[\operatorname{sen}\left(\frac{\xi}{2}\right)\cos(\pi)+\operatorname{sen}(\pi)\cos\left(\frac{\xi}{2}\right)\right]} \\
&= -\frac{\operatorname{sen}\left[\left(n+\frac{1}{2}\right)\xi\right]\left[\cos(2n\pi)\cos\pi-\operatorname{sen}(2n\pi)\operatorname{sen}\pi\right]}{2\operatorname{sen}\left(\frac{\xi}{2}\right)} \\
&\quad -\frac{\left[\operatorname{sen}(2n\pi)\cos\pi+\operatorname{sen}\pi\cos(2n\pi)\right]\cos\left[\left(n+\frac{1}{2}\right)\xi\right]}{2\operatorname{sen}\left(\frac{\xi}{2}\right)} \\
&= \frac{\operatorname{sen}\left[\left(n+\frac{1}{2}\right)\xi\right]}{2\operatorname{sen}\left(\frac{\xi}{2}\right)} = g(\xi).
\end{aligned}$$

Exercício 2.31. *Prove a seguinte identidade*

$$\frac{1}{2}+\sum_{k=1}^{n}\cos kx = \frac{\operatorname{sen}\left[\left(n+\frac{1}{2}\right)x\right]}{2\operatorname{sen}\left(\frac{x}{2}\right)}.$$

Temos que,

$$\cos(kx)\operatorname{sen}\left(\frac{x}{2}\right) = \frac{1}{2}\left\{\operatorname{sen}\left[\left(k+\frac{1}{2}\right)x\right]-\operatorname{sen}\left[\left(k-\frac{1}{2}\right)x\right]\right\}.$$

Somando, de $k=1$ até n, obtemos

$$\begin{aligned}
\operatorname{sen}\left(\frac{x}{2}\right)\sum_{k=1}^{n}\cos(kx) &= \frac{1}{2}\sum_{k=1}^{n}\left\{\operatorname{sen}\left[\left(k+\frac{1}{2}\right)x\right]-\operatorname{sen}\left[\left(k-\frac{1}{2}\right)x\right]\right\} \\
&= \frac{1}{2}\left\{\operatorname{sen}\left[\left(n+\frac{1}{2}\right)x\right]-\operatorname{sen}\left(\frac{x}{2}\right)\right\},
\end{aligned}$$

ou ainda,

$$\begin{aligned}
\sum_{k=1}^{n}\cos(kx) &= \frac{\operatorname{sen}\left[\left(n+\frac{1}{2}\right)x\right]-\operatorname{sen}\left(\frac{x}{2}\right)}{2\operatorname{sen}\left(\frac{x}{2}\right)}, \\
\frac{1}{2}+\sum_{k=1}^{n}\cos(kx) &= \frac{\operatorname{sen}\left[\left(n+\frac{1}{2}\right)x\right]}{2\operatorname{sen}\left(\frac{x}{2}\right)}.
\end{aligned}$$

Exercício 2.32. *Prove a seguinte identidade*

$$S_n = \frac{1}{\pi}\int_{-\pi}^{\pi}f(\xi+x)\frac{\operatorname{sen}\left[\left(n+\frac{1}{2}\right)\xi\right]}{2\operatorname{sen}\left(\frac{\xi}{2}\right)}d\xi,$$

onde S_n é a n-ésima soma parcial da série de Fourier para $f(x)$ em $-\pi < x < \pi$.

Temos que,

$$S_n = \frac{a_0}{2} + \sum_{k=1}^{n} [a_k \cos kx + b_k \operatorname{sen} kx],$$

onde

$$\begin{aligned}
a_k \cos kx + b_k \cos kx &= \left[\frac{1}{\pi}\int_{-\pi}^{\pi} f(t)\cos kt\, dt\right]\cos kx + \left[\frac{1}{\pi}\int_{-\pi}^{\pi} f(t)\operatorname{sen} kt\, dt\right]\operatorname{sen} kx \\
&= \frac{1}{\pi}\int_{-\pi}^{\pi} f(t)[\cos kt \cos kx + \operatorname{sen} kt \operatorname{sen} kx]dt \\
&= \frac{1}{\pi}\int_{-\pi}^{\pi} f(t)\cos[k(t-x)]dt
\end{aligned}$$

e

$$\frac{a_0}{2} = \frac{1}{2\pi}\int_{-\pi}^{\pi} f(t)dt.$$

Assim,

$$\begin{aligned}
S_n &= \frac{1}{2\pi}\int_{-\pi}^{\pi} f(t)dt + \frac{1}{\pi}\sum_{k=1}^{n}\int_{-\pi}^{\pi} f(t)\cos[k(t-x)]dt \\
&= \frac{1}{\pi}\int_{-\pi}^{\pi} f(t)\left[\frac{1}{2} + \sum_{k=1}^{n}\cos[k(t-x)]\right]dt.
\end{aligned}$$

A partir do **Exercício 2.31**, podemos escrever

$$S_n = \frac{1}{\pi}\int_{-\pi}^{\pi} f(t)\frac{\operatorname{sen}\left[\left(n+\frac{1}{2}\right)(t-x)\right]}{2\operatorname{sen}\left[\frac{(t-x)}{2}\right]}dt.$$

Introduzindo a mudança de variável $\xi = t - x$ ($d\xi = dt$), obtemos

$$S_n = \frac{1}{\pi}\int_{-\pi-x}^{\pi-x} f(x+\xi)\frac{\operatorname{sen}\left[\left(n+\frac{1}{2}\right)\xi\right]}{2\operatorname{sen}\left(\frac{\xi}{2}\right)}d\xi.$$

Visto que, $f(\xi)$ e $g(\xi)$, dadas pelo **Exercício 2.30**, são funções 2π-periódicas, então o produto destas funções também é uma função 2π-periódica (veja o **Exercício 2.3**). O seguinte

2.6. EXERCÍCIOS RESOLVIDOS

resultado é válido para um número real qualquer, a, e $\beta(x)$ uma função T-periódica:

$$\int_0^T \beta(x)dx = \int_a^{a+T} \beta(x)dx,$$

isto é, podemos trocar o intervalo de integração $(0,T)$, de tamanho T, por outro intervalo de mesmo tamanho, por exemplo, $(a+T,T)$ [15].

Neste caso, podemos substituir o intervalo de integração $(-\pi-x,\pi-x)$, de tamanho 2π, por outro intervalo de mesmo tamanho. Por conveniência, escolhemos $(-\pi,\pi)$, de modo a obter

$$S_n = \frac{1}{\pi}\int_{-\pi}^{\pi} f(x+\xi)\frac{\operatorname{sen}\left[\left(n+\frac{1}{2}\right)\xi\right]}{2\operatorname{sen}\left(\frac{\xi}{2}\right)}d\xi.$$

Exercício 2.33. *Suponha que f é 2π-periódica e sejam $g(x) = f(-x)$ e $h(x) = f(x-\alpha)$, onde α é um número real fixo. A fim de distinguir os coeficientes de Fourier, utilizamos $a(f,k)$ e $b(f,k)$ em vez de a_k e b_k para denotar os coeficientes de Fourier de f. Mostre que:* (a) $a(g,0) = a(f,0)$, $a(g,k) = a(f,k)$ e $b(g,k) = -b(f,k)$ *para todo* $k \geq 1$ *e* (b) $a(f,0) = a(h,0)$, $a(h,k) = a(f,k)\cos(k\alpha) - b(f,k)\operatorname{sen}(k\alpha)$ *e* $b(h,k) = a(f,k)\operatorname{sen}(k\alpha) + b(f,k)\cos(k\alpha)$ *para todo* $k \geq 1$.

(a) Uma vez que $g(x) = f(-x)$, podemos escrever

$$a(g,0) = \frac{1}{\pi}\int_{-\pi}^{\pi} g(x)dx = \frac{1}{\pi}\int_{-\pi}^{\pi} f(-x)dx.$$

Fazendo $-x \to x$, obtemos

$$a(g,0) = \frac{1}{\pi}\int_{\pi}^{-\pi} f(x)(-dx) = \frac{1}{\pi}\int_{-\pi}^{\pi} f(x)dx = a(f,0).$$

De maneira análoga, temos

$$\begin{aligned}a(g,k) &= \frac{1}{\pi}\int_{-\pi}^{\pi} g(x)\cos kx\,dx = \frac{1}{\pi}\int_{-\pi}^{\pi} f(-x)\cos kx\,dx \\ &\underset{-x \to x}{=} \frac{1}{\pi}\int_{\pi}^{-\pi} f(x)\cos(-kx)(-dx) \\ &= \frac{1}{\pi}\int_{-\pi}^{\pi} f(x)\cos kx\,dx = a(f,k)\end{aligned}$$

e

$$b(g,k) = \frac{1}{\pi}\int_{-\pi}^{\pi} g(x)\operatorname{sen} kx\,dx = \frac{1}{\pi}\int_{-\pi}^{\pi} f(-x)\operatorname{sen} kx\,dx$$

$$\overset{-x\to x}{=} \frac{1}{\pi}\int_{\pi}^{-\pi} f(x)\operatorname{sen}(-kx)(-dx)$$

$$= -\frac{1}{\pi}\int_{-\pi}^{\pi} f(x)\operatorname{sen} kx\,dx = -b(f,k).$$

(b) Analogamente ao item (a), temos

$$a(h,0) = \frac{1}{\pi}\int_{-\pi}^{\pi} h(x)\,dx = \frac{1}{\pi}\int_{-\pi}^{\pi} f(x-\alpha)\,dx.$$

Introduzindo a mudança de variável $x - \alpha \to x$, segue que

$$a(h,0) = \frac{1}{\pi}\int_{-\pi-\alpha}^{\pi-\alpha} f(x)\,dx = \frac{1}{\pi}\int_{-\pi}^{\pi} f(x)\,dx = a(f,0),$$

Por outro lado,

$$a(h,k) = \frac{1}{\pi}\int_{-\pi}^{\pi} h(x)\cos kx\,dx = \frac{1}{\pi}\int_{-\pi}^{\pi} f(x-\alpha)\cos kx\,dx$$

$$\overset{(x-\alpha)\to x}{=} \frac{1}{\pi}\int_{-\pi-\alpha}^{\pi-\alpha} f(x)\cos[k(x+\alpha)]\,dx$$

$$= \frac{1}{\pi}\left[\cos(k\alpha)\int_{-\pi-\alpha}^{\pi-\alpha} f(x)\cos kx\,dx - \operatorname{sen}(k\alpha)\int_{-\pi-\alpha}^{\pi-\alpha} f(x)\operatorname{sen} kx\,dx\right]$$

$$= \frac{1}{\pi}\left[\cos(k\alpha)\int_{-\pi}^{\pi} f(x)\cos kx\,dx - \operatorname{sen}(k\alpha)\int_{-\pi}^{\pi} f(x)\operatorname{sen} kx\,dx\right]$$

$$= a(f,k)\cos(k\alpha) - b(f,k)\operatorname{sen}(k\alpha)$$

e

$$b(h,k) = \frac{1}{\pi}\int_{-\pi}^{\pi} h(x)\operatorname{sen} kx\,dx = \frac{1}{\pi}\int_{-\pi}^{\pi} f(x-\alpha)\operatorname{sen} kx\,dx$$

$$\overset{(x-\alpha)\to x}{=} \frac{1}{\pi}\int_{-\pi-\alpha}^{\pi-\alpha} f(x)\operatorname{sen}[k(x+\alpha)]\,dx$$

$$= \frac{1}{\pi}\left[\cos(k\alpha)\int_{-\pi}^{\pi} f(x)\operatorname{sen} kx\,dx + \operatorname{sen}(k\alpha)\int_{-\pi}^{\pi} f(x)\cos kx\,dx\right]$$

$$= b(f,k)\cos(k\alpha) + a(f,k)\operatorname{sen}(k\alpha).$$

2.6. EXERCÍCIOS RESOLVIDOS

Exercício 2.34. Seja $f(x)$ uma função 2π-periódica dada por

$$f(x) = \begin{cases} \pi/2, & \text{se } 0 < x < \pi, \\ 0, & \text{se } x = 0, \\ -\pi/2, & \text{se } -\pi < x < 0. \end{cases}$$

(a) Mostre que $f(x) = 2 \sum_{k=1}^{\infty} \frac{\operatorname{sen}[(2k-1)x]}{2k-1}$, com $-\pi < x < \pi$;

(b) Seja $f_n(x)$ a n-ésima soma parcial de $f(x)$. Mostre que

$$f_n(x) = 2 \sum_{k=1}^{n} \frac{\operatorname{sen}[(2k-1)x]}{2k-1} = \int_0^x \frac{\operatorname{sen}(2nt)}{\operatorname{sen} t} dt.$$

(a) Note que, $f(x)$ é ímpar. Neste caso, $a_k = 0$ para $k = 0, 1, 2, \ldots$ e

$$\begin{aligned} b_k &= \frac{1}{\pi} \int_{-\pi}^{\pi} f(x) \operatorname{sen} kx \, dx = \int_0^{\pi} \operatorname{sen} kx \, dx = -\left[\frac{\cos kx}{k}\right]_{x=0}^{x=\pi} = \left[\frac{1-(-1)^k}{k}\right] \\ &= \begin{cases} 0, & \text{se } k \text{ é par}, \\ \dfrac{2}{k}, & \text{se } k \text{ é ímpar}. \end{cases} \end{aligned}$$

Finalmente, podemos escrever

$$f(x) = 2 \sum_{k=1}^{\infty} \frac{\operatorname{sen}[(2k-1)x]}{2k-1}, \quad -\pi < x < \pi.$$

(b) A n-ésima soma parcial de $f(x)$, denotada por $f_n(x)$, é dada por

$$f_n(x) = 2 \sum_{k=1}^{n} \frac{\operatorname{sen}[(2k-1)x]}{2k-1}.$$

Derivando $f_n(x)$, em relação a x, obtemos

$$f_n'(x) = 2 \sum_{k=1}^{n} \cos[(2k-1)x].$$

Utilizando a relação trigonométrica $2 \operatorname{sen} A \cos B = \operatorname{sen}(B+A) - \operatorname{sen}(B-A)$, neste caso, com $B = (2k-1)x$ e $A = x$, podemos escrever

$$2 \sum_{k=1}^{n} \cos[(2k-1)x] = \frac{1}{\operatorname{sen} x} \sum_{k=1}^{n} \{\operatorname{sen}(2kx) - \operatorname{sen}[2(k-1)x]\} = \frac{\operatorname{sen}(2nx)}{\operatorname{sen} x},$$

para $x \neq 0, \pi$ e $-\pi$. Assim,

$$f'_n(x) = \frac{\text{sen}(2nx)}{\text{sen}\,x}.$$

Integramos, ambos os lados desta última expressão, de $t = 0$ até $t = x$, de modo a obter

$$f_n(x) = \int_0^x \frac{\text{sen}(2nt)}{\text{sen}\,t}\,dt = 2\sum_{k=1}^n \frac{\text{sen}[(2(k-1)x)]}{(2k-1)}.$$

Exercício 2.35. *Seja f uma função 2π-periódica dada por*

$$f(x) = \begin{cases} \dfrac{\pi - x}{2}, & \text{se} \quad 0 < x < 2\pi, \\ 0, & \text{se} \quad x = 0. \end{cases}$$

(a) *Determine a série de Fourier para $f(x)$;*
(b) *Calcule $\int_0^1 \dfrac{\text{sen}(2kx)}{k}\,dx$, $k \in \mathbb{R}$;*
(c) *Mostre que $\displaystyle\sum_{k=1}^\infty \frac{\text{sen}^2 k}{k^2} = \sum_{k=1}^\infty \frac{\text{sen}\,k}{k} = \frac{\pi - 1}{2}.$*

(a) Temos que, $f(x)$ é uma função ímpar, então $a_k = 0$ para $k = 0, 1, 2, \ldots$ e

$$b_k = \frac{1}{\pi}\int_0^{2\pi} \frac{(\pi - x)}{2}\,\text{sen}\,kx\,dx.$$

Integrando por partes com $u = (\pi - x)$ e $dv = \text{sen}\,kx\,dx$, segue que

$$b_k = \frac{1}{2\pi}\left[-\frac{(\pi - x)\cos kx}{k} - \frac{1}{k}\int_0^{2\pi}\cos kx\,dx\right]$$

$$b_k = \frac{1}{2\pi}\left[\frac{\pi\overbrace{\cos(2k\pi)}^{=1} + \pi}{k} - \frac{1}{k}\underbrace{\left(\frac{\text{sen}\,k}{k}\right)\Big|_{x=0}^{x=2\pi}}_{=0}\right] = \frac{1}{k}.$$

A série de Fourier para $f(x)$ é dada por

$$\sum_{k=0}^\infty \frac{\text{sen}\,kx}{k} = \begin{cases} \dfrac{\pi - x}{2}, & \text{se} \quad 0 < x < 2\pi, \\ 0, & \text{se} \quad x = 0. \end{cases}$$

2.6. EXERCÍCIOS RESOLVIDOS

(b) Temos, imediatamente, que

$$\int_0^1 \frac{\operatorname{sen}(2kx)}{k}\,dx = \frac{1}{k}\left[\frac{-\cos(2kx)}{2k}\right]_{x=0}^{x=1} = \frac{1-\cos 2k}{2k^2}.$$

(c) Admitindo $x=1$ na série obtida no item (a), segue que

$$\sum_{k=0}^{\infty} \frac{\operatorname{sen} k}{k} = \frac{\pi-1}{2}.$$

Por outro lado, a partir da relação trigonométrica $\operatorname{sen}^2 x = \dfrac{1-\cos 2x}{2}$, obtemos

$$\sum_{k=0}^{\infty} \frac{\operatorname{sen}^2 k}{k^2} = \sum_{k=1}^{\infty} \frac{1-\cos 2k}{2k^2} \overset{item\ (b)}{=} \sum_{k=1}^{\infty} \int_0^1 \frac{\operatorname{sen}(2kx)}{k}\,dx = \int_0^1 \sum_{k=1}^{\infty} \frac{\operatorname{sen}(2kx)}{k}\,dx.$$

Fazendo $x \to \dfrac{x}{2}$, temos $(0 \le x \le 1 \Rightarrow 0 \le x \le 2)$

$$\sum_{k=0}^{\infty} \frac{\operatorname{sen}^2 k}{k^2} = \frac{1}{2}\int_0^2 \sum_{k=1}^{\infty} \frac{\operatorname{sen} kx}{k}\,dx \overset{item\ (a)}{=} \frac{1}{2}\int_0^2 \frac{(\pi-x)}{2}\,dx = \frac{\pi-1}{2}.$$

Exercício 2.36. *Seja f uma função 2ℓ-periódica. Obtenha, a partir da série de Fourier usual, a série de Fourier complexa.*

Utilizando as fórmulas de Euler

$$\cos x = \frac{e^{ix}+e^{-ix}}{2} \qquad e \qquad \operatorname{sen} x = \frac{e^{ix}-e^{-ix}}{2i}$$

na série de Fourier usual, Eq.(2.5), podemos escrever

$$\begin{aligned}
f(x) &= \frac{a_0}{2} + \sum_{k=1}^{\infty}\left\{a_k\left[\frac{\exp\left(i\frac{k\pi x}{\ell}\right)+\exp\left(-i\frac{k\pi x}{\ell}\right)}{2}\right] + b_k\left[\frac{\exp\left(i\frac{k\pi x}{\ell}\right)-\exp\left(i\frac{k\pi x}{\ell}\right)}{2i}\right]\right\} \\
&= \frac{a_0}{2} + \sum_{k=1}^{\infty}\left[\left(\frac{a_k-ib_k}{2}\right)\exp\left(i\frac{k\pi x}{\ell}\right) + \left(\frac{a_k+ib_k}{2}\right)\exp\left(-i\frac{k\pi x}{\ell}\right)\right] \\
&= c_0 + \sum_{k=1}^{\infty}\left[c_k\exp\left(i\frac{k\pi x}{\ell}\right) + c_{-k}\exp\left(-i\frac{k\pi x}{\ell}\right)\right],
\end{aligned}$$

onde

$$c_0 = \frac{a_0}{2} = \frac{1}{2\ell}\int_{-\ell}^{\ell} f(x)\,dx,$$

$$c_k = \frac{a_k - ib_k}{2} = \frac{1}{2\ell}\int_{-\ell}^{\ell} f(x)\left[\cos\left(\frac{k\pi x}{\ell}\right) - i\operatorname{sen}\left(\frac{k\pi x}{\ell}\right)\right]dx$$

$$= \frac{1}{2\ell}\int_{-\ell}^{\ell} f(x)\exp\left(-i\frac{k\pi x}{\ell}\right)dx,$$

$$c_{-k} = \frac{a_k + ib_k}{2} = \frac{1}{2\ell}\int_{-\ell}^{\ell} f(x)\left[\cos\left(\frac{k\pi x}{\ell}\right) + i\operatorname{sen}\left(\frac{k\pi x}{\ell}\right)\right]dx$$

$$= \frac{1}{2\ell}\int_{-\ell}^{\ell} f(x)\exp\left(i\frac{k\pi x}{\ell}\right)dx.$$

Combinando os coeficientes c_k e c_{-k}, podemos escrever

$$f(x) = \sum_{k=-\infty}^{\infty} c_k \exp\left(i\frac{k\pi x}{\ell}\right), \qquad -\ell < x < \ell,$$

onde

$$c_k = \frac{1}{2\ell}\int_{-\ell}^{\ell} f(x)\exp\left(-i\frac{k\pi x}{\ell}\right)dx.$$

Exercício 2.37. *Mostre que, para* $-1 < a < 1$,

$$\sum_{k=0}^{\infty} a^k \cos kx = \frac{1 - a\cos x}{1 - 2a\cos x + a^2} \qquad e \qquad \sum_{k=0}^{\infty} a^k \operatorname{sen} kx = \frac{a\operatorname{sen} x}{1 - 2a\cos x + a^2}.$$

Considere a seguinte série

$$\sum_{k=0}^{\infty} a^k[\cos kx + i\operatorname{sen} kx] = \sum_{k=0}^{\infty} a^k e^{ikx} = \sum_{k=0}^{\infty} (ae^{ix})^k.$$

Esta última série é uma série geométrica e será convergente se $|ae^{ix}| < 1$ e sua soma é

$$\sum_{k=0}^{\infty} a^k[\cos kx + i\operatorname{sen} kx] = \frac{1}{1 - ae^{ix}} = \frac{1}{1 - a\cos x - ai\operatorname{sen} x}.$$

Multiplicando e dividindo, a última expressão, pelo conjugado do denominador, obtemos

$$\sum_{k=0}^{\infty} a^k[\cos kx + i\operatorname{sen} kx] = \frac{1 - a\cos x + ia\operatorname{sen} x}{[1 - a\cos x]^2 + a^2 \operatorname{sen}^2 x}.$$

2.6. EXERCÍCIOS RESOLVIDOS

Igualando as partes reais e imaginárias, segue que

$$\sum_{k=0}^{\infty} a^k \cos kx = \frac{1-a\cos x}{1-2a\cos x+a^2} \quad \text{e} \quad \sum_{k=0}^{\infty} a^k \operatorname{sen} kx = \frac{a\operatorname{sen} x}{1-2a\cos x+a^2}.$$

Exercício 2.38. *Obtenha os coeficientes da série de Fourier usual, a_k e b_k, em termos dos coeficientes da série complexa.*

A partir do **Exercício 2.36**, sabemos que

$$c_0 = \frac{a_0}{2}, \quad c_k = \frac{a_k - ib_k}{2} \quad \text{e} \quad c_{-k} = \frac{a_k + ib_k}{2}.$$

Assim, $a_0 = 2c_0$. Somando-se c_k e c_{-k}, segue que

$$a_k = c_k + c_{-k}.$$

Subtraindo c_{-k} de c_k, obtemos

$$b_k = i(c_k - c_{-k}).$$

Exercício 2.39. *Seja $f(x)$ uma função 2π-periódica. Determine a série de Fourier complexa para $f(x) = x$. Obtenha a partir desta série, a série de Fourier usual.*

Temos que,

$$c_k = \frac{1}{2\pi} \int_{-\pi}^{\pi} x e^{-ikx} dx.$$

Integrando por partes com $u = x$ e $dv = e^{-ikx}dx$, obtemos

$$\begin{aligned}
c_k &= \frac{1}{2\pi} \left[-\frac{xe^{-ikx}}{ik} \bigg|_{x=-\pi}^{x=\pi} + \frac{1}{ik} \int_{-\pi}^{\pi} e^{-ikx} dx \right] \\
&= \frac{1}{2\pi} \left[-\frac{\pi}{ik}(e^{ik\pi} + e^{-ik\pi}) - \frac{1}{k^2} \underbrace{(e^{ik\pi} - e^{-ik\pi})}_{=0} \right] \\
&= \frac{(-1)^k i}{k}, \quad k \neq 0.
\end{aligned}$$

Para $k = 0$, tem-se

$$c_0 = \frac{1}{2\pi} \int_{-\pi}^{\pi} x\, dx = 0.$$

A série de Fourier complexa para $f(x)$ é dada por

$$f(x) = i \sum_{\substack{k=-\infty \\ k \neq 0}}^{\infty} \frac{(-1)^k}{k} e^{ikx}.$$

Visto que f ímpar, temos $a_k = 0$ para $k = 0, 1, 2, \ldots$. A partir do **Exercício 2.38**, segue que

$$b_k = i\left[\frac{(-1)^k i}{k} + \frac{(-1)^{-k} i}{k}\right] = \frac{2(-1)^{k+1}}{k}.$$

Finalmente, podemos escrever

$$f(x) = 2 \sum_{k=1}^{\infty} \frac{(-1)^{k+1}}{k} \operatorname{sen} kx, \quad -\pi < x < \pi.$$

Exercício 2.40. *Seja f uma função real, quadrado integrável em $[-\ell, \ell]$ com coeficientes de sua série de Fourier complexa, c_k, dados por*

$$c_k = \frac{1}{2\ell} \int_{-\ell}^{\ell} f(x) \exp\left(i\frac{k\pi x}{\ell}\right) dx.$$

Mostre que é válida a identidade de Parseval na forma complexa, isto é,

$$\frac{1}{2\ell} \int_{-\ell}^{\ell} f^2(x) dx = \sum_{k=-\infty}^{\infty} |c_k|^2.$$

A partir do **Exercício 2.36**, sabemos que $c_0 = \frac{a_0}{2}$, então $c_0{}^2 = \frac{a_0{}^2}{4}$. Note, também, que

$$\begin{aligned}|c_k|^2 &= c_k \bar{c}_k = \frac{1}{4}(a_k - ib_k)(a_k + ib_k) = \frac{1}{4}(a_k{}^2 + b_k{}^2) \\ |c_{-k}|^2 &= c_{-k} \bar{c}_{-k} = \frac{1}{4}(a_k + ib_k)(a_k - ib_k) = \frac{1}{4}(a_k{}^2 + b_k{}^2),\end{aligned}$$

onde $\bar{c}_k$ e $\bar{c}_{-k}$ são os complexos conjugados de c_k e c_{-k}, respectivamente. Desta forma,

2.6. EXERCÍCIOS RESOLVIDOS

podemos escrever

$$\sum_{k=-\infty}^{\infty} |c_k|^2 = |c_0|^2 + \sum_{k=1}^{\infty} |c_k|^2 + \sum_{k=1}^{\infty} |c_{-k}|^2$$

$$= \frac{a_0^2}{4} + \frac{1}{4}\sum_{k=1}^{\infty}(a_k^2 + b_k^2) + \frac{1}{4}\sum_{k=1}^{\infty}(a_k^2 + b_k^2)$$

$$= \frac{1}{2}\left[\frac{a_0^2}{2} + \sum_{k=1}^{\infty}(a_k^2 + b_k^2)\right].$$

A expressão entre colchetes é a identidade de Parseval, Eq.(2.27), logo

$$\sum_{k=-\infty}^{\infty} |c_k|^2 = \frac{1}{2\ell}\int_{-\ell}^{\ell} f^2(x)\mathrm{d}x.$$

Exercício 2.41. *Seja $f(x)$ uma função 2π-periódica. Encontre a série de Fourier complexa para $f(x) = \mathrm{e}^{ax}$ com $a \neq 0, \pm i, \pm 2i, \pm 3i, \ldots$.*

Os coeficientes de tal série são dados por

$$c_k = \frac{1}{2\pi}\int_{-\pi}^{\pi} \mathrm{e}^{ax}\mathrm{e}^{-ikx}\mathrm{d}x = \frac{1}{2\pi}\int_{-\pi}^{\pi} \mathrm{e}^{(a-ik)x}\mathrm{d}x = \frac{1}{2\pi}\left[\frac{\mathrm{e}^{(a-ik)x}}{(a-ik)}\right]_{x=-\pi}^{x=\pi}$$

$$= \frac{(a+ik)}{\pi(a^2+k^2)}\left[\frac{\mathrm{e}^{(a-ik)\pi} - \mathrm{e}^{-(a-ik)\pi}}{2}\right].$$

Note que, $\mathrm{e}^{\pm ik\pi} = \cos k\pi = (-1)^k$, logo

$$c_k = \frac{(-1)^k(a+ik)}{\pi(a^2+k^2)}\,\mathrm{senh}\,a\pi.$$

A série de Fourier complexa para $f(x)$ é dada por

$$f(x) = \frac{\mathrm{senh}\,a\pi}{\pi}\sum_{k=-\infty}^{\infty}\frac{(-1)^k(a+ik)}{(a^2+k^2)}\mathrm{e}^{ikx}, \qquad -\pi < x < \pi.$$

Exercício 2.42. *Seja $f(x+2\pi) = f(x)$. Determine série de Fourier complexa para $f(x) = \cosh ax$, com $a \neq 0, \pm i, \pm 2i, \pm 3i, \ldots$.*

A partir do **Exercício 2.41**, temos que

$$\mathrm{e}^{ax} = \frac{\mathrm{senh}\,a\pi}{\pi}\sum_{k=-\infty}^{\infty}\frac{(-1)^k(a+ik)}{(a^2+k^2)}\mathrm{e}^{ikx},$$

consequentemente

$$\begin{aligned} e^{-ax} &= \frac{\operatorname{senh}(-a\pi)}{\pi} \sum_{k=-\infty}^{\infty} \frac{(-1)^k(-a+ik)}{(a^2+k^2)} e^{ikx} \\ &= \frac{\operatorname{senh} a\pi}{\pi} \sum_{k=-\infty}^{\infty} \frac{(-1)^k(a-ik)}{(a^2+k^2)} e^{ikx}. \end{aligned}$$

Sabemos que,

$$\begin{aligned} \cosh ax &= \frac{e^{ax}+e^{-ax}}{2} = \frac{\operatorname{senh} a\pi}{2\pi} \sum_{k=-\infty}^{\infty} (-1)^k \left[\frac{2a}{(a^2+k^2)} \right] e^{ikx} \\ &= \frac{a\operatorname{senh} a\pi}{\pi} \sum_{k=-\infty}^{\infty} \frac{(-1)^k}{(a^2+k^2)} e^{ikx}. \end{aligned}$$

Exercício 2.43. *Mostre que*

$$\sum_{k=-\infty}^{\infty} \frac{1}{(a^2+k^2)^2} = \frac{\pi}{2[a\operatorname{senh} a\pi]^2} \left[\pi + \frac{\operatorname{senh}(2a\pi)}{2a} \right].$$

A partir da identidade de Parseval complexa, **Exercício 2.40**, e do **Exercício 2.42**, identificamos $f(x) = \cosh ax$, $\ell = \pi$ e $c_k = \frac{a\operatorname{senh} a\pi}{\pi} \frac{(-1)^k}{(a^2+k^2)}$, assim, podemos escrever

$$\begin{aligned} \frac{1}{2\pi} \int_{-\pi}^{\pi} \cosh^2 ax\, dx &= \frac{1}{\pi} \int_0^{\pi} \left[\frac{\cosh(2ax)+1}{2} \right] dx = \frac{1}{2\pi} \left[x + \frac{\operatorname{senh}(2ax)}{2a} \right]_{x=0}^{x=\pi} \\ &= \frac{1}{2\pi} \left[\pi + \frac{\operatorname{senh}(2a\pi)}{2a} \right]. \end{aligned}$$

Por outro lado,

$$\sum_{k=-\infty}^{\infty} |c_k|^2 = \sum_{k=-\infty}^{\infty} \frac{a^2 \operatorname{senh}^2 a\pi}{\pi^2} \frac{(-1)^{2k}}{(a^2+k^2)^2} = \frac{a^2 \operatorname{senh}^2 a\pi}{\pi^2} \sum_{k=-\infty}^{\infty} \frac{1}{(a^2+k^2)^2}.$$

Igualando as duas expressões encontradas, segue que

$$\frac{1}{2\pi} \left[\pi + \frac{\operatorname{senh}(2a\pi)}{2a} \right] = \frac{[a\operatorname{senh} a\pi]^2}{\pi^2} \sum_{k=-\infty}^{\infty} \frac{1}{(a^2+k^2)^2},$$

ou ainda,

$$\sum_{k=-\infty}^{\infty} \frac{1}{(a^2+k^2)^2} = \frac{\pi}{2[a\operatorname{senh} a\pi]^2} \left[\pi + \frac{\operatorname{senh}(2a\pi)}{2a} \right].$$

2.6. EXERCÍCIOS RESOLVIDOS

Exercício 2.44. Seja $f(x+2\pi) = f(x)$. Determine série de Fourier complexa para $f(x) = $ senhax, com $a \neq 0, \pm i, \pm 2i, \pm 3i, \ldots$.

Utilizando as séries de Fourier para e^{ax} e e^{-ax}, conforme **Exercício 2.42**, temos que

$$\begin{aligned}\text{senh}\,ax &= \frac{e^{ax} - e^{-ax}}{2} = \frac{\text{senh}\,a\pi}{2\pi} \sum_{k=-\infty}^{\infty} (-1)^k \left[\frac{2ik}{a^2+k^2}\right] e^{ikx} \\ &= \frac{i\,\text{senh}\,a\pi}{\pi} \sum_{k=-\infty}^{\infty} \frac{(-1)^k k}{a^2+k^2} e^{ikx}.\end{aligned}$$

Exercício 2.45. Mostre que

$$\sum_{k=-\infty}^{\infty} \frac{k^2}{(a^2+k^2)^2} = \frac{\pi}{2\,\text{senh}^2\,a\pi}\left[-\pi + \frac{\text{senh}(2a\pi)}{2a}\right].$$

A partir da identidade de Parseval complexa e do **Exercício 2.44**, identificamos $f(x) = $ senh(ax), $\ell = \pi$ e $c_k = \dfrac{i\,\text{senh}\,a\pi}{\pi} \dfrac{(-1)^k k}{a^2+k^2}$, logo

$$\begin{aligned}\frac{1}{2\pi}\int_{-\pi}^{\pi} \text{senh}^2\,ax\,dx &= \frac{1}{\pi}\int_0^{\pi} \left[\frac{\cosh(2ax)-1}{2}\right]dx = \frac{1}{2\pi}\left[\frac{\text{senh}(2ax)}{2a} - x\right]_{x=0}^{x=\pi} \\ &= \frac{1}{2\pi}\left[\frac{\text{senh}(2a\pi)}{2a} - \pi\right].\end{aligned}$$

Por outro lado,

$$\sum_{k=-\infty}^{\infty} |c_k|^2 = \sum_{k=-\infty}^{\infty} \frac{|i|^2\,\text{senh}^2\,a\pi}{\pi^2} \frac{(-1)^{2k} k^2}{(a^2+k^2)^2} = \frac{\text{senh}^2\,a\pi}{\pi^2} \sum_{k=-\infty}^{\infty} \frac{k^2}{(a^2+k^2)^2},$$

ou ainda,

$$\sum_{k=-\infty}^{\infty} \frac{k^2}{(a^2+k^2)^2} = \frac{\pi}{2\,\text{senh}^2\,a\pi}\left[\frac{\text{senh}(2a\pi)}{2a} - \pi\right].$$

Exercício 2.46. Mostre que

$$\sum_{k=-\infty}^{\infty} \frac{1}{1+k^2} = \pi\coth\pi.$$

A partir do **Exercício 2.41**, com $a = 1$, temos que

$$e^x = \sum_{k=-\infty}^{\infty} \frac{(1+ik)(-1)^k}{\pi(1+k^2)}\,\text{senh}\,\pi\,e^{ikx}, \quad -\pi < x < \pi.$$

A fim de utilizar a identidade de Parseval complexa, **Exercício 2.40**, identificamos $f(x) = e^x$, $\ell = \pi$ e $c_k = \dfrac{(1+ik)(-1)^k}{\pi(1+k^2)}\,\text{senh}\,\pi$, assim

$$\frac{1}{2\pi}\int_{-\pi}^{\pi} e^{2x}dx = \frac{1}{2\pi}\left[\frac{e^{2x}}{2}\right]_{x=-\pi}^{x=\pi} = \frac{1}{2\pi}\left[\frac{e^{2\pi}-e^{-2\pi}}{2}\right] = \frac{\text{senh}\,2\pi}{2\pi}.$$

Por outro lado,

$$\sum_{k=-\infty}^{\infty} = |c_k|^2 = \sum_{k=-\infty}^{\infty} \frac{|1+ik|^2(-1)^{2k}}{\pi^2(1+k^2)^2}\,\text{senh}^2\,\pi = \sum_{k=-\infty}^{\infty} \frac{(1+k^2)\,\text{senh}^2\,\pi}{\pi^2(1+k^2)^2}$$

$$= \frac{\text{senh}^2\,\pi}{\pi^2}\sum_{k=-\infty}^{\infty}\frac{1}{(1+k^2)},$$

onde o módulo de um número complexo, $z = \alpha_k + i\beta_k$ é $|z| = \sqrt{\alpha_k^2 + \beta_k^2}$. Igualando as duas expressões obtidas, segue que

$$\frac{\text{senh}^2\,\pi}{\pi^2}\sum_{k=-\infty}^{\infty}\frac{1}{(1+k^2)} = \frac{\text{senh}\,2\pi}{2\pi}.$$

Utilizando a relação $\text{senh}(A+B) = \text{senh}\,A\cosh B + \cosh A\,\text{senh}\,B$, podemos escrever

$$\sum_{k=-\infty}^{\infty}\frac{1}{(1+k^2)} = \frac{\pi^2}{2\pi}\left[\frac{2\,\text{senh}\,\pi\cosh\pi}{\text{senh}\,\pi\,\text{senh}\,\pi}\right] = \pi\coth\pi.$$

Exercício 2.47. *No estudo de circuitos elétricos, encontramos vários tipos de sinais de voltagem periódicas. O potencial, uma função do tempo, $V(t)$, é uma função $2T$-periódica, de altura ε_0 e duração T. Este potencial pode ser expresso por uma série de Fourier complexa, isto é:*

$$V(t) = \frac{1}{\sqrt{2T}}\sum_{k=-\infty}^{\infty} V_k \exp\left[i\left(\frac{2k\pi}{2T}\right)t\right],$$

onde

$$V_k = \frac{1}{\sqrt{2T}}\int_0^{2T} \exp\left[-i\left(\frac{2k\pi}{2T}\right)t\right]V(t)dt$$

sendo

$$V(t) = \begin{cases} \varepsilon_0, & \text{se} \quad 0 < t < T, \\ 0, & \text{se} \quad T < t < 2T. \end{cases}$$

2.6. EXERCÍCIOS RESOLVIDOS

Obtenha V_k.

Temos que,

$$\begin{aligned}V_k &= \frac{\varepsilon_0}{\sqrt{2T}} \int_0^T \exp\left[-i\left(\frac{2k\pi}{2T}\right)t\right] dt = \frac{\varepsilon_0}{\sqrt{2T}} \left(-\frac{T}{ik\pi}\right) [e^{-ik\pi} - 1] \\ &= \frac{\varepsilon_0}{\sqrt{2T}} \left(-\frac{T}{ik\pi}\right) [(-1)^k - 1] \quad \text{com} \quad k \neq 0.\end{aligned}$$

Assim, para $k \neq 0$, obtemos

$$V_k = \begin{cases} \dfrac{\sqrt{2T}\varepsilon_0}{ik\pi}, & \text{se} \quad k \text{ é ímpar,} \\ 0, & \text{se} \quad k \text{ é par.} \end{cases}$$

Para $k = 0$, temos que

$$V_0 = \frac{\varepsilon_0}{\sqrt{2T}} \int_0^T dt = \frac{\varepsilon_0}{\sqrt{2T}} T = \varepsilon_0 \sqrt{\frac{T}{2}}.$$

Assim, $V(t)$ admite a seguinte expressão

$$V(t) = \frac{1}{\sqrt{2T}} \left[\varepsilon_0 \sqrt{\frac{T}{2}} + \sqrt{2T} \cdot \frac{\varepsilon_0}{i\pi} \sum_{\substack{k=-\infty \\ k \neq 0 \\ k=\text{ímpar}}}^{\infty} \frac{\exp\left[i\left(\frac{k\pi}{T}\right)t\right]}{k} \right]$$

$$\begin{aligned}V(t) &= \varepsilon_0 \left\{ \frac{1}{2} + \frac{1}{i\pi} \left[\sum_{\substack{k=-\infty \\ k=\text{ímpar}}}^{-1} \frac{\exp\left[i\left(\frac{k\pi}{T}\right)t\right]}{k} + \sum_{\substack{k=1 \\ k=\text{ímpar}}}^{\infty} \frac{\exp\left[i\left(\frac{k\pi}{T}\right)t\right]}{k} \right] \right\} \\ &= \varepsilon_0 \left\{ \frac{1}{2} + \frac{1}{i\pi} \left[\sum_{\substack{k=1 \\ k=\text{ímpar}}}^{\infty} \frac{\exp\left[i\left(\frac{k\pi}{T}\right)t\right]}{k} - \sum_{\substack{k=1 \\ k=\text{ímpar}}}^{\infty} \frac{\exp\left[-i\left(\frac{k\pi}{T}\right)t\right]}{k} \right] \right\} \\ &= \varepsilon_0 \left\{ \frac{1}{2} + \frac{2}{\pi} \sum_{\substack{k=1 \\ k=\text{ímpar}}}^{\infty} \frac{1}{k} \left[\frac{\exp\left[i\left(\frac{k\pi}{T}\right)t\right] - \exp\left[-i\left(\frac{k\pi}{T}\right)t\right]}{2i} \right] \right\},\end{aligned}$$

ou ainda,

$$V(t) = \varepsilon_0 \left\{ \frac{1}{2} + \frac{2}{\pi} \sum_{\substack{k=1 \\ k=\text{ímpar}}}^{\infty} \frac{1}{k} \operatorname{sen}\left(\frac{k\pi t}{T}\right) \right\}.$$

É importante mencionar que, efetuando a mudança de índice $k \to 2k+1$, no lugar de o índice correr de dois em dois, correrá de um em um, logo

$$V(t) = \varepsilon_0 \left\{ \frac{1}{2} + \frac{2}{\pi} \sum_{k=0}^{\infty} \frac{1}{2k+1} \operatorname{sen}\left[\frac{(2k+1)\pi t}{T}\right] \right\}.$$

Exercício 2.48. *Resolva a seguinte equação diferencial com as condições de contorno*

$$\begin{cases} y'' + 4y = f(t), \\ y(-1) = y(1), \\ y'(-1) = y'(1), \end{cases}$$

onde $f(t) = 4t$ e $y = y(t)$.

A solução geral da equação diferencial é

$$y(t) = y_h(t) + y_p(t),$$

onde $y_h(t)$ é a solução geral da equação homogênea e $y_p(t)$ uma solução particular da respectiva equação não homogênea. A solução geral da equação homogênea é dada por

$$y_h(t) = c_1 \cos 2t + c_2 \operatorname{sen} 2t,$$

onde c_1 e c_2 são constantes. A fim de determinar uma solução particular para a equação diferencial ordinária não homogênea, consideremos a série de Fourier para $f(t) = -4t$, supondo que esta função satisfaz $f(t+1) = f(t)$, periódica de período 1. A partir da série de Fourier do **Exercício 2.24** podemos escrever

$$4t = \frac{8}{\pi} \sum_{k=1}^{\infty} \frac{(-1)^{k+1}}{k} \operatorname{sen}(k\pi t),$$

onde

$$b_k = \frac{8(-1)^k}{k\pi}, \qquad k = 1, 2, \ldots.$$

2.6. EXERCÍCIOS RESOLVIDOS

Supomos, agora, que uma solução particular $y_{p_k}(t)$, dependendo de k, admite série de Fourier no intervalo $-1 < t < 1$, isto é,

$$y_{p_k}(t) = \frac{a_0}{2} + \sum_{k=1}^{\infty} [a_k \cos(k\pi t) + b_k \sen(k\pi t)].$$

Supomos, também, que é possível derivar esta série termo a termo duas vezes em relação a t, de modo a obter

$$y'_{p_k}(t) = \sum_{k=1}^{\infty} [-a_k(k\pi) \sen(k\pi t) + b_k(k\pi) \cos(k\pi t)]$$

e

$$y''_{p_k}(t) = \sum_{k=1}^{\infty} [-a_k(k\pi)^2 \cos(k\pi t) - b_k(k\pi)^2 \sen(k\pi t)].$$

Substitituindo as expressões para y''_{p_k}, y_{p_k} e f na equação diferencial, obtemos

$$\sum_{k=1}^{\infty} [-a_k(k\pi)^2 \cos(k\pi t) - b_k(k\pi)^2 \sen(k\pi t)] + 4 \left\{ \frac{a_0}{2} + \sum_{k=1}^{\infty} [a_k \cos(k\pi t) + b_k \sen(k\pi t)] \right\}$$
$$= \frac{8}{\pi} \sum_{k=1}^{\infty} \frac{(-1)^k}{k} \sen(k\pi t),$$

ou ainda, rearranjando e simplificando

$$2a_0 + \sum_{k=1}^{\infty} [-a_k(k\pi)^2 + 4a_k] \cos(k\pi t) + \sum_{k=1}^{\infty} [-b_k(k\pi)^2 + 4b_k] \sen(k\pi t)$$
$$= \frac{8}{\pi} \sum_{k=1}^{\infty} \frac{(-1)^{k+1}}{k} \sen(k\pi t).$$

Igualando os coeficientes destas séries, segue que

$$a_0 = 0, \quad a_k = 0 \quad \text{e} \quad b_k = \frac{8(-1)^k}{k\pi(4 - k^2\pi^2)}, \quad k = 1, 2, \ldots.$$

Uma solução particular para a equação diferencial, dependendo de k, y_{p_k}, pode ser escrita como segue

$$y_{p_k} = \frac{8}{\pi} \sum_{k=1}^{\infty} \frac{(-1)^{k+1}}{k(4 - k^2\pi^2)} \sen(k\pi t).$$

A solução geral para a equação diferencial é dada por

$$y(t) = c_1 \cos 2t + c_2 \operatorname{sen} 2t + \frac{8}{\pi} \sum_{k=1}^{\infty} \frac{(-1)^{k+1}}{k(4-k^2\pi^2)} \operatorname{sen}(k\pi t).$$

A fim de determinar as constantes c_1 e c_2 utilizamos as condições $y(-1) = y(1)$ e $y'(-1) = y'(1)$. Iniciemos, utilizando $y(-1) = y(1)$, logo

$$y(1) = c_1 \cos 2 + c_2 \operatorname{sen} 2 \quad \text{e} \quad y(-1) = c_1 \cos(-2) + c_2 \operatorname{sen}(-2).$$

Igualando estas duas expressões e utilizando a paridade das funções cosseno e seno, segue que

$$\cancel{c_1 \cos 2} + c_2 \operatorname{sen} 2 = \cancel{c_1 \cos 2} - c_2 \operatorname{sen} 2 \quad \Rightarrow \quad c_2 = 0.$$

De modo a utilizar $y'(-1) = y'(1)$ faz-se necessário obter $y'(t)$, ou seja,

$$y'(t) = -2c_1 \operatorname{sen} 2t + \frac{8}{\pi} \sum_{k=1}^{\infty} \frac{(-1)^{k+1}}{k(4-k^2\pi^2)} (k\pi) \cos(k\pi t).$$

Temos que,

$$y'(-1) = 2c_1 \operatorname{sen} 2 + 8 \sum_{k=1}^{\infty} \frac{(-1)^{2k+1}}{(4-k^2\pi^2)}$$

e

$$y'(1) = -2c_1 \operatorname{sen} 2 + 8 \sum_{k=1}^{\infty} \frac{(-1)^{2k+1}}{(4-k^2\pi^2)}.$$

Igualando as duas expressões, segue que

$$-2c_1 \operatorname{sen} 2 = 2c_1 \operatorname{sen} 2 \quad \Rightarrow \quad c_1 = 0.$$

Finalmente, podemos escrever a solução para tal problema

$$y(t) = \frac{8}{\pi} \sum_{k=1}^{\infty} \frac{(-1)^{k+1}}{k(4-k^2\pi^2)} \operatorname{sen}(k\pi t).$$

Exercício 2.49. *Mostre que os coeficientes c_n na expansão de Fourier-Bessel da função*

2.6. EXERCÍCIOS RESOLVIDOS

$f(x) = 1$, *para* $0 < x < 1$ *são dados por*

$$c_n = -\frac{2}{\lambda_n J_0'(\lambda_n)},$$

onde λ_n *são as raízes de* $J_0(x)$ *e a linha denota derivada.*

Neste caso, temos $a = 1$, $\nu = 0$ e $f(x) = 1$. Assim,

$$c_n = \frac{2}{[J_1(\lambda_n)]^2} \int_0^1 x J_0(\lambda_n x) dx.$$

Introduzindo a mudança de variável $t = \lambda_n x$, ($dt = \lambda_n dx$), obtemos

$$c_n = \frac{2}{\lambda_n^2 [J_1(\lambda_n)]^2} \int_0^{\lambda_n} t J_0(t) dt.$$

Usando a relação envolvendo as funções de Bessel [17]

$$\frac{d}{dt}[t^m J_m(t)] = t^m J_{m-1}(t), \qquad m = 1, 2, \ldots, \tag{2.28}$$

com $m = 1$, podemos escrever

$$c_n = \frac{2}{\lambda_n^2 [J_1(\lambda_n)]^2} \int_0^{\lambda_n} \frac{d}{dt}[t J_1(t)] dt = \frac{2}{\lambda_n J_1(\lambda_n)}.$$

Sabendo que $J_1(t) = -J_0'(t)$, obtemos [17]

$$c_n = -\frac{2}{\lambda_n J_0'(\lambda_n)}.$$

Exercício 2.50. *Utilize o* **Exercício 2.49** *para mostrar que*

$$\frac{J_0(\lambda_1 x)}{\lambda_1 J_1(\lambda_1)} + \frac{J_0(\lambda_2 x)}{\lambda_2 J_1(\lambda_2)} + \cdots = \frac{1}{2}.$$

A série de Fourier-Bessel para $f(x) = 1$ é dada por

$$1 = 2 \sum_{k=1}^{\infty} \frac{J_0(\lambda_k x)}{\lambda_k J_1(\lambda_k)},$$

ou ainda,

$$\frac{J_0(\lambda_1 x)}{\lambda_1 J_1(\lambda_1)} + \frac{J_0(\lambda_2 x)}{\lambda_2 J_1(\lambda_2)} + \cdots = \frac{1}{2}.$$

Exercício 2.51. Seja $P_2(x) = \frac{1}{2}(3x^2 - 1)$ o polinômio de Legendre de segunda ordem, no intervalo $0 < x < 1$, onde λ_n é a n-ésima raiz positiva da equação $J_0(\lambda) = 0$. Determine a série de Fourier-Bessel para $P_2(x)$.

Os coeficientes c_n para a série de Fourier-Bessel para $P_2(x)$ são dados por

$$c_n = \frac{2}{[J_1(\lambda_n)]^2} \int_0^1 \frac{1}{2}(3x^2 - 1) J_0(\lambda_n x) x \, dx.$$

Introduzindo a mudança de variável $t = \lambda_n x$, podemos escrever

$$\begin{aligned} c_n &= \frac{1}{[J_1(\lambda_n)]^2} \int_0^{\lambda_n} \left[3\left(\frac{t}{\lambda_n}\right)^3 - \frac{t}{\lambda_n} \right] J_0(t) \frac{dt}{\lambda_n} \\ &= \frac{1}{[J_1(\lambda_n)]^2} \left[\frac{3}{\lambda_n^4} \int_0^{\lambda_n} t^3 J_0(t) dt - \frac{1}{\lambda_n^2} \int_0^{\lambda_n} t J_0(t) dt \right]. \end{aligned}$$

A partir da relação Eq.(2.28), com $m = 1$, temos que $t^3 J_0(t) = t^2[t J_0(t)] = t^2 \frac{d}{dt}[t J_1(t)]$. Assim, podemos reescrever a expressão para c_n da seguinte forma

$$c_n = \frac{1}{[J_1(\lambda_n)]^2} \left[\frac{3}{\lambda_n^4} \int_0^{\lambda_n} t^2 \frac{d}{dt}[t J_1(t)] dt - \frac{1}{\lambda_n^2} \int_0^{\lambda_n} t J_0(t) dt \right].$$

A segunda integral já foi calculada no **Exercício 2.49**. Por outro lado, integramos por partes, a primeira integral, com $u = t^2$ e $dv = \frac{d}{dt}[t J_1(t)] dt$ e, logo após usamos a relação Eq.(2.28) com $m = 2$, de modo a obter

$$\begin{aligned} c_n &= \frac{1}{[J_1(\lambda_n)]^2} \left\{ \frac{3}{\lambda_n^4} \left[t^3 J_1(t) \Big|_0^{\lambda_n} - 2\int_0^{\lambda_n} t^2 J_1(t) dt \right] - \frac{1}{\lambda_n^2}[\lambda_n J_1(\lambda_n)] \right\} \\ &= \frac{1}{[J_1(\lambda_n)]^2} \left\{ \frac{3}{\lambda_n^4} \left[t^3 J_1(t) \Big|_0^{\lambda_n} - 2\int_0^{\lambda_n} \frac{d}{dt}[t^2 J_2(t)] dt \right] - \frac{J_1(\lambda_n)}{\lambda_n} \right\} \\ &= \frac{1}{[J_1(\lambda_n)]^2} \left\{ \frac{3}{\lambda_n^4} [\lambda_n^3 J_1(\lambda_n) - 2\lambda_n^2 J_2(\lambda_n)] - \frac{J_1(\lambda_n)}{\lambda_n} \right\} \\ &= \frac{1}{[J_1(\lambda_n)]^2} \left[\frac{J_1(\lambda_n)}{\lambda_n} - \frac{3}{\lambda_n} J_2(\lambda_n) \right] = \frac{1}{\lambda_n [J_1(\lambda_n)]^2}[J_1(\lambda_n) - 3 J_2(\lambda_n)]. \end{aligned}$$

A série de Fourier-Bessel para $P_2(x)$ é dada por

$$P_2(x) = 2 \sum_{n=1}^{\infty} \frac{[J_1(\lambda_n) - 3 J_2(\lambda_n)]}{\lambda_n [J_1(\lambda_n)]^2} J_0(\lambda_n x).$$

2.6. EXERCÍCIOS RESOLVIDOS

Exercício 2.52. *Seja $f(x) = x$ no intervalo $(0,7)$. Determine a expansão para $f(x)$ em série de Fourier-Bessel de ordem um, onde λ_n é a n-ésima raiz positiva da equação $J_1(\lambda) = 0$.*

Iniciemos determinando os coeficientes c_n para a série de Fourier-Bessel, com $a = 7$ e $\nu = 1$, ou seja,

$$c_n = \frac{2}{7^2 [J_2(\lambda_n)]^2} \int_0^7 x^2 J_1\left(\frac{\lambda_n}{7}x\right) dx.$$

Introduzindo a mudança de variável $t = \left(\frac{\lambda_n}{7}x\right)$, segue que

$$\begin{aligned} c_n &= \frac{2}{49[J_2(\lambda_n)]^2} \int_0^{\lambda_n} \left(\frac{49 t^2}{\lambda_n^2}\right) J_1(t) \left(\frac{7}{\lambda_n}\right) dt \\ &= \frac{14}{\lambda_n^3 [J_2(\lambda_n)]^2} \int_0^{\lambda_n} t^2 J_1(t) \, dt. \end{aligned}$$

A partir da Eq.(2.28), com $m = 2$, podemos escrever

$$\begin{aligned} c_n &= \frac{14}{\lambda_n^3 [J_2(\lambda_n)]^2} \int_0^{\lambda_n} \frac{d}{dt}[t^2 J_2(t)] \, dt \\ &= \frac{14}{\lambda_n^3 [J_2(\lambda_n)]^2} \cdot [\lambda_n^2 J_2(\lambda_n)] \\ &= \frac{14}{\lambda_n [J_2(\lambda_n)]}. \end{aligned}$$

A série de Fourier-Bessel de ordem um para $f(x)$ é dada por

$$x = 14 \sum_{n=1}^{\infty} \frac{1}{\lambda_n [J_2(\lambda_n)]} J_1\left(\frac{\lambda_n}{7}x\right), \qquad 0 < x < 7.$$

Exercício 2.53. *Um polinômio de Legendre $P_\ell(x)$ é uma função par ou ímpar se o índice ℓ é par ou ímpar, respectivamente. Mostre que, se $f(x)$ é uma função par no intervalo $(-1,1)$, então a série de Fourier-Legendre e seus coeficientes tornam-se*

$$f(x) = \sum_{\ell=0}^{\infty} a_{2\ell} P_{2\ell}(x) \qquad \text{onde} \qquad a_{2\ell} = (4\ell + 1) \int_0^1 f(x) P_{2\ell}(x) dx. \qquad (2.29)$$

Mostre, também que, se $f(x)$ é uma função ímpar, então a série de Fourier-Legendre e seus coeficientes são dados por

$$f(x) = \sum_{\ell=0}^{\infty} a_{2\ell+1} P_{2\ell+1}(x) \qquad \text{onde} \qquad a_{2\ell+1} = (4\ell + 3) \int_0^1 f(x) P_{2\ell+1}(x) dx. \qquad (2.30)$$

Considere a série de Fourier-Legendre dada pela DEFINIÇÃO 2.5.2. Suponha que $f(x)$ é uma função par, então para que seus coeficientes

$$a_\ell = \left(\frac{2\ell+1}{2}\right)\int_{-1}^{1} f(x)P_\ell(x)\mathrm{d}x \tag{2.31}$$

não se anulem é necessário que o integrando, $f(x)P_\ell(x)$, seja uma função par. Para tanto, façamos $\ell \to 2\ell$, de modo a obter

$$f(x) = \sum_{\ell=0}^{\infty} a_{2\ell}P_{2\ell}(x),$$

onde

$$\begin{aligned}a_{2\ell} &= 2\left[\frac{2(2\ell)+1}{2}\right]\int_{0}^{1} f(x)P_{2\ell}(x)\mathrm{d}x \\ &= (4\ell+1)\int_{0}^{1} f(x)P_{2\ell}(x)\mathrm{d}x.\end{aligned}$$

De maneira análoga, se $f(x)$ é uma função ímpar, o produto $f(x)P_\ell(x)$ deve ser uma função par para que os coeficientes a_ℓ da série de Fourier-Legendre, Eq.(2.31), não se anulem. Assim, basta admitir $\ell \to 2\ell+1$ na expressão para a série de Fourier-Legendre, bem como para seus coeficientes, de modo a obter a expressões na Eq.(2.30).

Exercício 2.54. *Seja $f(x) = P_3'(x)$, onde $P_3(x)$ é o polinômio de Legendre de terceira ordem e a linha denota derivada. Determine a série de Fourier-Legendre para $f(x)$.*

Sabendo que o polinômio de Legendre de terceira ordem é dado por

$$P_3(x) = \frac{1}{2}(5x^3 - 3x), \qquad \text{então} \qquad f(x) = P_3'(x) = \frac{1}{2}(15x^2 - 3).$$

Os coeficientes a_ℓ são dados pela Eq.(2.31). Uma vez que $f(x)$ é par, o produto $f(x)P_\ell(x)$ deve ser par para que a integral em a_ℓ não se anule. Admitindo $\ell \to 2\ell$ na expressão para $f(x)$, obtemos

$$\begin{aligned}a_{2\ell} &= \left(\frac{4\ell+1}{4}\right)\int_{-1}^{1} (15x^2 - 3)P_{2\ell}(x)\mathrm{d}x \\ &= \left(\frac{4\ell+1}{4}\right)\left[15\int_{-1}^{1} x^2 P_{2\ell}(x)\mathrm{d}x - 3\int_{-1}^{1} P_0(x) P_{2\ell}(2x)\mathrm{d}x\right],\end{aligned}$$

2.6. EXERCÍCIOS RESOLVIDOS

onde $P_0(x) = 1$. A partir da ortogonalidade dos polinômios de Legendre, conforme Eq.(2.16)

$$\int_{-1}^{1} P_n(x)P_m(x)\,dx = 0, \quad \text{para} \quad n \neq m, \tag{2.32}$$

a segunda integral em $a_{2\ell}$ não se anula, apenas quando $\ell = 0$, então a partir do seguinte resultado, conforme Eq.(2.16)

$$\int_{-1}^{1} [P_n(x)]^2\,dx = \frac{2}{2n+1}, \quad n = 0, 1, 2, \ldots, \tag{2.33}$$

obtemos

$$a_0 = \frac{1}{4}\left\{30\left[\frac{x^3}{3}\right]_{x=0}^{x=1} - 3\cdot 2\right\} = 1.$$

A expressão para $a_{2\ell}$, daqui em diante, será válida para $\ell \geq 1$ e, portanto a segunda integral é nula, logo

$$a_{2\ell} = \frac{15}{4}(4\ell+1)\int_{-1}^{1} x^2 P_{2\ell}(x)\,dx, \quad \ell \geq 1.$$

A partir da relação de recorrência,

$$(2n+1)P_n(x) = P'_{n+1}(x) - P'_{n-1}(x), \quad n = 1, 2, 3, \ldots,$$

com $n \to 2\ell$ válida para $\ell = 1, 2, 3, \ldots$ podemos reescrever para $a_{2\ell}$ da seguinte forma

$$a_{2\ell} = \frac{15}{4}\int_{-1}^{1} x^2 [P'_{2\ell+1}(x) - P'_{2\ell-1}(x)]\,dx.$$

Integrando por partes com $u = x^2$ e $dv = [P'_{2\ell+1}(x) - P'_{2\ell-1}(x)]\,dx$ e sabendo que $P_n(1) = 1$ e $P_n(-1) = (-1)^n$ para $n = 0, 1, 2, \ldots$, obtemos

$$\begin{aligned}
a_{2\ell} &= \frac{15}{4}\left\{\left[x^2(P_{2\ell+1}(x) - P_{2\ell-1}(x))\right]\Big|_{-1}^{1} - 2\int_{-1}^{1} x[P_{2\ell+1}(x) - P_{2\ell-1}(x)]\,dx\right\} \\
&= \frac{15}{4}\left\{P_{2\ell+1}(1) - P_{2\ell-1}(1) - P_{2\ell+1}(-1) + P_{2\ell-1}(-1)\right. \\
&\quad - 2\left[\int_{-1}^{1} P_1(x)P_{2\ell+1}(x)\,dx - \int_{-1}^{1} P_1(x)P_{2\ell-1}(x)\,dx\right]\right\} \\
&= -\frac{15}{2}\left[\int_{-1}^{1} P_1(x)P_{2\ell+1}(x)\,dx - \int_{-1}^{1} P_1(x)P_{2\ell-1}(x)\,dx\right], \quad \ell \geq 1.
\end{aligned}$$

A partir da Eq.(2.32), a primeira integral, na última expressão, é sempre nula. Por outro lado, a segunda integral não se anula apenas quando $\ell = 1$, então utilizando a Eq.(2.33), segue que

$$a_2 = \frac{15}{2} \int_{-1}^{1} [P_1(x)]^2 \, dx = \frac{15}{2} \cdot \frac{2}{3} = 5.$$

O únicos coeficientes não nulos para a série de Fourier-Legendre são a_0 e a_2. Tal série é dada por

$$P_3'(x) = \frac{1}{2}(15x^2 - 3) = P_0(x) + 5P_2(x).$$

Exercício 2.55. *Considere a derivada, denotada por linha, dos quatro primeiros polinômios de Legendre dados por: $P_0'(x) = 0$, $P_1'(x) = 1$, $P_2'(x) = 3x$ e $P_3'(x) = \frac{1}{2}(15x^2 - 3)$. Se $x = \cos\theta$, então $P_0'(\cos\theta) = 0$, $P_1'(\cos\theta) = 1$ e $P_2'(\cos\theta) = 3\cos\theta$. Mostre que $P_3'(\cos\theta) = \frac{1}{4}[15\cos(2\theta) + 9]$.*

A partir do **Exercício 2.54**, temos que

$$P_3'(x) = \frac{1}{2}(15x^2 - 3) = P_0(x) + 5P_2(x).$$

Sabendo que $P_0(x) = 1$ e $P_2(x) = \frac{1}{2}(3x^2 - 1)$, obtemos

$$P_3'(x) = \frac{1}{2}(15x^2 - 3) = 1 + \frac{5}{2}(3x^2 - 1).$$

Admitindo $x = \cos\theta$, nesta última expressão, segue que

$$\begin{aligned} P_3'(x) &= 1 + \frac{5}{2}[3\cos^2\theta - 1] = 1 + \frac{5}{2}\left[3\left(\frac{1+\cos(2\theta)}{2}\right) - 1\right] \\ &= \frac{1}{4}[15\cos(2\theta) + 9]. \end{aligned}$$

Exercício 2.56. *Seja $f(x)$ dada pela Figura 2.12*

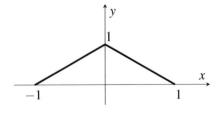

Figura 2.12: Figura para o **Exercício 2.56**.

2.6. EXERCÍCIOS RESOLVIDOS

Determine a série de Fourier-Legendre para tal função.

A função $f : (-1,1) \to \mathbb{R}$ pode ser definida por $f(x) = 1 - |x|$. Os coefcientes a_ℓ para esta série são dados por

$$\begin{aligned}
a_\ell &= \frac{2\ell+1}{2}\int_{-1}^{1} f(x)P_\ell(x)\mathrm{d}x \\
&= \frac{2\ell+1}{2}\left[\int_{-1}^{0}(1+x)P_\ell(x)\mathrm{d}x + \int_{0}^{1}(1-x)P_\ell(x)\mathrm{d}x\right] \\
&= \frac{2\ell+1}{2}\left[\int_{-1}^{1} P_0(x)P_\ell(x)\mathrm{d}x + \int_{-1}^{0} P_1(x)P_\ell(x)\mathrm{d}x - \int_{0}^{1} P_1(x)P_\ell(x)\mathrm{d}x\right],
\end{aligned}$$

onde $P_0(x) = 1$ e $P_1(x) = x$. Introduzindo a mudança de variável $x \to -x$, na segunda integral, e utilizando a relação $P_\ell(-x) = (-1)^\ell P_\ell(x)$, obtemos

$$\begin{aligned}
a_\ell &= \frac{2\ell+1}{2}\left[\int_{-1}^{1} P_0(x)P_\ell(x)\mathrm{d}x - \int_{0}^{1} P_1(x)(-1)^\ell P_\ell(x)\mathrm{d}x - \int_{0}^{1} P_1(x)P_\ell(x)\mathrm{d}x\right] \\
&= \frac{2\ell+1}{2}\left\{\int_{-1}^{1} P_0(x)P_\ell(x)\mathrm{d}x - [(-1)^\ell + 1]\int_{0}^{1} P_1(x)P_\ell(x)\mathrm{d}x\right\}.
\end{aligned}$$

Note que, a primeira integral não se anula, apenas quando $\ell = 0$. Para tal cálculo, consideremos a Eq.(2.33), de modo a obter

$$a_0 = \frac{1}{2}\left\{2 - 2\int_0^1 x\mathrm{d}x\right\} = 1 - \left[\frac{x^2}{2}\right]_{x=0}^{x=1} = \frac{1}{2}.$$

Para $\ell \geq 1$, a expressão para a_ℓ torna-se

$$a_\ell = -\left(\frac{2\ell+1}{2}\right)\left\{[(-1)^\ell + 1]\int_0^1 P_1(x)P_\ell(x)\mathrm{d}x\right\}.$$

Se ℓ é ímpar, então $a_\ell = 0$, pois $[(-1)^{2\ell+1} + 1] = 0$ para $\ell = 0, 1, 2, \ldots$. Por outro lado, se ℓ é par, temos $[(-1)^{2\ell} + 1] = 2$ para $\ell = 1, 2, \ldots$, assim

$$a_{2\ell} = -(4\ell+1)\int_0^1 P_1(x)P_\ell(x)\mathrm{d}x.$$

A partir da relação de recorrência, [17]

$$\ell P_\ell(x) = (2\ell-1)xP_{\ell-1}(x) - (\ell-1)P_{\ell-2}(x)$$

com $\ell \to 2\ell+1$, temos

$$(4\ell+1)P_1(x)P_{2\ell}(x) = (2\ell+1)P_{2\ell+1}(x) + 2\ell P_{2\ell-1}(x).$$

Podemos reescrever $a_{2\ell}$ da seguinte forma

$$a_{2\ell} = -\left\{(2\ell+1)\int_0^1 P_{2\ell+1}(x)dx + 2\ell \int_0^1 P_{2\ell-1}(x)dx\right\}. \tag{2.34}$$

A partir da relação, com m ímpar,

$$\int_0^1 P_m(x)dx = \frac{(-1)^{\frac{m-1}{2}}(m-1)!}{2^m \left(\frac{m+1}{2}\right)!\left(\frac{m-1}{2}\right)!}$$

a Eq.(2.34) admite a seguinte forma

$$\begin{aligned}
a_{2\ell} &= -\left\{(2\ell+1)\left[\frac{(-1)^\ell (2\ell)!}{2^{2\ell+1}(\ell+1)!\ell!}\right] + 2\ell\left[\frac{(-1)^{\ell-1}(2\ell-2)!}{2^{2\ell-1}\ell!(\ell-1)!}\right]\right\} \\
&= -\left\{(2\ell+1)\left[\frac{(-1)^\ell (2\ell)(2\ell-1)(2\ell-2)!}{2^{2\ell+2}(\ell+1)(\ell!)^2}\right] - 4\ell\left[\frac{(-1)^\ell (2\ell-2)!}{2^{2\ell}\ell!(\ell-1)!}\right]\right\} \\
&= \left[\frac{(-1)^\ell (2\ell-2)!(2\ell)}{2^{2\ell}\ell!(\ell-1)!}\right]\left\{\frac{-4\ell^2+1}{2\ell(\ell+1)} + 2\right\} \\
&= \frac{(-1)^\ell (4\ell+1)(2\ell-2)!}{2^{2\ell}(\ell+1)!(\ell-1)!}.
\end{aligned}$$

A série de Fourier-Legendre para $f(x)$ é

$$f(x) = \frac{1}{2}P_0(x) + \sum_{\ell=1}^\infty \left[\frac{(-1)^\ell (4\ell+1)(2\ell-2)!}{2^{2\ell}(\ell+1)!(\ell-1)!}\right]P_\ell(x),$$

ou ainda,

$$f(x) = \frac{1}{2}P_0(x) - \frac{5}{8}P_2(x) + \frac{3}{16}P_4(x) - \frac{13}{128}P_6(x) + \cdots.$$

2.7 Exercícios propostos

1. Encontre a série de Fourier para as seguintes funções:

   (a) $f(x) = \begin{cases} x, & \text{se } -\pi < x < 0, \\ h, & \text{se } 0 < x < \pi, \end{cases}$ h é uma constante,

   (b) $g(x) = x + \operatorname{sen} x$, $-\pi < x < \pi$.

2.7. EXERCÍCIOS PROPOSTOS

2. Seja $f(x) = |\cos x|$, no intervalo $-\pi \leq x \leq \pi$, tal que $f(x+2\pi) = f(x)$. Determine a série de Fourier para $f(x)$.

3. Considere $f(x) = x$, no intervalo $-\ell < x < \ell$, uma função 2ℓ-periódica. Mostre que a série de Fourier para $f(x)$ é

$$\frac{2\ell}{\pi} \sum_{k=1}^{\infty} \frac{(-1)^{k+1}}{k} \operatorname{sen}\left(\frac{k\pi}{\ell}x\right).$$

4. Seja $g(x)$ uma função $2p$-periódica dada por

$$g(x) = \begin{cases} a\left(1 + \dfrac{1}{p}x\right), & \text{se } -p \leq x \leq 0, \\ a\left(1 - \dfrac{1}{p}x\right), & \text{se } 0 \leq x \leq p, \end{cases}$$

onde $a > 0$. Determine a série de Fourier para $g(x)$.

5. Considere $f(x)$ sendo uma função 2π-periódica, dada por $f(x) = x(\pi - |x|)$, no intervalo $-\pi \leq x \leq \pi$.

(a) Determine a série de Fourier para $f(x)$.

(b) Mostre que

$$\sum_{k=1}^{\infty} \frac{(-1)^{k+1}}{(2k-1)^3} = \frac{\pi^3}{32}.$$

(c) Mostre que

$$1 + \frac{1}{3^3} - \frac{1}{5^3} - \frac{1}{7^3} + \frac{1}{9^3} + \frac{1}{11^3} - \cdots = \frac{3\sqrt{2}\pi^3}{128}.$$

6. Seja

$$f(x) = \begin{cases} 0, & \text{se } -\pi < x < 0, \\ \operatorname{sen} x, & \text{se } 0 \leq x < \pi. \end{cases}$$

(a) Determine a série de Fourier para $f(x)$.

(b) Mostre que

$$\frac{\pi}{4} = \frac{1}{2} + \frac{1}{1 \cdot 3} - \frac{1}{3 \cdot 5} + \frac{1}{5 \cdot 7} - \frac{1}{7 \cdot 9} + \cdots.$$

7. Expanda

$$f(x) = \begin{cases} x, & \text{se } 0 \leq x \leq 4, \\ 8 - x, & \text{se } 4 < x \leq 8, \end{cases}$$

numa série em

(a) senos,

(b) cossenos.

8. Determine a série de Fourier para $f(x) = -2x$, no intervalo $-1 \leq x \leq 1$, onde $f(x+2) = f(x)$, utilizando o TEOREMA 2.3.4 e sabendo que a série de Fourier para $1 - x^2$, neste mesmo intervalo, é dada por

$$1 - x^2 = \frac{2}{3} + \frac{4}{\pi^2} \sum_{k=1}^{\infty} \frac{(-1)^{k+1}}{k^2} \cos(k\pi x).$$

9. Utilize o TEOREMA 2.3.3 para integrar a série de Fourier dada no **Exercício 2** a fim de obter a série de Fourier do **Exercício 2.20**.

10. Seja

$$f(x) = \begin{cases} -1, & \text{se } -\pi < x < 0, \\ 1, & \text{se } 0 < x < \pi, \end{cases}$$

uma função 2π-periódica. Obtenha a série de Fourier complexa para $f(x)$.

11. Determine uma solução particular para a equação diferencial

$$\frac{1}{4}\frac{d^2}{dx^2}y(x) + 12y(x) = f(x),$$

onde

$$f(x) = \begin{cases} x, & \text{se } 0 \leq x \leq 1/2, \\ 1 - x, & \text{se } 1/2 \leq x \leq 1, \end{cases}$$

com $f(x+1) = f(x)$.

12. Seja $f(x) = 1 - x^2$, no intervalo $0 < x < 1$, onde λ_n é a n-ésima raiz positiva da equação $J_0(\lambda) = 0$. Determine a série de Fourier-Bessel para $f(x)$.

13. Expanda $f(x) = x^4$, no intervalo $-1 < x < 1$, em uma série de Fourier-Legendre.

Respostas e/ou sugestões

1. (a) $f(x) = -\frac{\pi}{4} + \frac{h}{2} + \sum_{k=1}^{\infty} \left\{ \frac{1}{\pi k^2}[1 + (-1)^{k+1}]\cos kx + \frac{1}{\pi k}[h + (h+\pi)(-1)^{k+1}]\operatorname{sen} kx \right\}$,

    (b) $g(x) = \operatorname{sen} x + \sum_{k=1}^{\infty} \frac{2(-1)^{k+1}}{k} \operatorname{sen} kx.$

2.7. EXERCÍCIOS PROPOSTOS

2. $f(x) = \dfrac{2}{\pi} - \dfrac{4}{\pi} \sum_{k=1}^{\infty} \dfrac{(-1)^k}{4k^2 - 1} \cos(2kx)$.

3. $f(x)$ é uma função ímpar, então $a_k = 0$ para $k = 0, 1, 2, \ldots$ e $b_k = \dfrac{2\ell}{\pi} \dfrac{(-1)^{k+1}}{k}$.

4. $g(x) = \dfrac{a}{2} + \dfrac{4a}{\pi^2} \sum_{k=0}^{\infty} \dfrac{1}{(2k+1)^2} \cos\left[\dfrac{(2k+1)\pi}{p} x\right]$.

5. (a) $f(x) = \dfrac{8}{\pi} \sum_{k=1}^{\infty} \dfrac{1}{(2k-1)^3} \operatorname{sen}[(2k-1)x]$,

(b) Admita $x = \pi/2$ no item (a).

(c) Admita $x = \pi/4$ no item (a).

6. (a) $f(x) = \dfrac{1}{\pi} + \dfrac{1}{2} \operatorname{sen} x - \dfrac{2}{\pi} \sum_{k=1}^{\infty} \dfrac{\cos(2kx)}{4k^2 - 1}$,

(b) Basta admitir $x = \pi/2$ na série encontrada no item anterior.

7. (a) $f(x) = \dfrac{32}{\pi^2} \sum_{k=1}^{\infty} \dfrac{1}{k^2} \operatorname{sen}\left(\dfrac{k\pi}{2}\right) \operatorname{sen}\left(\dfrac{k\pi}{8} x\right)$,

(b) $f(x) = \dfrac{16}{\pi^2} \sum_{k=1}^{\infty} \left[\dfrac{2\cos\left(\frac{k\pi}{2}\right) - \cos k\pi - 1}{k^2}\right] \cos\left(\dfrac{k\pi}{8} x\right)$.

8. $-2x = \dfrac{4}{\pi} \sum_{k=1}^{\infty} \dfrac{(-1)^k}{k} \operatorname{sen}(k\pi x)$.

9. Integre a série de Fourier para $f(x) = x$, de $-\ell$ até x, e utilize a série de Euler, dada no EXEMPLO 2.15.

10. $f(x) = \dfrac{1}{i\pi} \sum_{\substack{k=-\infty \\ k \neq 0}}^{\infty} \dfrac{1 - (-1)^k}{k} e^{ikx}$.

11. $y_p(x) = \dfrac{1}{48} + \dfrac{1}{\pi^2} \sum_{k=1}^{\infty} \dfrac{(-1)^k - 1}{k^2(12 - k^2\pi^2)} \cos(2k\pi x)$.

12. $f(x) = 4 \sum_{n=1}^{\infty} \dfrac{J_2(\lambda_n)}{\lambda_n^2 J_1^2(\lambda_n)} J_0(\lambda_n x)$.

13. $f(x) = \dfrac{1}{5} P_0(x) + \dfrac{4}{7} P_2(x) + \dfrac{8}{35} P_4(x)$.

Referências bibliográficas

[1] E. Capelas de Oliveira, *Funções Especiais com Aplicações*, Segunda Edição, Editora Livraria da Física, São Paulo, (2012).

[2] E. Capelas de Oliveira e M. Tygel, *Métodos Matemáticos para a Engenharia*, Segunda Edição, Sociedade Brasileira de Matemática, Rio de Janeiro, (2012).

[3] E. Capelas de Oliveira e W. A. Rodrigues Jr., *Funções Analíticas e Aplicações*, Editora Livraria da Física, São Paulo, (2005).

[4] E. Capelas de Oliveira e J. Emílio Maiorino, *Métodos de Matemática Aplicada*, Primeira reimpressão, Editora da Unicamp, Campins, (2014).

[5] W. E. Boyce e R. C. Diprima, *Equações Diferenciais Elementares e Problemas de Valores no Contorno*, Terceira Edição, Guanabara Dois, Rio de Janeiro, (1979).

[6] V. Arnold, *Equações Diferenciais Ordinárias*, Editora Mir, São Paulo, (1985).

[7] D. G. Zill and M. R. Cullen, *Differential Equations with Boundary-Value Problems*, Seventh Edition, Cengage Learning, Canada, (2009).

[8] W. Xie, *Differential Equations for Engineers*, Cambridge UniversityPress, New York, (2010).

[9] S. W. Goode and S. A. Annin, *Differential Equations & Linear Algebra*, Fourth Edition, Pearson, California, (2016).

[10] T. Myint-U, *Ordinary Differential Equations*, Elsevier North-Holland, New York, (1978).

[11] J. L. Schiff, *The Laplace Transform*: Theory and Applications, Springer-Verlag, New York, (1999).

[12] P. V. O'Neil, *Advanced Engineering Mathematics*, Sixth Edition, Thomson, Australia, (2007).

[13] L. Debnath and D. Bhatta, *Integral Transform and Their Applications*, Second Edition, Chapman and Hall/CRC, New York, (2007).

[14] D. A. V. Tonidandel e A. E. A. Araújo, *A função delta revisitada: De Heaviside a Dirac*, Rev. Bras. Ensino Fís., **37**, (3) (2015).

[15] G. P. Tolstov, *Fourier Series*, Dover Publications, Inc., New York, (1962).

[16] H. M. Edwards, *Riemann's Zeta Function*, Dover Publications, Inc., New York, (1974).

[17] M. L. Boas, *Mathematical Methods in the Physical Sciences*, Third Edition, John Wiley & Sons, New York, (2006).

[18] P. R. Garabedian, *Partial Differential Equations*, AMS Chelsea Publishing, Providence, Rhode Island, (1998).

[19] E. Romão Martins e E. Capelas de Oliveira, *Equações Diferenciais (Sistemas de Stäckel)*, Coleção Imecc, Vol.5, Campinas, (2006).

[20] D. G. Figueiredo, *Análise de Fourier e Equações Diferenciais Parciais*, Segunda Edição, Projeto Euclides, IMPA-CNPq, Rio de Janeiro, (1987).

[21] J. Vaz Jr. e E. Capelas de Oliveira, *Métodos Matemáticos*, Volume 2, Editora da Unicamp, Campinas, (2016).

[22] T. Myinth-U and L. Debnath, *Linear Partial Differential Equations for Scientists and Engineering*, Fourth Edition, Boston Birkhäuser, Boston, (2007).

[23] N. H. Asmar, *Partial Differential Equation with Fourier Series and Boundary Value Problems*, Second Edition, Pearson/Prentice Hall, New Jersey, (2005).

[24] J. W. Brown and R. V. Churchill, *Fourier Series and Boundary Value Problems*, Seventh Edition, McGraw Hill, New Delhi, (2006).

[25] E. L. Ince, *Ordinary Differential Equations*, Dover Publications, Inc., New York, (1956).

[26] S. Bittanti, A. J. Laub and J. C. Willems (Eds.), *The Riccati Equation*, Springer-Verlag, New York, (1991).

[27] G. N. Watson, *A Treatise on the Theory of Bessel Functions*, Cambridge University Press, Cambridge (1966).

[28] F. E. Relton, *Applied Bessel Functions*, Dover Publications, Inc., New York (1965).

[29] R. V. Churchill, *Fourier Series and Boundary Value Problems*, Segunda Edição, New York, McGraw-Hill (1963).

Índice remissivo

Autovalores, 88, 101
    complexos, 91
    distintos, 89
    iguais, 90
Autovetores, 88, 101

Bessel
    equação de, 56
    função de, 65, 227

Circuito *RLC*, 65
Cofator, 71
Condições
    de contorno, 76
    iniciais, 76
    mistas, 230
Conjunto fundamental de soluções, 34
Continuidade, 74

Dente de serra, 252
Dependência linear, 32
Descontinuidade
    de primeira espécie, 212
    de salto, 212
    de segunda espécie, 212
Determinante, 68, 71
Dirichlet, condições de, 214, 230

Equação
    característica, 37, 79, 80
    de Bessel, 56
    de Euler, 47, 106
    diferencial, 83, 223
        não homogênea, 94
        vetorial, 92
    exata, 13
    homogênea, 31, 46
    indicial, 57
    linear, 8
    não homogênea, 40, 46
    separável, 12
Exponencial de matriz, 84
Extensão
    ímpar, 219
    par, 219

Fator integrante, 13
Fórmula
    de recorrência, 50, 57, 228
    de Rodrigues, 232
Fourier, série de, 207
Fourier-Bessel
    coeficientes de, 230
    série de, 230
Frações parciais, 18
Função
    ímpar, 217

absolutamente contínua, 213
contínua por partes, 212
de Bessel, 227
geratriz, 228, 233
par, 217
seccionalmente
    contínua, 213
    diferenciável, 213
    um-a-um, 212
Funções
    cilíndricas, 65
    de Bessel, 65
    de Legendre, 65
    esféricas, 65
    especiais, 65

Identidade de Parseval, 221
Independência linear, 32
Integração direta, 9

Kronecker, delta de, 210

Legendre
    função de, 65, 231
    polinômio de, 231
Leis de Kirchhoff, 66

Matriz, 68
    coluna, 68
    adição, 69
    adjunta, 68
    conjugada, 68
    de funções, 74
    exponencial de, 84
        inversa, 89
    fundamental, 100
        inversa, 100
    identidade, 70
    igualdade, 69
    inversa, 70
    linha, 68
    não singular, 70
    nula, 69
    produto, 70
    singular, 70
    transposta, 68
Menor, 71
Método
    de eliminação, 66
    de Euler, 76
    de Frobenius, 55
        generalizado, 64
    de redução de ordem, 34, 37
    de substituição, 15
    de variação de parâmetros, 43, 46
    dos coeficientes a determinar, 41, 104

Neumann, condições de, 230

Ortogonalidade, 208
    Bessel, 229

Paridade, 209
Parseval, identidade de, 221
Periodicidade, 209
Ponto
    ordinário, 53
    singular, 53
Princípio de superposição, 31, 46
Problema de valor inicial, 39, 76, 96

Recorrência, relação de, 233
Redução de ordem, 46, 59, 61
Representação integral, 229

Série de
    Euler, 220

ÍNDICE REMISSIVO

Fourier, 207
    amplitude, 226
    derivação, 223
    fase, 226
    integração, 222
Maclaurin, 49
Taylor, 49
Sistema
    de primeira ordem, 83
    homogêneo, 94
    linear, 75, 94
        coeficientes variáveis, 99
    não homogêneo, 95
        coeficientes variáveis, 102
Solução
    geral, 34, 40, 45, 46
    particular, 40, 45, 46
    trivial, 52

Traço, 71

Variação de parâmetros, 81
Vetor
    coluna, 68
    linha, 68

Wronskiano, 32, 36, 44

Impresso na Prime Graph
em papel offset 75 g/m^2
fonte utilizada nimbus
janeiro / 2024